コンパクト

化合物命名法入門

田 島 慶 三 著

東京化学同人

本書を
高分子命名法の構築段階からIUPAC委員として長年献身された
恩師の鶴田禎二先生（1920～2015年）に捧げます

まえがき

本書は大学で化学を学んでこなかったけれども，仕事上，化合物命名法を理解しなければならなくなった文系出身の社会人，化学を学んできたけれども最新の化合物命名法を知る必要に迫られている企業研究者・技術者を対象とした，化合物命名法をマスターしていくためのコンパクトな入門書である．これから化学を本格的に学ぼうとしている学生にも役に立つ．

化学の基礎的な素養のない人にもわかるように中学校理科程度の知識から始めている．有機化学命名法 IUPAC（国際純正・応用化学連合）2013 年勧告（以後 2013 年勧告と略す）をふまえるとともに，有機化合物，簡単な無機化合物に加えて，実用上重要な錯体，有機金属化合物，高分子，生化学物質の命名法の入口までカバーしている．従来の入門書になかった幅広い分野の化合物を扱うことによって，化合物命名法全体の体系がわかるようにした．

化合物の命名法は，論文発表を行う大学研究者や特許を作成する企業研究者だけに必要なことと思われてきた．ところが意外にも，現時点では多くの日本の学会は論文投稿にあたって 2013 年勧告への準拠を必ずしも要求せず，命名法の採用は投稿者の裁量・見識に任されている．生まれつきの方言の修正に苦労するように，一度身に付けた古い化合物命名法を修正することが大仕事になるために行っている“温かい配慮”である．一方，厚生労働省，経済産業省，環境省が行っている化学物質安全規制においては，すでに 2013 年勧告に準拠した優先 IUPAC 名（PIN）を使用した命名が始まっている．このため，化学会社，医薬品会社の研究者や技術者はもちろん，文系出身者が多い化学商社も含めて，これらの法律の届出業務や安全データシート（SDS）などの取引書類作成業務を行っている担当者まで 2013 年勧告に準拠した化合物命名法を早急にマスターすることが必要になっている．化合物命名法は，現在では論文作成のためだけでなく，情報検索や企業の日常業務においても重要になった．特に現代では情報検索のために 1 物質 1 名称への対応の必要性が非常に高まっており，2013 年勧告はそれへの対応を強く意識した改訂である．

実際に化合物の命名を行う際には，分野ごとに中核となる方法を把握することが重要であるとともに細かな規則や多くの基本となる物質の名前を調べることも必要になる．本書は入門書としての性格から前者を中心に述べ，後者については詳細に入らず，下記に示す文献を参照するように指示している．これらの文献はできるだけ日本語訳のものを選んだ．残念ながら日本語訳が古いものや絶版のものは，その後のIUPACの重要な勧告（英語版）を収録した．

多くのIUPAC勧告（英語版）は，IUPAC（文献11はIUBMB国際生化学・分子生物学連合との共著）ホームページから無料でダウンロードできる．これら文献以外にも，インターネットから基本となる多環化合物や天然物母体化合物の分子構造などは簡単に入手できる時代になった．このため，本書では必要に応じて各自が調査することを前提にして，紙数節約のために多環化合物などの構造式（展開式）を示すことは少数に絞り込んである．

【文　献】

1. 日本化学会命名法専門委員会訳著，“有機化学命名法 ── IUPAC 2013年勧告および優先IUPAC名”，東京化学同人（2017）［H. A. Favre, W. H. Powell, “Nomenclature of Organic Chemistry (IUPAC Recommendations and Preferred Names 2013)”【Blue Book】］．
2. 日本化学会化合物命名法委員会訳著，“無機化学命名法 ── IUPAC 2005年勧告”，東京化学同人（2010）［N. G. Connelly, T. Damhus, R. M. Hartshorn, A. T. Hutton, “Nomenclature of Inorganic Chemistry (IUPAC Recommendations 2005)”【Red Book】］．
3. “Brief Guide to the Nomenclature of Inorganic Chemistry” (2015)．
4. 高分子学会高分子命名法委員会訳，“高分子の命名法・用語法”，講談社サイエンティフィック（2007）［W. V. Metanomski, “Compendium of Macromolecular Nomenclature” (1991)【Purple Book】および2003年までの勧告を網羅して翻訳］．
5. “Compendium of Polymer Terminology and Nomenclature (IUPAC Recommendations 2008)．
6. “A Brief Guide to Polymer Nomenclature (2012)”．
7. “Abbreviations of polymer names and guidelines for abbreviating polymer names (IUPAC Recommendations 2014)”．
8. “Source-based nomenclature for single-strand homopolymers and copolymers (IUPAC Recommendations 2016)”．

9. “Preferred names of constitutional units for use in structure-based names of polymers（IUPAC Recommendations 2016）”.
10. 平山健三，平山和雄訳著，“有機化学・生化学命名法（上・下）”，改訂第2版”，南江堂（1988，1989）.
11. “Biochemical Nomenclature and Related Documents”（1992）【White Book】.
12. “Nomenclature of flavonoids（IUPAC Recommendations 2017）”.
13. “Nomenclature and terminology for dendrimers with regular dendrons and for hyperbranched polymers（IUPAC Recommendations 2017）”.
14. “Nomenclature and terminology for linear lactic acid-based polymers（IUPAC Recommendations 2019）”.
15. “Nomenclature for boranes and related species（IUPAC Recommendations 2019）”.

以上の文献のほか，本書作成にあたっては多くの化合物命名法の入門書，参考書を参考にさせていただいた．ここに多くの著者，訳者の方々に厚く感謝申し上げる．

2020 年 3 月

田　島　慶　三

目　　次

1

命名法に必要な化学の基礎知識

文系なので高校以降は化学を勉強したことがなく，化学の基礎知識がまったくないという方のために，化合物命名法に必要となる化学の基礎知識をはじめに述べる．化合物命名法には化学物質の性質やさまざまな反応などの知識は必要としない．中学校理科で習った知識に，高校以後の化学で教えている少しの知識が加われば化合物命名法に必要な基礎知識として十分である．化合物命名法は，今後幅広く化学を学ぶための入口にもなっている．

1・1　中学校理科のおさらい

インターネットで検索すれば入手できる文部科学省“中学校学習指導要領解説”に載っている次の(1)，(2)の事項は，本書の読者がもっている基礎知識とする．

(1) 化学変化と原子，分子

- 物質は**原子**や**分子**からできている．
- 物質を構成する原子の種類を**元素**という．元素はアルファベット文字を組合わせた**元素記号**で表される．元素をおおむね原子量の順に並べると似た性質をもつ元素が現れ

族 / 周期	1	2	3	4	5	6	7	8	9	10	11	12	13	14	15	16	17	18
1	1 H																	2 He
2	3 Li	4 Be											5 B	6 C	7 N	8 O	9 F	10 Ne
3	11 Na	12 Mg											13 Al	14 Si	15 P	16 S	17 Cl	18 Ar
4	19 K	20 Ca	21 Sc	22 Ti	23 V	24 Cr	25 Mn	26 Fe	27 Co	28 Ni	29 Cu	30 Zn	31 Ga	32 Ge	33 As	34 Se	35 Br	36 Kr
5	37 Rb	38 Sr	39 Y	40 Zr	41 Nb	42 Mo	43 Tc	44 Ru	45 Rh	46 Pd	47 Ag	48 Cd	49 In	50 Sn	51 Sb	52 Te	53 I	54 Xe
6	55 Cs	56 Ba	57-71 ランタノイド	72 Hf	73 Ta	74 W	75 Re	76 Os	77 Ir	78 Pt	79 Au	80 Hg	81 Tl	82 Pb	83 Bi	84 Po	85 At	86 Rn
7	87 Fr	88 Ra	89-103 アクチノイド	104 Rf	105 Db	106 Sg	107 Bh	108 Hs	109 Mt	110 Ds	111 Rg	112 Cn	113 Nh	114 Fl	115 Mc	116 Lv	117 Ts	118 Og

57 La	58 Ce	59 Pr	60 Nd	61 Pm	62 Sm	63 Eu	64 Gd	65 Tb	66 Dy	67 Ho	68 Er	69 Tm	70 Yb	71 Lu
89 Ac	90 Th	91 Pa	92 U	93 Np	94 Pu	95 Am	96 Cm	97 Bk	98 Cf	99 Es	100 Fm	101 Md	102 No	103 Lr

図1・1　元素周期表

る．これをまとめたものが**元素周期表**（図1・1，以下**周期表**と略してよぶ）である．周期表の縦方向には似た性質の元素が並んでおり，このまとまりを族とよぶ．周期表の左端から順に1族から18族まで番号が付けられている．

- 化合物の組成は**化学式**で，化学変化は**化学反応式**で表される．化学変化の前後で関与する化合物全体の質量は変わらず，化合物の原子の組合わせが変わるだけである．

(2) 化学変化とイオン

- 原子は**原子核**と**電子**からなる．
- 電解質水溶液には電気を帯びた粒子が存在し，これを**イオン**とよぶ．
- 水溶液には**中性**，**酸性**，**アルカリ性**のものがある．
- 塩酸と水酸化ナトリウム水溶液を混合すると，酸の水素(1+)，アルカリの水酸化物イオンから水が生じることにより酸，アルカリの性質を打消しあう．これを**中和**という．塩化物イオンとナトリウム(1+）から塩化ナトリウムという**塩**(えん)が生じる．酸，アルカリの組合わせによっては硫酸バリウムのような水に溶けない塩も生じる．

1・2 元素の電子配置，原子の結合

高校化学で教えられる知識のうち，化合物命名法に必要な基礎知識は原子の結合と化合物の種類である．それを理解するために原子軌道から述べる．

(1) 原子軌道

原子中の電子は原子軌道に存在する．**原子軌道**には球状（**s軌道**），ダンベル状（**p軌道**，x軸，y軸，z軸の3方向に軌道が存在する），複雑な形の**d軌道**，**f軌道**などが存在する．軌道はエネルギー準位が決まっており，電子は低いエネルギー準位の軌道から2個ずつ入っていく．第1周期から第3周期の元素ではs軌道，p軌道だけに電子が存在し，1s＜2s＜2p＜3s＜3pの順に軌道のエネルギー準位が上がっていく．第4周期以上の元素ではd軌道やf軌道が関与するようになり，軌道のエネルギー準位の順番は第3周期までと一部異なってくる．これが3族から12族の遷移元素が生まれる要因であるが，ここでは遷移元素にはふれない．

たとえば，水素原子Hの電子配置は（$(1s)^1$）である．1s軌道に電子が1個あることを示している．18族に属する原子番号2のヘリウムHeは（$(1s)^2$），原子番号10のネオンNeの電子配置は（$(1s)^2(2s)^2(2p_x)^2(2p_y)^2(2p_z)^2$）となり，いずれの軌道にも電子が2個ずつ入っている．

一方，1族に属するナトリウムNaの電子配置は（$(1s)^2(2s)^2(2p_x)^2(2p_y)^2(2p_z)^2(3s)^1$）であり，17族に属する塩素Clの電子配置は（$(1s)^2(2s)^2(2p_x)^2(2p_y)^2(2p_z)^2(3s)^2(3p_x)^2(3p_y)^2(3p_z)^1$）である．

(2) イオンとイオン結合

周期表18族の原子の電子配置は各軌道に電子が二つずつ入っているために安定しており反応性に乏しい．周期表17族の原子は電子を1個受取って陰イオンになると周期表18

族の原子と同じ電子配置となるので安定する．一方，周期表1族の原子は電子を1個放出すると18族の電子配置と同じになるので陽イオンとなって安定する．陽イオンと陰イオンが引合ってイオン性の化合物である塩が生成する．同様に16族の原子は2価の陰イオン，2族の原子は2価の陽イオンになると安定する．イオンの電荷が引合う力によってできた結合を**イオン結合**という．

(3) 分子軌道

原子の結合はイオン結合だけでない．水素分子は水素原子二つからなり，酸素分子は酸素原子二つからなるが，イオン結合では説明がつかない．このような結合を説明するために分子軌道，共有結合の概念が提唱されている．

原子と原子の一番外側の原子軌道同士が重なり合うほどに接近すると**分子軌道**が生成する．原子が独立に存在する場合の原子軌道のエネルギー準位よりも，分子軌道のエネルギー準位が低くなる場合には原子と原子の結合ができ，分子が形成される．このような結合においては両方の原子から一番外側の原子軌道にある電子が提供されて分子軌道内に共有されるので**共有結合**という．

一番簡単な構造の原子である水素原子から水素分子が形成されることを例で示す（図1・2）．二つの水素原子の1s軌道同士が重なり合って分子軌道が形成されると，分子軌道内に二つの電子が存在する形となる．これは18族のヘリウムの電子配置 $(1s)^2$ とよく似た形なので安定する．

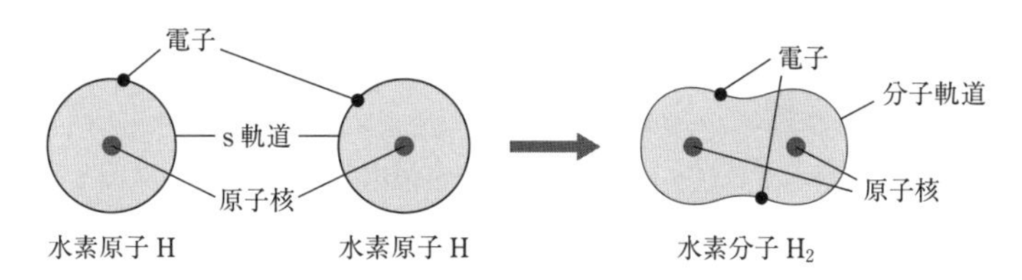

図1・2　水素原子から水素分子の形成

(4) σ結合とπ結合

二つの原子核を結ぶ軸を x 軸とすると，ダンベル型の原子軌道をもつ p_x 軌道同士はs軌道と同じように原子軌道同士が x 軸上で重なり合うのでs軌道同士と同じような分子軌道ができる．s軌道同士や p_x 軌道同士のように x 軸方向に沿って形成された分子軌道による結合を**σ（シグマ）結合**とよぶ．一方，p_y 軌道同士，p_z 軌道同士はそれぞれが平行である．もし，この軌道に電子が1個ずつ入る電子配置ならば，たとえば p_y 軌道同士に1個ずつ電子が入るならば x 軸の上下の位置に新たな分子軌道ができ，この軌道に電子二つが共有される．このような結合を**π（パイ）結合**とよぶ．通常σ結合に比べてπ結合の分子軌道のエネルギー準位は高く反応性が高い（安定性が低い）．

原子番号8の酸素原子の電子配置は $(1s)^2(2s)^2(2p_x)^1(2p_y)^1(2p_z)^2$ である．分子軌道の形成に関与できる2p軌道は $2p_x$ と $2p_y$ である．$2p_z$ にはすでに電子が二つ入っているので

$2p_z$ は分子軌道形成に関与しない．酸素原子同士が接近すると $2p_x$ 同士が重なり合って σ 結合ができ，$2p_y$ 同士の重なりで π 結合ができる（図 1・3）．このような結合は σ 結合 1 個と π 結合 1 個からなるので**二重結合**とよぶ．これに対して σ 結合だけでできている結合を**単結合**とよぶ．

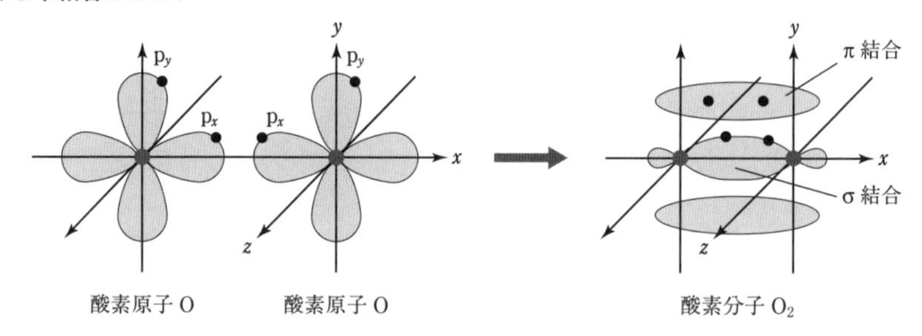

図 1・3　酸素原子から酸素分子の形成

同様に，原子番号 7 の窒素原子の電子配置は $(1s)^2(2s)^2(2p_x)^1(2p_y)^1(2p_z)^1$ であるので窒素分子は σ 結合 1 個，π 結合 2 個の**三重結合**からなる．

σ 結合が分子骨格をつくり，π 結合はその骨格の上に電子雲を重ねているとイメージするとわかりやすい．

原子番号 6 の炭素原子の電子配置は $(1s)^2(2s)^1(2p_x)^1(2p_y)^1(2p_z)^1$ である．炭素は四つ結合できる可能性をもっている．炭素と炭素の二重結合をもつ ethene エテン（慣用名 ethylene エチレン）$CH_2{=}CH_2$ では図 1・4 のようなイメージになる．図をわかりやすくするために σ 結合は実線で，π 結合は雲形で描いている．（— は紙面上に結合があり，◄ は紙面から手前に，⋯ は紙面から向う側に結合があることを示す．）

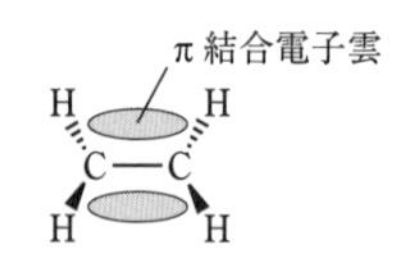

図 1・4　エテンのイメージ

butadiene ブタジエン $CH_2{=}CH{-}CH{=}CH_2$ や benzene ベンゼン C_6H_6 は π 結合による電子雲が分子全体に広がっているイメージになる（図 1・5）．特にベンゼンのように π 結

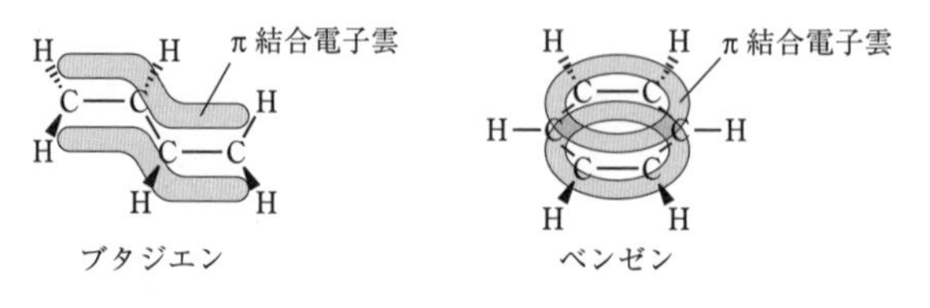

図 1・5　ブタジエン，ベンゼンのイメージ

合による電子雲が分子全体に広がった環構造をもつ化合物は，環構造が安定で特徴ある性質を示し，**芳香族化合物**とよばれる．

(5) 非共有電子対，配位結合

アンモニア NH_3 や水 H_2O には窒素と水素，酸素と水素の共有結合に関与している電子に加えて，電子二つからなる共有結合に関与していない電子対が存在する．これを**非共有電子対**（孤立電子対ともいう）という．酸素原子の電子配置は $(1s)^2(2s)^2(2p_x)^1(2p_y)^1(2p_z)^2$ で，$(2p_x)^1(2p_y)^1$ がそれぞれ水素の $(1s)^1$ と共有結合をつくる．その際にほぼ同じエネルギー準位をもつ $(2p_z)^2$ が共有結合に関与しないで残る．これが非共有電子対である．

一方，電子が入っていない軌道をもつ原子や分子が存在すると，この軌道が非共有電子対を受取って新たな共有結合をつくることがある．このような結合を**配位結合**という．通常の共有結合は，結合する原子の両方から電子が1個ずつ提供される．配位結合は非共有電子対をもつ原子または分子から一方的に電子が供給される．たとえば水素から電子が除去された水素(+1)（hydron ヒドロン，§6・5・1参照）は1s軌道をもつだけで軌道内に電子がない．これに水分子の非共有電子対 $(2p_z)^2$ から電子対が提供されると新たな共有結合ができ，陽イオン H_3O^+（体系名 oxidanium オキシダニウムまたは許容慣用名 oxonium オキソニウム，§6・5・1参照）が生成する．

1・3　化合物命名法で重要な物質の種類

化合物命名法は，物質の種類に応じて方法が異なっているのが現状である．このため，基本となる物質の種類を説明する．

(1) 単体，化合物

単体とは単一の元素からなる純物質である．酸素 O_2 とオゾン O_3，炭素だけからなる黒鉛とダイヤモンドとフラーレンはそれぞれがいずれも単体である．酸素とオゾンのように同じ元素からなる単体で性質の異なる物質同士を**同素体**とよぶ．

化合物とは2種以上の元素からなる物質をいうので，正確には単体は化合物でなく，化合物命名法で取上げることは矛盾している．しかし，単体には重要な物質が存在するので本書では除外せずに取上げる．

(2) 有機化合物

有機化合物とは原則として炭素の化合物をいう．ただし，一酸化炭素 CO，二酸化炭素 CO_2，シアン化水素 HCN，炭酸 H_2CO_3 とその塩などは除き，これらは無機化合物としている．有機化合物は天然物にも合成物にも非常に種類が多く有用な物質も多い．有機化合物には分子構造が詳細に解明されている物質が多いので，化合物命名法において重要な位置を占めている．

(3) 無機化合物

有機化合物以外のすべての化合物を**無機化合物**という．便宜上，単体も含めることが多い．有機化合物とともに，無機化合物も近代化学が始まった頃から研究され，命名法の歴史も長い．しかし，現在でも構造がよくわかっていない無機化合物もあり，有機化学命名法のようには一つの体系の方向に収斂（しゅうれん）できていない．

(4) 高分子化合物

高分子化合物とは，分子量が大きい分子で，小さな単位が多数回繰返される構造をもつ化合物をいう．分子量が1000から10000程度をoligomerオリゴマー，10000以上をpolymerポリマーとよぶことが多いが，厳密な決まりはない．高分子には有機化合物，無機化合物の両方が存在するが，有機化合物に属するものが広く利用されており，命名法のうえでも重要である．

(5) 配位化合物（錯体）

金属イオンを中心に原子，原子団（分子を含む）（これらを**配位子**とよぶ）が結合（共有結合，配位結合）した構造をもつイオンまたは中性分子を**錯体**という．この概念を金属イオン以外にまで一般化して，中心となる原子に配位子となる原子，原子団が結合しているとみなせる化合物を広く**配位化合物**とよぶ．このような見方は無機化合物の命名法において活用されている．

(6) 有機金属化合物

有機金属化合物とは，炭素と金属が直接に共有結合や配位結合で結合している化合物をいう．有機化合物の一部とみることも，また無機化合物の中の配位化合物とみることも可能である．触媒などとして学問上，また産業上でも重要性が増しており，新しい化合物が続々とつくられているので命名法のうえでも重要である．

(7) 生化学物質

厳密な定義はないが，生物から得られる化学物質や生命活動のうえで重要な働きをしている物質を**生化学物質**とよんでいる．複雑な構造の有機化合物，有機高分子化合物が多く，IUPAC命名法では複雑・長大な名前になるために，体系名に収まり切らない課題がある．

2

IUPAC 命名法の意義と発展経緯

2・1 化合物のさまざまな名前

一つの化合物には図2・1に示すように商品名（商標名），慣用名（一般名），体系名（IUPAC 名）と複数の名前が存在することが多い．

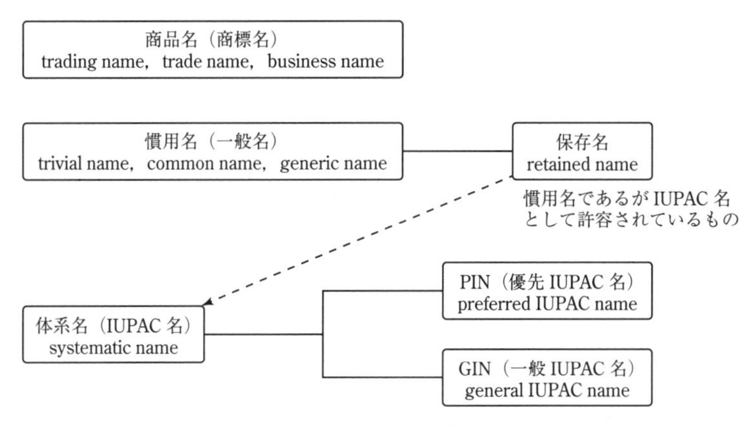

図2・1 化合物のさまざまな名前

商品名は，その化合物を生産し販売している者が“勝手に”付けた名前である．ブランド価値を守り，他者に勝手にその名前を使われたくない場合には商標登録をして**商標名**とする．**慣用名**（**一般名**）は，その化合物に関係する学界や産業界の関係者に共有されるようになった名前である．近代化学が始まる前からよばれてきた名前もある．一つの化合物をよぶのに，商品名のように生産者ごとに異なる名前が存在することは不便である．慣用名は関係者に共通の名前として使われるので便利である．しかし，多くの化合物が発見され，また合成されるたびに慣用名の数も増える．関連性の高い化合物でも，慣用名が互いに脈絡のある名前であることは少ないので，慣用名の数が増えると不便になる．

体系名は化合物の組成と構造に基づいた組織的な命名法による名前である．体系名のつくり方にはいくつもの方法があり，どの範囲の化合物について，どの程度の情報量まで体系的に表現できるか，さまざまな選択肢が存在する．しかも，できあがった体系名が過度に長くては，逆に不便である．この点が体系名の悩みである．一方，長年にわたって使われてきた慣用名を無下(むげ)に捨て去ることはさまざまな混乱を招きかねないので，重要な慣用名は**保存名**として体系名の中に残されてきた．しかし，命名法の歴史のうえで保存名の数は徐々に削減され，体系名に置き換えられてきている．第 4 章に述べるように有機化合物では**優先 IUPAC 名**，優先接頭語，優先接尾語になりうる慣用名が大幅に絞り込まれた．他の分野では，現在でも多くの慣用名が保存名として許容されている．

2・2　IUPAC 命名法の発展経緯

18 世紀末に近代化学が誕生するとともに，化合物の名前について何らかの体系化を図ろうとする動きが生まれた．近代化学の父・ラボアジェ（フランス）は，命名法委員会の設立を提案し，ド・モルボー，ド・フールクロワらとともに“化学命名法”を 1787 年に出版した．その後も，近代化学を発展させたベルツェリウス（スウェーデン），エルステッド（デンマーク）らがラボアジェの試みを発展させた．ベンゼン環の化学構造を提唱したことで有名なケクレ（ドイツ）は 1860 年に有機化合物の命名法をつくるための国際会議を開催した．

1892 年には欧州 9 カ国の化学者がジュネーブ命名法を制定した．体系的な化合物命名法を世界各国の化学会の合意のもとに定めようとして 1919 年に **IUPAC**（**国際純正・応用化学連合**）が設立された．最初に無機，有機，生物化学の 3 分野で命名法策定が始まった．1930 年に有機化学，1938 年に無機化学の命名法が公表され，以後ほぼ 2 年ごとに改訂が繰返された（表 2・1）．

表 2・1　体系的な化合物命名法の主要な経緯

1787 年	ラボアジェら“化学命名法”刊行
1860 年	ケクレが有機化合物命名法作成のため国際会議開催
1892 年	ジュネーブ命名法制定
1919 年	IUPAC（国際純正・応用化学連合）設立
1930 年	最初の有機化学命名法公表，以後改訂継続
1938 年	最初の無機化学命名法公表，以後改訂継続
1957 年	無機化学（レッドブック），有機化学（ブルーブック）まとまる
1972 年	レッドブック第 2 版 → 1990 勧告 → 2005 勧告
1972 年	Chemical Abstracts の索引名開始
1979 年	ブルーブック A〜H 分野版完成 → 1993 補正 → 2013 勧告

第二次世界大戦後，1957 年に無機化学は**レッドブック**，有機化学は**ブルーブック**としてまとめられた．その後，レッドブックは 1970 年第 2 版，1990 年勧告，2005 年勧告を経て現在に至っている．無機化合物については，現時点では化合物ごとに得られる情報量や利用される情報量に大きな差があるため定比組成命名法，置換命名法，付加命名法などの

命名法が並列して使われており，体系名であっても 1 物質 1 名称になっていない．さらに許容される慣用名（保存名）の数も非常に多い．

一方，ブルーブックは 1979 年に A〜H 分野版が完成した．A 分野は炭化水素，B 分野は複素環化合物，C 分野，D 分野は官能基のある化合物，E 分野は立体化学，F 分野は天然物有機化学，H 分野は同位体置換体（本書では扱わない）である．ブルーブック 1979 年版は 1993 年補正を含めて長く使われてきたが，2013 年勧告で大きく改訂された．2013 年勧告では許容される慣用名（保存名）の数を大幅に減らすとともに，**優先 IUPAC 名（PIN）**を導入した．有機化合物にも複数の体系名が可能となる場合がある．その際に，そのうちの一つを PIN として，その使用を推奨し，1 物質 1 名称に大きく踏み出した．しかも特定の化合物群を除いて，置換命名法による名前を PIN としており，多くの命名法のなかでも置換命名法を中心に据えた．PIN に関連する置換基名も，**優先接頭語**，**優先接尾語**が推奨されている．ただし，1979 年勧告に準拠した PIN 以外の名前をまったく禁止した訳ではなく，その多くは**一般 IUPAC 名（GIN）**として使用が認められている．

天然有機化合物や生化学物質については，全構造が解明されると有機化学命名法に基づく体系名をつくることが可能となる．しかし，名前が長くて厄介な場合が多い．このため，立体配置も含んだ特定の母体構造に基づいた半体系名が使われている．したがってこの分野については PIN を適用しない．

高分子化合物は，1974 年に基本文書“ポリマーに関する術語の基本的定義”が勧告され，命名法は 1975 年に“規則性単条有機ポリマーの命名法”が提唱されたのが始まりである．その後，高分子の種類ごとに用語法，命名法が順次追加されている．高分子命名法にはポリマー鎖を構成する原子団の配列順序に基づく構造基礎名と，ポリマーの原料であるモノマー名に基づく原料基礎名の 2 系統の命名法がある．有機高分子化合物については，原子団・モノマーの優先 IUPAC 名に基づく名称ばかりでなく，保存名にもなっていない慣用名に基づく名称も広く使われているのが実情である．

3

IUPAC 名の全体像と日本語表記

第4章から第10章では化合物の種類別にIUPAC名を説明するが，その前に本章ではIUPAC名の全体像と共通する事項について概説する．

3・1　IUPAC名の基本構成

3・1・1　元素名と母体水素化物名

IUPACは膨大な数の化合物の名称を体系立てて作成しようとしている．IUPAC名の構成で基本となるのは元素名と母体水素化物名である．

表3・1　主要な元素名一覧表

原子番号	元素記号	元素名	原子番号	元素記号	元素名
1	H	hydrogen 水素	24	Cr	chromium クロム
2	He	helium ヘリウム	25	Mn	manganese† マンガン
3	Li	lithium リチウム	26	Fe	iron 鉄
4	Be	beryllium ベリリウム	27	Co	cobalt コバルト
5	B	boron ホウ素	28	Ni	nickel ニッケル
6	C	carbon 炭素	29	Cu	copper 銅
7	N	nitrogen 窒素	30	Zn	zinc 亜鉛
8	O	oxygen 酸素	33	As	arsenic ヒ素
9	F	fluorine† フッ素	35	Br	bromine† 臭素
11	Na	sodium ナトリウム	42	Mo	molybdenum モリブデン
12	Mg	magnesium マグネシウム	46	Pd	palladium パラジウム
13	Al	aluminium アルミニウム	47	Ag	silver 銀
14	Si	silicon ケイ素	50	Sn	tin スズ
15	P	phosphorus リン	51	Sb	antimony アンチモン
16	S	sulfur 硫黄	53	I	iodine† ヨウ素
17	Cl	chlorine† 塩素	74	W	tungsten タングステン
19	K	potassium カリウム	78	Pt	platinum 白金
20	Ca	calcium カルシウム	79	Au	gold 金
22	Ti	titanium チタン	80	Hg	mercury 水銀
23	V	vanadium バナジウム	82	Pb	lead 鉛

†　主要な元素で名前の語尾にeがつくのはマンガンとハロゲンのみである．

元素名とは元素に付けられた名前であり，表3・1に主要な元素名を原子番号順に示す．**母体水素化物名**とは炭化水素など13族から17族元素の水素化物や基本複素環母体水素化物（環内に炭素以外の元素を含む水素化物）などの名前である．炭化水素や基本複素環母体水素化物については§4・4，§4・5，§5・2で，その他の母体水素化物については§7・1で述べる．

3・1・2 複 合 名

(1) 複合名の構成

IUPAC命名法では，§3・1・1以外の物質は，§3・1・1の物質がさまざまに変化（イオン化，原子団形成，付加，置換など）してつくられると考えている．このような物質のIUPAC名は元素名や母体水素化物名の語幹に，接頭語や接尾語，位置番号，記述語，句読記号など，定められた語や記号を付けて組立てられる．このように組立てられた名前を複合名とよんでいる．

接頭語や接尾語には，数を示す倍数接頭語，母体水素化物が不飽和などに変化したことを示す接尾語，原子や原子団を示す接頭語・接尾語，電荷を示す接尾語などがある．位置番号は，母体水素化物の水素に置き換わっている置換基の位置や不飽和結合などの位置を示すために使われる．記述語は立体表示記号など，構造的特性や幾何学的特性を示すために使われる．句読記号は，括弧やハイフン，ダッシュ，空白などである．語学と同様に，これらの語や記号は一定の文法に従って付けられる．

(2) 複合名英語表記の注意点

複合名がつくられる際に英語表記では母音が連続することになると，前にある母音が欠落することが多い．次の例に示すように母音に子音で始まる語が続く場合には母音が欠落しないので母音連続による欠落が理解できる．一方，例外も多いので注意が必要である．

例〔説明に該当し，強調したい部分には下線を付ける（以降同様）〕:

penta + ane → pentane

penta + ene → pentene　　penta + diene → pentadiene

pentane + ol → pentanol　　pentane + triol → pentanetriol

例外: cyclo + octane → cyclooctane　　amino + oxy → aminooxy

tetra + oxa + undecane → tetraoxaundecane

3・1・3 官能性母体化合物

本来は，元素名や母体水素化物名からその化合物のIUPAC名をつくることが可能であるが，その化合物の慣用名が確立し広く普及しているために，またはIUPAC名が非常に煩雑になるために，その慣用名が一定の範囲内において母体水素化物名をもつ化合物と同じような位置付けを与えられた化合物を**官能性母体化合物**とよぶ．体系的なIUPAC名をつくろうとする歴史の中で官能性母体化合物は徐々に削減されてきた．それでも有機化学命名法においては酢酸，フェノール，アニリンなど少数が，また無機化学命名法においては硫酸，硝酸，リン酸など多数が使われている．特に天然物有機化学や生化学分野では半体系名をつくるために広範に使われている．

3・2 IUPAC名の全体像

元素名，母体水素化物名および官能性母体化合物名を基礎として，各分野の化合物のIUPAC名がつくられていく全体像を図3・1に示す．

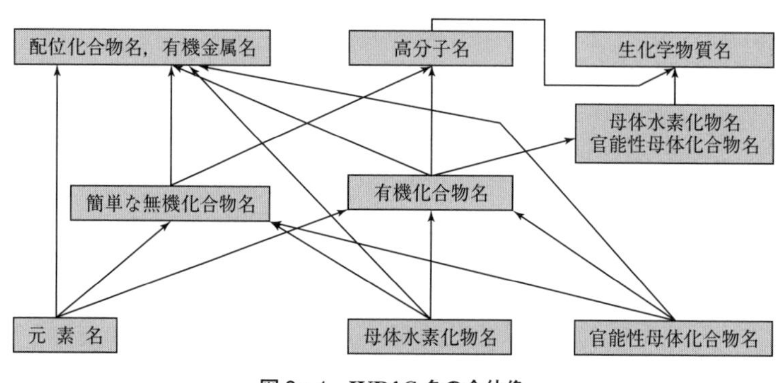

図3・1 IUPAC名の全体像

第4章，第5章で説明する有機化合物は，おもに母体水素化物名および少数の官能性母体化合物名から限られた手法（おもに置換命名法，少数の官能種類命名法）によって体系名がつくられる．第6章で説明する簡単な無機化合物は，元素名，母体水素化物名および多数の官能性母体化合物名から定比組成命名法によって体系名がつくられる．一方，第7章で説明する配位化合物，有機金属化合物は，元素名，母体水素化物名，官能性母体化合物名に加えて，簡単な無機化合物名，有機化合物名も使い，付加命名法または置換命名法によって体系名がつくられる．第8章，第9章で説明する高分子化合物は，おもに有機化合物名を使い，高分子の構造に対応した手法によって名前がつくられる．第10章で説明する生化学物質は有機化学命名法および高分子命名法によって命名することも可能である．しかしながら，生化学物質の分子構造が複雑なために非常に長い煩雑な名前になりがちである．このため，生化学物質の種類ごとに母体水素化物名または官能性母体化合物名が定められており，それを基礎に置換命名法などによって半体系名がつくられる．半体系名の基礎となる母体水素化物名や官能性母体化合物名は，有機化学命名法によって体系名をつくることができるので，半体系名もIUPAC命名法の体系に含まれることが保証される．

3・3 倍数接頭語

数を示す倍数接頭語は，さまざまな分野の化合物のIUPAC名において共通なので，ここで説明する．倍数接頭語を表3・2に示す．

表3・2 倍 数 接 頭 語

数	接頭語	字訳名	数	接頭語	字訳名
1	mono	モ　ノ	11	undeca	ウンデカ
2	di	ジ	12	dodeca	ドデカ
3	tri	ト　リ	13	trideca	トリデカ
4	tetra	テトラ	20	icosa	イコサ
5	penta	ペンタ	21	henicosa	ヘンイコサ
6	hexa	ヘキサ	22	docosa	ドコサ
7	hepta	ヘプタ	23	tricosa	トリコサ
8	octa	オクタ	30	triaconta	トリアコンタ
9	nona	ノ　ナ	40	tetraconta	テトラコンタ
10	deca	デ　カ	100	hecta	ヘクタ

原子や置換基などが複数ある場合に，その数を表すために倍数接頭語を使う．一つの場合には倍数接頭語を付けないが，誤解を避けるために使われることもある．倍数接頭語の多くはギリシャ語の数詞が使われている．一部にラテン語の数詞もある．

通常は表3・2に示すdi，tri，tetraなどを使うが，配位化合物のような複雑な物質の場合には，bis，tris，tetrakisなどを使うこともある（表3・3）．

表3・3 複雑な物質用の倍数接頭語

数	接頭語	字訳名
2	bis	ビ　ス
3	tris	トリス
4	tetrakis	テトラキス
5	pentakis	ペンタキス
6	hexakis	ヘキサキス

倍数接頭語の日本語表記は，原則として字訳する（英語表記をそのままカタカナで表記）．ただし次の(1)，(2)に示す場合には漢数字を使うので注意が必要である．bis，trisなどの倍数接頭語にはこのような例外はなく，そのままカタカナ表記の字訳をする．

(1) 元素名の前に倍数接頭語が付く場合

(2) 翻訳語〔§3・4・3 (1)〕の前に倍数接頭語が付く場合

例：disodium oxalate　シュウ酸二ナトリウム

tricalcium bis(tetraoxidophosphate)　ビス(テトラオキシドリン酸)三カルシウム

diiron tris(sulfide)　トリス(硫化)二鉄

calcium diacetate　二酢酸カルシウム

dinitrogen tetraoxide　四酸化二窒素
tricalcium diphosphide　二リン化三カルシウム

3・4 日本語表記

IUPAC 名は英語で表記される．ただし，日本語の文章を書く際（教科書，翻訳書，日本語論文など）や日本の官庁への申請書類，日本での商取引書類（安全データシート SDS などを含め）には日本語表記が必要となる．このため日本化学会では IUPAC 名の日本語表記の原則を定めている．

本書では第 4 章以降の IUPAC 名は紙数節約と煩雑さを避けるために原則として英語のみで表記する．間違いやすい日本語表記の場合だけ日本語表記を併記する．日本語表記のない場合にも日本語表記で読んでみて欲しい．

3・4・1 原　則

(1) 英語表記の IUPAC 名を日本語表記するにおいては次の 3 通りがある．

① 英語表記をそのままカタカナ書きする（これが原則で，**字訳**とよぶ）．

例：ethanol　エタノール　　chloromethane　クロロメタン

② 日本語に翻訳する．

例：oxygen　酸素　　sodium　ナトリウム　　benzoic acid　安息香酸

③ 両者を併用する．

例：butanoic acid　ブタン酸　　ammonium chloride　塩化アンモニウム

(2) 英語表記をそのままカタカナ書きする際には §3・4・2 に示す**字訳規準表**に従い，英語表記の順のまま字訳する．英語の音訳をしてはならない．位置番号や記号はそのまま表記する．ただし，語尾の e は存在しないものとして字訳する．

例：butane　ブタン（音訳のビューテインは間違い，ブタネも間違い）
polyethyleneterephthalate　ポリエチレンテレフタラート
（音訳のポリエシレンテレフタレートやポリエチレネテレフタラーテでなく）
spiro[4.4]nona-2,7-diene　スピロ[4.4]ノナ-2,7-ジエン
（記号はそのまま表記する）

(3) 複合名は語の区切り方によって，原則(2)の適用の仕方が異なるので注意する．

① 複合名は語の構成要素ごとに字訳する．

例：methylanthracene　メチルアントラセン（× メチラントラセン）
chlorosylethane　クロロシルエタン（× クロロシレタン）

amide，amine，imine など母音で始まる接尾語が付く複合名は，次に述べる ② と混同しがちなので注意する．

例：hexanamide　ヘキサンアミド（× ヘキサナミド）
methanamine　メタンアミン（× メタナミン）

benzaldehyde　ベンズアルデヒド（× ベンザルデヒド）

② 複合名であっても，次に示す母音字で始まる接尾語は，その前の語幹末尾の子音字と組合わせて字訳する．この例は非常に多い．

ene，yne，ol，olate，al，one，ate，oate，yl，oyl，ylene，ylidene，olide，ide，ine，ium，onium など

例：methanol　メタノール　　propanone　プロパノン　　azanium　アザニウム

③ 位置番号が間に入ったときは語幹と接続語尾語は別々に字訳する．位置番号も語の構成要素なので ① の原則に従う．

例：pentan-2-one　ペンタン-2-オン

ethane-1,2-diol　エタン-1,2-ジオール

④ 英語でスペース（ブランク）によって別語として分けて表示している場合でも，日本語表記では1語で書くことが多い．ただし，曖昧さをなくしたり，わかりやすくしたりするために日本語表記でつなぎ符号=を入れることができる．

例：hydrogen chloride　塩化水素

acetic anhydride　無水酢酸

benzonitrile oxide　ベンゾニトリルオキシドまたはベンゾニトリル=オキシド

formyl cyanide　ホルミルシアニドまたはホルミル=シアニド

⑤ 保存名（慣用名）には原則どおりの日本語表記とそうでないものがある．

例：formamide　ホルムアミド（× ホルマミド）

acetamide　アセトアミド

⇕

cyanamide　シアナミド（× シアンアミド）

aminoxide　アミノキシド

（amine oxide アミンオキシドと紛らわしいが，まったく別の化合物）

3・4・2 字訳規準表

(1) 母音字のみの場合：表3・4の母音のみの欄に従う．

(2) 子音と母音の組合わせ：表3・4でローマ字読みどおりのものは簡単である．ローマ字読みどおりにならないものはしっかり覚える．

例：deca　デカ　　deci　デシ　　icosa　イコサ

ethynyl　エチニル　　aminooxy　アミノオキシ

(3) 子音が続く場合，子音で単語が終わる場合：表3・5に従う．3・4・1(2) “語尾の e は存在しないものとする” に注意．

例：carbonyl　カルボニル　　chlorodisiloxane　クロロジシロキサン

methylium　メチリウム　　methanamide　メタンアミド

tri　トリ　　hepta　ヘプタ　　tellane　テラン

表 3・4 字訳基準表 (1)〔まえがきの文献 1 より〕

	母音 / 子音	a	i, y	u	e	o
母音のみ		ア	イ	ウ	エ	オ
ローマ字読みどおりにならないものがある[†1]	c	カ	シ	ク	セ	コ
	d	ダ	ジ	ズ	デ	ド
	f	ファ	フィ	フ	フェ	ホ
	qu[†2]	クア	キ	—	クエ	クオ
	sc[†2]	スカ	シ	スク	セ	スコ
	th[†2]	タ	チ	ツ	テ	ト
	v	バ	ビ	ブ	ベ	ボ
	w	ワ	ウィ	ウ	ウェ	ウォ
	x	キサ	キシ	キス	キセ	キソ
	y	ヤ	イ	ユ	イエ	ヨ
ローマ字読みどおり	b	バ	ビ	ブ	ベ	ボ
	g	ガ	ギ	グ	ゲ	ゴ
	h	ハ	ヒ	フ	ヘ	ホ
	j	ジャ	ジ	ジュ	ジェ	ジョ
	k	カ	キ	ク	ケ	コ
	l	ラ	リ	ル	レ	ロ
	m	マ	ミ	ム	メ	モ
	n	ナ	ニ	ヌ	ネ	ノ
	p	パ	ピ	プ	ペ	ポ
	r	ラ	リ	ル	レ	ロ
	s	サ	シ	ス	セ	ソ
	sh[†2]	シャ	シ	シュ	シェ	ショ
	t	タ	チ	ツ	テ	ト
	z	ザ	ジ	ズ	ゼ	ゾ

† 1 網掛けは注意すべき読み方.
† 2 qu, sc, th, sh は子音 1 個と同様に扱う.

表 3・5 字訳基準表 (2)〔まえがきの文献 1 より〕 ① 同じ子音が続く場合, ② 他の子音が次にくる場合, または単語語尾になる場合.

子音[†]	①	②	備 考
b	促音に	ブ	
c, k	促音に	ク	ch=k, cch,ck,cqu の c は促音に
d	促音に	ド	
f	ff=f	フ	
g	促音に	グ	gh=g
h	—	長音に	
j	—	ジュ	
l, r	ll=l, rr=r	ル	rh=rrh=r
m	ン	ム	mb,mf,mg,mpf,mph の m はン
n	ン	ン	
p	促音に	プ	pf=f, ph=f
s	促音に	ス	sc,sh は表 3・4
t	促音に	ト	th は表 3・4
v	促音に	ブ	
w	—	ウ	
x	—	キス	
y	—	母音扱い	
z	促音に	ズ	

† ff, ll, rr, ch, cch, ck, cqu, gh, pf, ph, rh, rrh は子音 1 個と同様に扱う.

(4) 例外的な語尾字訳：表3・6に従う．（ア）など括弧書き部分は例に示すように直前の子音などによって変化する．

例：hexanal ヘキサナール　amylase アミラーゼ
acetate アセタート　methanol メタノール
glucose グルコース　nitrite ニトリット

表3・6 例外的な語尾字訳

語尾	字訳	語尾	字訳
al	(ア)ール	ose	(オ)ース
ase	(ア)ーゼ	ot	(オ)ート
ate†	(ア)ート	it	(イ)ット
ol	(オ)ール	ite†	(イ)ット
ole	(オ)ール	yt	(イ)ット
oll	(オ)ール		

† ate はエステル名（§4・7・2），陰イオン名〔§6・5・2 (3)〕によく使われる語尾．そこから導かれる配位子名の語尾 ato（§7・4・1）の字訳はアトと伸ばさない．また ate，ite が酸の誘導体名で使われる場合は，字訳でなく翻訳語〔§3・4・3 (1)〕が使われることが多い．

(5) iodine（ヨウ素）関連の例外：ヨウ素に関連ある化合物の io を字訳する場合には“ヨー”と字訳する．

例：iodide ヨージド　iodobenzene ヨードベンゼン　ioda ヨーダ

(6) eu も例外：エウと字訳しないことが多い．

例：deuterium ジュウテリウム〔§6・5・1 (1)〕
eudesmane オイデスマン（§10・1 terpenoide の一つ）
leucine ロイシン〔§10・2・1 (1)〕

3・4・3 三つの大きな例外

§3・4・1の原則に対して三つの大きな例外がある．

(1) 翻訳語

§3・4・1 (1) ② や ③ に示したように，字訳でなく日本語に翻訳して表記しなければならない用語がある．おもに次の二つのいずれかに由来して日本語として定着しているものが多い．IUPAC 命名法の数次にわたる改正過程で IUPAC 名から外れて慣用名になったものもある〔以降の例では IUPAC 名でない慣用名には(慣)を付ける〕．

① 江戸時代末期に蘭学が盛んになり，近代化学が日本に紹介・導入された際に，先人が苦労して，それ以前から使われていた日本語を当てはめたり，新たに創作したりした用語．

例：acetic acid 酢酸，sulfuric acid 硫酸，carbonic acid 炭酸，silicon ケイ素，gold 金，silver 銀，iron 鉄，chlorine 塩素，nitrogen 窒素，hydrogen 水素，oxygen 酸素，sulfur 硫黄，phosphorus リン

なお，酸の IUPAC 名には～oic acid，～ic acid，carboxylic acid が使われるが，日本語表記では～酸やカルボン酸とする．また，酸の誘導体である陰イオン，エステルには～oate，～ate，～ite が使われるが，日本語表記では～酸とする．

② 明治時代にドイツ語など英語以外の表記が字訳された用語．

例：sodium ナトリウム，potassium カリウム
salicylic acid サリチル酸（慣）（字訳規準表によるサリシル酸ではない）
palmitic acid パルミチン酸（字訳規準表によるパルミト酸ではない）

(2) 用語の順序の逆転

原則のもう一つの例外は，日本語表記の際に英語表記と語順が逆転する用語が存在することである．ただし，英語の名称の前半部分が長い場合には英語そのままの順序で日本語1語で表記し，塩化物，無水物，硫酸塩など語尾を変化させて表記することもある．

① 無機化合物の定比組成名（§6・6）の英語表記は，電気的陽性成分名，電気的陰性成分名の順に間にスペースを入れて2語で示す．日本語表記では逆に電気的陰性成分名，電気的陽性成分名の順にスペースなしの1語で表記する．

例：sodium chloride　塩化ナトリウム
disodium succinate　コハク酸二ナトリウム
sodium sulfate　硫酸ナトリウム
disodium sulfate　硫酸二ナトリウム
hexaamminecobalt(Ⅲ) sulfate　ヘキサアンミンコバルト(Ⅲ)硫酸塩

② 有機化合物命名法で優先 IUPAC 名（PIN）となりうる官能種類名（§4・7）（エステル）の英語表記は，間にスペースが入って2語で示す．日本語表記は語順が逆になり，スペースなしの1語で表記する．同じく官能種類命名法を使う酸無水物，酸ハロゲン化物，アミンオキシド，イミンオキシドの英語表記は2語であるが，日本語表記では語順そのままで，スペースなしの1語で字訳する．

例：ethyl acetate　酢酸エチル（× エチル酢酸）
benzene-1,2-dicarboxylic anhydride　ベンゼン-1,2-ジカルボン酸無水物
acetic anhydride　無水酢酸（語順が逆転する酸無水物の例外）
benzoyl chloride　ベンゾイルクロリド（× 塩化ベンゾイル）
propanoyl chloride　プロパノイルクロリド

(3) 字訳しない文字，語を補って日本語表記する文字

① §3・4・1 (2) で述べたように語尾の e は字訳にあたっては存在しないものとして無視する．複合名の中間にきた語尾 e も同様である．

例：methane　メタン（× メタネ）

benzenesulfonic acid　ベンゼンスルホン酸（× ベンゼネ）

N,N-dimethylformamide　*N,N*-ジメチルホルムアミド（× アミデ）

② §3・1・2 (2)で述べた英語表記では欠落した母音を補って日本語表記しなければならない例は多い．

例：but-1-ene-1,4-diyl　ブタ-1-エン-1,4-ジイル（母音で始まる語尾が続くとその前の語幹末尾の a が脱落しているので補って字訳）

buta-1,3-diene　ブタ-1,3-ジエン（子音で始まる語尾が続くと，その前の語幹末尾の a が残る．1 番目の例の後半 ene-1,4-diyl の語尾 e も同様である．しかし，語尾の e は字訳にあたっては無視するのでエネでなく，エンと字訳する．）

③ H-W 命名法（§4・4・3）でヘテロ原子の接頭語が並ぶ場合，英語表記では母音が続くと a が脱落する．このような場合には日本語表記では母音 a が存在するものとして字訳する．

またH-W 命名法以外でも a や o が脱落する場合には母音 a や o を補って字訳する．

例：oxazole　オキサアゾール（oxa＋aza＋ole からなる複合名）

thiazole　チアアゾール（thia＋aza＋ole からなる複合名）

phenoxazine　フェノキサアジン（pheno＋oxa＋aza＋ine からなる複合名）

monoxide　モノオキシド（mono＋oxide からなる複合名）

ethane-1,1,2,2-tetramine　エタン-1,1,2,2-テトラアミン（tetra＋amine からなる複合名）

pentacosan-7,9,17,19-tetron　ペンタコサン-7,9,17,19-テトラオン（tetra＋one からなる複合語，なお pentacosa は penta（5）＋icosa（20）で 25 を表す倍数接頭語）

sodium chloride を塩化ナトリウムのように，陽イオン，陰イオンを逆転して日本語に翻訳する方法は，江戸時代末期に“舎密開宗（せいみかいそう）”を著して日本に初めて近代化学を紹介した宇田川榕菴（うだがわようあん）が始めた．フランス語もドイツ語も英語と同じ語順なのに，日本語への翻訳において，なぜこのような面倒な逆転を榕菴が行ったのだろうか．実は当時日本に伝わってきたオランダ化学書には chloor sodium と綴られていたからである．

このほか，榕菴は当時の日本語になかった元素名，化合物名，概念（結晶，試薬など），化学操作名（酸化，還元など）などをオランダ語の意味を考えて創作した．酸素，窒素，硫酸，硫酸銅，酢酸鉛，硝酸カリ（現代の字体に筆者が修正）などである．ただし，銅，鉛は既存の日本語を使った．一方，コバルト，ニッケル，アンモニア，アルコールなどは，翻訳語をつくらず，そのままの音訳名を漢字で表したので，現代のわれわれはカタカナで表している．

〔芝 哲夫，“日本の化学の開拓者たち”，裳華房（2006）を参考に作成〕

3・4・4　その他の注意すべき例外

日本語表記の原則に従わないその他の注意すべき例外として次の三つがある.

(1) 優先 IUPAC 名（PIN）（§2・2, §4・2）で字訳規準に従わない非常に特殊な例

例: oxamic acid　オキサミド酸（×字訳規準ならオキサム酸）
carbamic acid　カルバミン酸（×カルバン酸）
carbamimidic acid　カルバモイミド酸（×カルバミム酸）

(2) 陰イオンの英語表記では接続語尾が～ide や～ate になる（§6・5・2）が, 日本語表記では～化物イオン, ～酸イオンとイオンを付ける. 陽イオン（§6・5・1）の日本語表記では付けない.

例:

（陰イオン）

chloride(1−)　塩化物イオン(1−)（塩素イオンは間違い）
oxide(2−)　酸化物イオン(2−)（酸素イオンは間違い）
hydroxide　水酸化物イオン
sulfite　亜硫酸イオン
germide(4−)　ゲルマニウム化物(4−)イオン
trioxidosulfate(2−)　トリオキシド硫酸(2−)イオン

（陽イオン）

sodium(1+)　ナトリウム(1+)
copper(2+)　銅(2+)
azanium　アザニウム（ium に 1+の意味が含まれるので電荷数を付けない）

(3) 一般 IUPAC 名 GIN（§2・2, §4・2）や慣用名には日本語表記の原則に従わない例外が多数存在する. 特に昔からよく知られた酸の名前に多い. これらは一つ一つ覚えるしかないが, 現在では PIN ではないものが多いのであまり神経質になる必要はない.

例: cresol　クレゾール　glycerol　グリセリン〔glycerine は(慣)〕
palmitic acid　パルミチン酸（×パルミト酸）
stearic acid　ステアリン酸（×ステアル酸）
oleic acid　オレイン酸（×オレ酸）　maleic acid　マレイン酸（×マレ酸）
aspartic acid　アスパラギン酸（×アスパルト酸）
pyruvic acid　ピルビン酸（×ピルブ酸）
succinaldehyde　スクシンアルデヒド（×スッシンアルデヒド）

練習問題　**日本語表記に慣れる**

日本語表記を身に付けるには自分でそれらを日本語表記し, 多くの経験を積むしかない. ここでは日本記表記に慣れるための練習問題を示す.

3・1　次に示す英語表記の IUPAC 名を日本語表記にせよ.

(1) propanedioic acid
(2) sodium carbonate
(3) disodium trioxidocarbonate
(4) iron(2+) sulfate
(5) 1λ^6,3λ^6-tetrasulfane
(6) azanide
(7) trihydrido(methylphosphanido)silicon
(8) anthracene
(9) prop-2-enoic acid
(10) (9*Z*)-octadec-9-enoic acid
(11) bis[3-(methoxycarbonyl)phenyl]butanedioate
(12) prop-2-enamide
(13) pyren-1,3,6,8(2*H*,7*H*)-tetrone

解　答

3・1

(1) プロパン二酸　　翻訳語“酸”の前なので漢数字の倍数接頭語を使用．英語表記が2語からなっていても，この場合の日本語表記は1語で表記する．

(2) 炭酸ナトリウム　　carbonic acid は炭酸．carbonate は炭酸塩や炭酸エステルの表記．

(3) トリオキシド炭酸二ナトリウム　　元素名の前なので漢数字の倍数接頭語を使用．

(4) 硫酸鉄(2+)　　記号(2+)もしっかり日本語表記する．

(5) 1λ^6,3λ^6-テトラスルファン　　記号1λ^6,3λ^6-もそれぞれに意味があるので日本語表記で落とさない．

(6) アザニドイオン　　電荷が明記されていないが，(1−)の陰イオンなので日本語表記ではイオンを付ける．

(7) トリヒドリド(メチルホスファニド)ケイ素　　長い名称に徐々に慣れる．長い名称では複合名の構成を自分で考えてみる．

(8) アントラセン　　th を英語の音訳にしないように注意する．アンスラセンは間違い．

(9) プロパ-2-エン酸　　プロプとかプロップとせず，省略された a を補って日本語表記する．

(10) (9*Z*)-オクタデカ-9-エン酸　　記号*Z*がイタリック体であることも見落とさない．

(11) ブタン二酸ビス[3-(メトキシカルボニル)フェニル]　　エステルの名称は順序が逆転．英語表記では2語でも日本語表記では1語にする．

(12) プロパ-2-エンアミド　　アミン，アミド，イミドは，語の構成要素ごとに字訳する．

(13) ピレン-1,3,6,8(2*H*,7*H*)-テトラオン　　(2*H*,7*H*) はイタリック体であり，日本語表記でもイタリック体にする．テトロンにせず，母音 a と o が連続したために英語表記では省略されていることを考慮してテトラオンにする．dione や trione では i が省略されることはない．

4

有機化学命名法 初級編

4・1 有機化合物の種類と構造

4・1・1 多彩な有機化合物

§1・3で述べた物質の種類のうち，有機化合物は利用されている化合物の種類が多く，しかも詳しい化学構造が解明されて情報量も多い．このため命名法においては一大分野になっており，しかも最も体系化が進んでいる．

§1・2の電子配置で述べたように，炭素は四つの原子価（結合のための手）をもっている．しかも炭素同士は無限といってよいほど長くつながることができ，3種類の結合がある．すなわち σ 結合だけの単結合，σ 結合と π 結合からなる二重結合，三重結合である．さらに炭素は非常に多くの他の元素や原子団と結合することができる．このような炭素の結合の特性によって多彩な有機化合物がつくられる．

4・1・2 有機化合物の優先順位

有機化合物の命名にあたっては，有機化合物の種類に応じ，表4・1に従って命名法における優先順位が決まっている．この表の上に書いたものほど，また，備考欄の左に書いたものほど優位とする．この優先順位の利用については§4・3で述べるが，優先順位は非常に重要であり，この表はしっかり覚えることが肝心である．なお，表4・1は代表的な種類だけを例示しており，網羅的なリストはまえがきの文献1を参照．

4・2 優先IUPAC名（PIN）

化合物の体系名は，化学物質ごとに1対1に対応することが望ましい．しかし，一つの命名法だけでは名前が長くなってしまったり，わかりにくくなったりする．このため従来はいくつかの有機化合物の体系的命名法が並行して認められてきた．また，一つの命名法においても，名前が一つに絞り込めない場合もあった．

2013年勧告では有機化合物に一つの名称だけを**優先IUPAC名**（preferred IUPAC name, **PIN**）と定め，PINの優先的使用を推奨している．PINは原則として置換命名法（§4・3）によるものが多いが，一部には官能種類命名法（§4・7）によるものおよび限られた数の慣用名（このような慣用名を保存名とよぶ）によるものがある．また，PIN作成にあたっては関連する置換基（§4・3・2）の名称も制限され，**優先接頭語**，**優先接尾語**が 2013 年勧告で定められている．

PIN 以外で，現在認められている命名法によってつくられる名称や特に認められた一部の慣用名は，**一般 IUPAC 名**（general IUPAC name, **GIN**）として使用が認められているが，推奨はされていない．

本書では，原則として PIN を使い，煩雑になることを避けるために GIN や慣用名の使用はできるだけ避けるようにしている．ただし，第 8 章～第 10 章で述べる高分子や生化

表 4・1　有機化合物の代表的な種類と優先順位[†1]

種　類	化学構造の特徴	備考（＞は左側が優位を示す）
イオン	−，＋	陰イオン（アニオン，−）＞ 陽イオン（カチオン，＋）
酸	−COOH，−COOOH，$-SO_3H$，$-SO_2H$	COOH＞COOOH＞SO_3H＞SO_2H §4・6・3 参照
酸無水物	−CO−O−CO−	環状は §4・4・3，鎖状は §4・7・4 で命名
エステル	−CO−OR	環状は §4・4・3，鎖状は §4・7・2 で命名
酸ハロゲン化物	−CO−Cl，−CO−Br	§4・7・3 で命名
アミド	$-CONH_2$，$-SO_2NH_2$	$CONH_2$＞SO_2NH_2，環状は §4・4・3 で命名，鎖状は §4・6・3 参照
イミド	−CO−NH−CO−	環状は §4・4・3 で命名
ニトリル	−CN	§4・6・3 参照
アルデヒド	−CHO	§4・6・3 参照
ケトン	−C−CO−C−	§4・6・3 参照
ヒドロキシ，チオール，ヒドロペルオキシド	−OH，−SH，−OOH	OH＞SH＞OOH
アミン	$-NH_2$，−NHR，$-NR_2$	§4・6・4 参照
イミン	＝NH，＝NR	§4・6・4 参照
窒素含有複素環[†2]		§4・4・3，§5・1・3，§5・2 で命名
ジアゼン（アゾ化合物）[†2]	−N＝N−R	§4・6・4 参照
酸素含有複素環[†2]		§4・4・3，§5・1・3，§5・2 で命名
硫黄含有複素環[†2]		§4・4・3，§5・1・3，§5・2 で命名
炭化水素[†2]		炭素環＞炭素鎖，§4・4・1，§4・4・2，§4・5，§5・2 で命名.
エーテル，スルフィド	R−O−R′，R−S−R′	R−O−R′＞R−S−R′，環状は §4・4・3 で命名，鎖状は §4・6・1 参照
スルホキシド，スルホン	R−SO−R′，$R-SO_2-R'$	R−SO−R′＞$R-SO_2-R'$，§4・6・1 参照
過酸化物	−O−O−	§4・6・1 参照
ハロゲン化物	−F，−Cl，−Br，−I	F＞Cl＞Br＞I，§4・6・1 参照

†1　R は炭化水素基，§4・5 のコラム参照

†2　窒素含有複素環から炭化水素の間の複素環や母体水素化物（§7・1・1）の化合物については，化合物の種類における元素の優先順位が定められている．15 族（N＞P＞As＞Sb＞Bi）＞炭素以外の 14 族（Si＞Ge＞Sn＞Pb）＞13 族（B＞Al＞Ga＞In＞Tl）＞16 族（O＞S＞Se＞Te）＞炭素 C.

学の分野では，まだGINや慣用名による有機化合物名が多く使われている．そのような場合には基本的な化合物については初出でPINを併記しているが，生化学物質ではあまりに煩雑になるので少数の例を示すに止めている．

4・3 置換命名法

4・3・1 置換命名法の概要

置換命名法は有機化合物の命名に広く使われ，§4・2で述べた優先IUPAC名（PIN）の作成に圧倒的に多く採用されている．また§7・3で述べるように13族から17族の無機化合物の命名にも使われている．

4・3・2 有機化合物の置換命名法の原理

置換命名法は，**母体水素化物**の水素が原子や原子団（これらを**置換基**とよぶ）に置換されて化合物が形成されると考えて命名する手法である．有機化合物における母体水素化物は，**炭化水素**と**基本複素環化合物**である．基本複素環化合物とは環状炭化水素に炭素以外の原子（ヘテロ原子という）を含む化合物である．炭化水素など母体水素化物から水素がいくつか除かれてつくられる炭化水素基（後述するmethylメチル基やphenylフェニル基など）および基本複素環に由来する基も含めて母体と考える．

炭化水素基以外の置換基を**特性基**とよぶ．したがって，有機化学命名法で使われる置換基は，図4・1に示すように炭化水素基など母体水素化物に由来する基と特性基に大別される．なお，有機化学では**官能基**という用語が置換基と同じ意味でよく使われるが，官能基には置換基ばかりでなく，母体の中の二重結合や三重結合も含まれるので置換基より広い概念の用語と考えられる．本書では図4・1のように整理している．

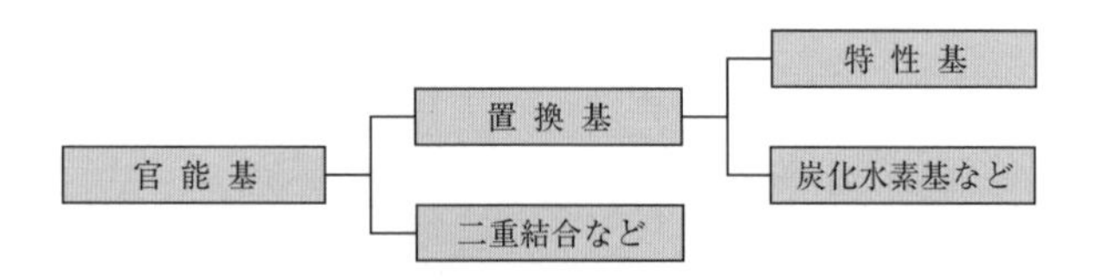

図4・1 置換基，特性基など用語の整理

置換命名法では，母体水素化物の名称に炭化水素基などを示す接頭語や不飽和結合を示す接尾語，さらに特性基が接頭語または接尾語として付け加えられ，また必要に応じて官能基の位置を示す位置番号やその他の記号などが加えられて化合物の名前がつくられる．置換基が母体水素化物などに結合する部分（いわば空いた手）を**遊離原子価**とよぶ．

4・3・3 置換命名法の一般手順

置換命名法によって有機化合物の名前を作成する手順を述べる．用語の詳細については後で述べるので，ここでは手順をしっかり理解してほしい．そして，§4・4 以降の例を見る際には，この手順を読み直して例示した化合物名を自分で再度考えてほしい．

(1) 有機化合物の分子構造から §4・1・2 で述べた化合物の種類と優先順位を考える．
(2) 有機化合物を母体となる構造部分と特性基（あれば）に分ける．
(3) 特性基がある場合には，有機化合物の優先順位（表 4・1 参照）で炭化水素より優位で，最高位になる化合物に該当する特性基だけを**主特性基**として接尾語とし，他の特性基は接頭語とする．特性基がなければ(6)に進む．
(4) 接頭語，接尾語となる特性基を命名する．
(5) 特性基を水素原子に置換して母体水素化物を取出す．
(6) 母体水素化物の構造から，母体となる主鎖や環系と，側鎖となる炭化水素基などに分け，それぞれを命名する．主特性基となる特性基があれば，それを最も多くもつ鎖または環が主鎖や母体となる環であり，それ以外は側鎖となる．主特性基となる特性基がなければ“環が鎖に優先”の原則のうえで母体となる主鎖や環と側鎖を決める．母体構造の選定方法は §5・4・3〜§5・4・6 で詳しく述べる．
(7) 母体水素化物を命名する．
(8) 母体水素化物の名前に主特性基名の接尾語，その他特性基の接頭語を付ける．これら接頭語は特性基ばかりでなく炭化水素基なども含め原則としてアルファベット順に並べる．アルファベット順を考慮する際には倍数接頭語（di，tri など）は無視する．その例外となる接頭語は後述する（§5・4・7 参照）．
(9) 位置番号，その他の記号などを付ける．その詳細は §5・4・8 で述べる．

有機化合物の化学構造が与えられていれば，表 4・1 の化学構造の特徴欄から有機化合物の種類を特定でき，表 4・5，表 4・6（後述）によって特性基の名前を選択するだけで上記の作業を行うことが可能である．化学を学んだことがなくて有機化合物の種類（アルコール，エーテル，エステルなど），官能基の名前や性質を知らなくても，有機化合物の命名に支障はない．

有機化合物の命名に不慣れな人は，有機化合物の種類や性質を決める特性基ばかりに目が行きがちである．しかし，第 5 章で詳しく説明するように，本当に難しい点は母体構造を見分け，それを正しく命名することである．第 4 章，第 5 章においては母体水素化物の説明が多いが，これは母体構造を正しく把握するための入口と考えて欲しい．

4・4　有機化合物の名前の基本となる母体水素化物

有機化合物の母体水素化物のなかでも，炭素が単結合だけで一列に直鎖状に並ぶ飽和直鎖炭化水素，炭素の 6 員環で単結合と二重結合が交互に並ぶ芳香族単環炭化水素，単環炭化水素の環の中に炭素以外のヘテロ原子を含む複素単環化合物の名前が，有機化学命名法の出発点となる基本である．

4・4・1 飽和直鎖炭化水素

飽和直鎖炭化水素の名前は表4・2のように決められている．このうち炭素数1から4は慣用名に由来し，炭素数5以上は倍数接頭語（表3・2参照）に接尾語 ane を付けてつくられている．表4・2に示されていない飽和直鎖炭化水素は，この原理に従って命名すればよい．すべて PIN である．なお，母音連続による欠落（penta 以降の倍数接頭語の末尾 a + ane → a が一つ欠落）については §3・1・2 (2)を参照.

例 1: hexa + ane → hexane

例 2: 表4・2にない炭素数18の飽和直鎖炭化水素 octa + deca + ane → octadecane

表4・2 代表的な飽和直鎖炭化水素の名前

n	名 称†		n	名 称†	
1	methane	メタン	10	decane	デカン
2	ethane	エタン	11	undecane	ウンデカン
3	propane	プロパン	12	dodecane	ドデカン
4	butane	ブタン	13	tridecane	トリデカン
5	pentane	ペンタン	20	icosane	イコサン
6	hexane	ヘキサン	21	henicosane	ヘンイコサン
7	heptane	ヘプタン	22	docosane	ドコサン
8	octane	オクタン	30	triacontane	トリアコンタン
9	nonane	ノナン	40	tetracontane	テトラコンタン

† 名称自体が直鎖であることを示すので，直鎖構造を示す記号 n-（ノルマル）は付けない．語尾タンのうち methane，ethane だけ th に留意.

4・4・2 単環芳香族炭化水素

単環芳香族炭化水素の名前のうち，PIN となっているのは次の五つだけである（図4・2）.

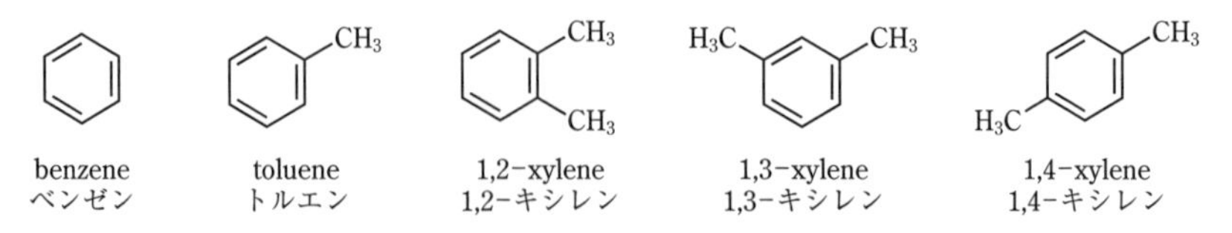

図4・2 PIN となっている単環芳香族炭化水素

benzene，toluene，xylene の名前はいずれも慣用名に由来する．benzene は置換基がついても PIN として使用可能である．それに対して toluene と xylene については非置換においてのみ PIN として認められる．つまり置換基が付いたり，炭化水素基になったりする場合には benzene からの**誘導体**（その化合物を出発原料としてつくられる化合物や置換基）として命名しなければならない.

例：

1-chloro-2-methylbenzene
（× 2-chlorotoluene）

1-methyl-4-nitrobenzene
（× 4-nitrotoluene）

1-ethyl-3,5-dimethylbenzene
（× 1-ethyl-3,5-xylene）

4・4・3 複素単環化合物

(1) Hantzsch-Widman（H-W）名

環員数が3から10までの複素単環化合物は**Hantzsch-Widman（H-W）命名法**〔Hantzsch-Widman（H-W）nomenclature〕によって命名する．(2)で述べる保存名をもつ複素単環母体水素化物以外の複素単環化合物は，H-W名がすべてPINである．保存名とH-W名が一致する場合もある．H-W名と一致しない保存名をもつ場合にはH-W名はGINであるが，pyridine，pyranのH-W名（azine，oxine）は慣用名としてすでにほかで使われているのでGINとして使うことができず，必ず保存名pyridine，pyranを使わなければならない．

H-W命名法はヘテロ原子を示す接頭語（“ア”接頭語，表4・3）と，環の大きさおよび水素化状態を表す語幹（表4・4）とを組合わせて命名する方法である．異種のヘテロ原子を複数含む場合には表4・3の上位のもの（拡張すれば17族>16族>15族>14族>13族で，族内では周期表上位の順）から順に並べる．H-W命名法は，無機化合物の環状母体水素化物の命名（§7・1・4，§7・1・6）にも広く活用される重要な命名法である．最多非集積二重結合をもつ環〔次の(2)を参照〕以外の中間的な不飽和環の命名については§7・1・4を参照．

表4・3 H-W命名法でヘテロ原子を示す代表的な接頭語

元　素	原子価	接　頭　語	
O	Ⅱ	oxa	オキサ
S	Ⅱ	thia	チア
N	Ⅲ	aza	アザ
P	Ⅲ	phospha	ホスファ
Si	Ⅳ	sila	シラ
Sn	Ⅳ	stanna	スタンナ
B	Ⅲ	bora	ボラ

複数のヘテロ原子名が並んで“ア”接頭語の母音が連続する場合，また接頭語とH-W名語幹の間に母音が連続する場合には，接頭語末尾のaを省略して英語表記する〔§3・1・2 (2)〕．日本語表記においては，前者の場合はaを補って表記する（§3・4・3）のに対し

て，後者は補わずにそのまま字訳する（§3・4・1）．位置番号は最上位のヘテロ原子を1とし，ヘテロ原子の位置番号の組合わせが最小となるように全体の番号付けを行う．したがって，異種原子を三つ以上含む場合には，位置番号がヘテロ原子の優先順にならないことがある．指示水素〔§4・4・3 (2)参照〕が必要な場合には必ず明記する．

表4・4　H–W命名法の語幹

員　数	不飽和†1	飽　和	員　数	不飽和†1	飽　和
3	irene†3	irane†3	7	epine	epane
4	ete	etane†3	8	ocine	ocane
5	ole	olane†3	9	onine	onane
6A†2	ine	ane	10	ecine	ecane
6B†2	ine	inane			
6C†2	inine	inane			

†1　不飽和は最多非集積二重結合環〔§4・4・3(2)参照〕に限る．
†2　6員環については，表4・3で最劣位のために末尾にくるヘテロ原子によって選択する．
6A = O, S, Se, Te, Po（以上18族），Bi（15族）
6B = N（15族），Si, Ge, Sn, Pb（以上14族）
6C = P, As, Sb（以上15族），B, Al, Ga, In, Tl（以上13族），F, Cl, Br, I（以上17族），
†3　環に窒素原子が存在する場合，不飽和の3員環はireneの代わりにirineを，飽和の3員環はiridine，4員環はetidine，5員環はolidineを使う．

次の§4・4・3 (2) 保存名で説明する図4・3，図4・4に示す化合物を例に，いくつかのH–W名（位置番号など記号を省略）を説明する．

例：furan：ヘテロ原子名の接頭語 oxa ＋ 不飽和五員環語幹 ole → oxole オキソール
oxazole：oxa ＋ aza ＋ ole（不飽和5員環）→ oxazole オキサアゾール
pyrrolidine：aza ＋ olidine（窒素含む飽和5員環）→ azolidine アゾリジン
imidazolidine：di ＋ aza ＋ olidine（窒素を含む飽和5員環）→
diazolidine ジアゾリジン
morpholine：oxa ＋ aza ＋ inane（窒素が末尾の飽和6員環）→
oxazinane オキサアジナン

従来，他の方法で命名されていた重要な化合物群が，2013年勧告によって複素単環化合物を基本とする命名法に変わったので，複素単環化合物の命名法は非常に重要になった．次の例から慣用名〔(慣)と略記〕やGINに比べて複素単環化合物を基本とした体系的な命名法の長所が理解できよう．なお，特性基を含めた命名法をまだ説明していないので，ここでは母体となる複素単環化合物の命名のみ理解できればよい．§4・6を読んだ後に再度この例を読み直してほしい．ただし，例4の理解には§5・2・1が必要である．

例 1：エポキシ化合物（環状エーテル）

oxirane
ethylene oxide（慣）

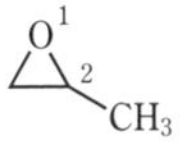

2-methyloxirane
propylene oxide（慣）

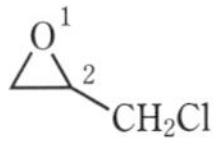

2-(chloromethyl)oxirane
epichlorohydrin（慣）

例 2：環状イミン

aziridine
ethyleneimine（慣）

例 3：ラクトン（環状エステル）

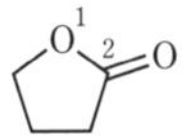

oxolan-2-one
γ-butyrolactone（慣）

例 4：環状酸無水物

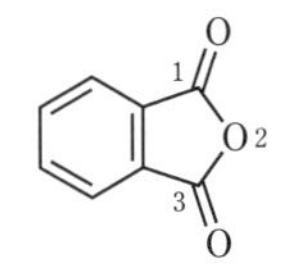

2-benzofuran-1,3-dione
phthalic anhydride（GIN）

例 5：ラクタム（環状アミド）

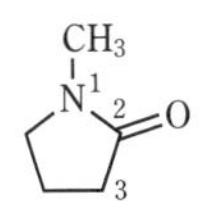

1-methylpyrrolidin-2-one
N-methylpyrrolidone（慣）

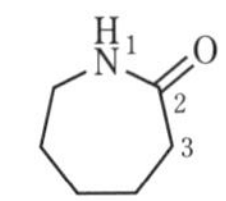

azepan-2-one
ε-caprolactam（慣）

例 6：環状イミド

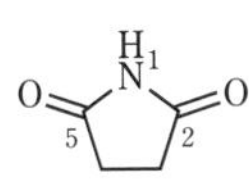

pyrrolidine-2,5-dione
succinimide（GIN）

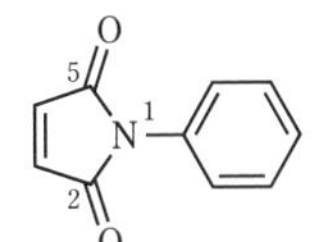

1-phenyl-1*H*-pyrrole-2,5-dione
N-phenylmaleimide（慣）

例 7：環状アセタール
環状ケタール

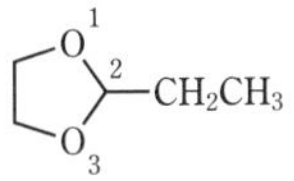

2-ethyl-1,3-dioxolane
propionaldeyde ethylene acetal（慣）

(2) 保 存 名

保存名（慣用名で PIN）となっている代表的な複素単環母体水素化物を図 4・3（最多非集積二重結合の複素単環），図 4・4（飽和複素単環）に示す．**最多非集積二重結合**の環とは最大数の非集積二重結合をもつ環である．非集積とは二重結合が連続しないことを意味する．図 4・2 に示したベンゼン環は典型的な最多非集積二重結合の環である．複素環化合物では位置番号も重要なので併せて示す．なお，注に示した**互変異性体**，**代置化合物**（O が S に代置など）およびそれらの位置異性体を加えると図 4・3 と図 4・4 は保存名のある複素単環母体水素化物のすべてとなる．

水素の位置によって互変異性体（p.31 のコラム参照）が存在する場合には指示水素を位置番号とイタリック体 *H* で明記する．この場合の**指示水素**とは，最多非集積二重結合を含む環で，多重結合に関与しない水素が結合する位置によって異性体が生じる場合に，構造を特定するために位置を明示すべき水素のことである．

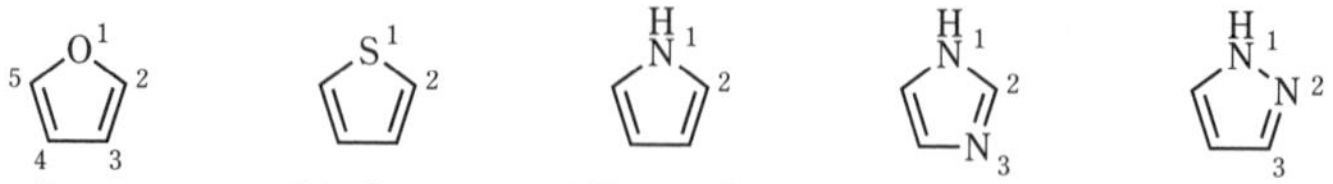

furan
フラン

thiophene
チオフェン

1*H*-pyrrole
1*H*-ピロール

1*H*-imidazole
1*H*-イミダゾール

1*H*-pyrazole
1*H*-ピラゾール

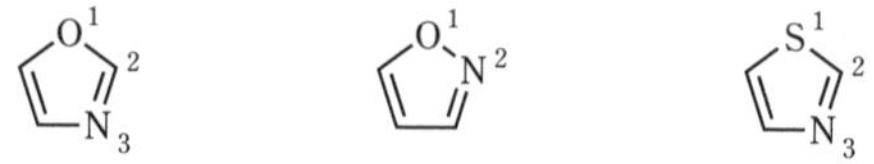

1,3-oxazole
1,3-オキサアゾール

1,2-oxazole
1,2-オキサアゾール

1,3-thiazole
1,3-チアアゾール

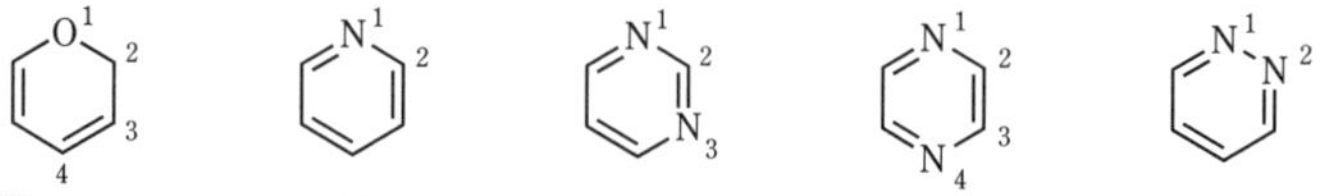

2*H*-pyran
2*H*-ピラン

pyridine
ピリジン

pyrimidine
ピリミジン

pyrazine
ピラジン

pyridazine
ピリダジン

＊1　imidazole の 1*H* は指示水素である．このほかに 2*H* 体，4*H* 体が存在する．pyrrole，pyrazole，pyran の *H* も指示水素．
＊2　上記の他に保存名としては，thiophene の S が Se，Te に代置した selenophene，tellurophene，oxazole の O が Se，Te に代置した selenazole，tellurazole，pyran の O が S，Se，Te に代置した thiopyran，selenopyran，telluropyran がある．
＊3　furan と pyran だけ語尾に e がないことに留意．

図 4・3　代表的な最多非集積二重結合をもつ複素単環母体水素化物の保存名

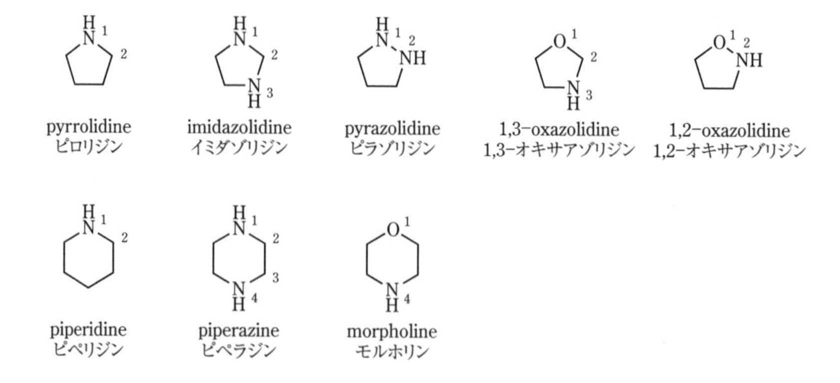

＊　上記のほかに保存名としては，oxazolidine の O が S, Se, Te に代置した thiazolidine，selenazolidine，tellurazolidine，morpholine の O が S，Se，Te に代置した thiomorpholine，selenomorpholine，telluromorpholine がある．

図 4・4　代表的な飽和複素単環母体水素化物の保存名

分子式が同じで化学構造式が異なる化合物同士を**異性体**という．図4・3の imidazole と pyrazole は分子式が $C_3H_4N_2$ で同じであるが化学構造式が異なるので異性体である．同様に 1,3-oxazole と 1,2-oxazole も，また pyrimidine と pyrazine と pyridazine もそれぞれ異性体である．異性体は物理的または化学的性質の違いを利用して単離できる．互変異性とは，異性体同士の変換する速度が大きく，異性体が共存する平衡状態にあることをいう．imidazole の 1*H* 体，2*H* 体，4*H* 体は異性体であるが，水素原子の移動によって3種の異性体（5*H* 体は 4*H* 体と同一）が平衡状態に共存することから互変異性体である．

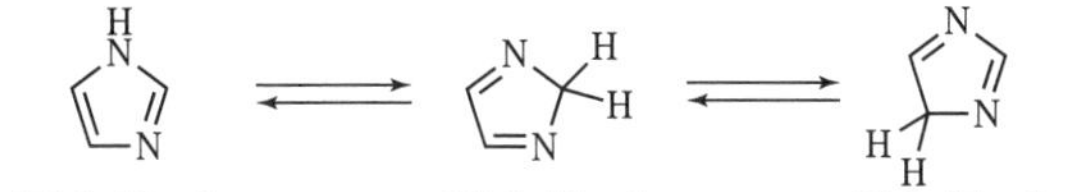

1*H*-imidazole ⇄ 2*H*-imidazole ⇄ 4*H*-imidazole

4・5　母体水素化物の変化とその名前

4・5・1　飽和直鎖炭化水素からつくられる炭化水素基

(1) §4・4・1で説明した飽和直鎖炭化水素の鎖端から水素を1個除いてつくられる1価の炭化水素基の名前は，該当する飽和炭化水素名の接尾語 ane を yl に置き換えてつくる．

例：　CH_4 ⟶ CH_3-　　C_5H_{12} ⟶ $C_5H_{11}-$
methane　methyl　pentane　pentyl

(2) 飽和直鎖炭化水素の鎖端でない位置から水素を1個除いてつくられる1価の基の名前は，該当する飽和炭化水素名の接尾語 e を yl にし，yl の直前にハイフンが前後に付いた位置番号を置く．遊離原子価（§4・3・2参照）の番号ができるだけ小さくなるように位置番号を付ける．

次の(3)と対比すると，飽和炭化水素名に接続語尾 yl を付けるが，母音が連続するために語幹の末尾の e が省略されたと考える方が命名法において広く応用できる．

例：　C_6H_{14} ⟶ $CH_3CH_2CHCH_2CH_2CH_3$（3位に結合手）
hexane　hexan-3-yl
（× hexan-4-yl，× 1-ethylbutyl）

なお，2-methylpropan-2-yl は，*tert*-butyl が例外的に優先接頭語（§4・2）となっている．

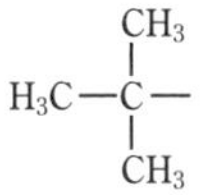

$H_3C-C(CH_3)_2-$　*tert*-butyl

(3) 飽和直鎖炭化水素の水素を2個以上除いてつくられる複数の1価の遊離原子価をもつ炭化水素基の名前は，飽和炭化水素名に接続語尾 diyl，triyl などを付け，基の位置番号を接続語尾の直前に置いて明記する．飽和炭化水素の語尾 e は，子音 d や t が続くので省略されない．遊離原子価の位置番号は，番号の組合わせとして最小になるように付ける．最初が同じ番号同士なら次位が小さな数字になるように付ける．

なお，methane からつくられる $-CH_2-$ だけは優先接頭語として methylene とよぶ．

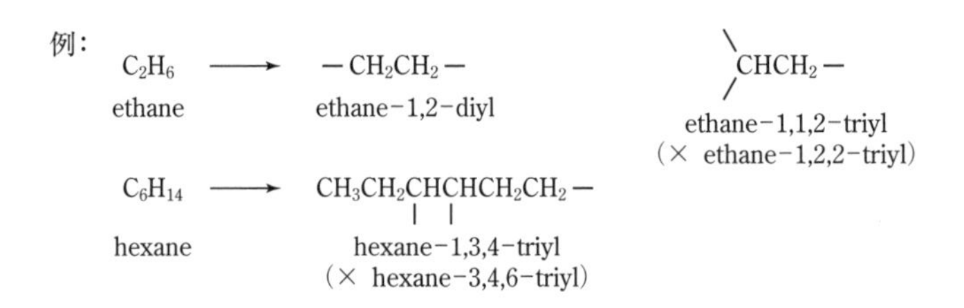

(4) 飽和直鎖炭化水素の同じ炭素に付いている水素を2個除いてつくられる遊離原子価2価の炭化水素基の名前は(1)，(2)で作成した1価の炭化水素基の名前の語尾 yl を ylidene に置き換える．

yl と ylidene の両方を含む場合，位置番号は番号の組合わせとして最小になるように付け，それでも決まらない場合には yl が小さな番号になるように優先する．

なお，methane からつくられる $CH_2=$ は methylidene とよぶ．

例: $CH_3CH_2CH_2-$ ⟶ $CH_3CH_2CH=$ 　　CH_3CHCH_3 ⟶ CH_3CCH_3

propyl　　propylidene (× propane-1,1-diyl)　　propan-2-yl　　propan-2-ylidene

$CH_3CHCH_2CH=$　　butan-3-yl-1-ylidene (× butan-2-yl-4-ylidene)

$-CH_2CHCH_2CH=$　　butane-1,2-diyl-4-ylidene (× butane-3,4-diyl-1-ylidene)

$-CH_2CHCHCH=$　　butane-1,2,3-triyl-4-ylidene (× butane-2,3,4-triyl-1-ylidene)

(5) (1)から(4)を応用して枝分かれ（側鎖という）のある飽和炭化水素の名前を付けてみる．手順は最も長い直鎖を主鎖と捉えることから始める．それ以外は側鎖とし，接頭語に側鎖の位置番号，基の数，基の名前を並べ，その後に主鎖の名前を置く．接頭語は倍数部分を無視してアルファベット順に並べる．位置番号は接頭語の位置番号の組合わせがより小さくなる方向から付ける．

例1: $CH_3CH(CH_3)CH(CH_3)CH_2CH_2CH(CH_3)CH_3$　　2,3,6-trimethylheptane

最長の直鎖は7なので主鎖は heptane．それに三つの methyl 基が付いている．methyl 基の付く位置は左からの番号ならば 2,3,6，右からの番号ならば 2,5,6 の組合わせなので，最小の組合わせの 2,3,6 が選択される．なお，1行で書かれた化学構造式の中に括弧でくくられている部分は，その直前の炭素から枝分れしていることを示す．

例 2:

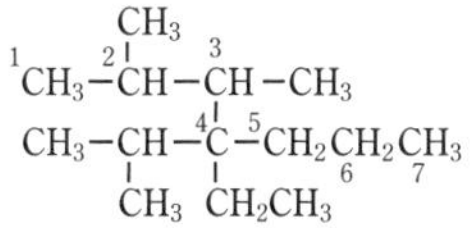

```
           CH3
      1  2 |   3
      CH3-CH - CH - CH3
               | 5
      CH3-CH - C - CH2CH2CH3
          |   4|      6   7
         CH3  CH2CH3
```

4-ethyl-2,3-dimethyl-4-(propan-2-yl)heptane

最も長い直鎖は図では入り組んだ形になるが7なので主鎖は heptane．側鎖のうち，$CH_3CH(-)CH_3$ の名前は §4・5・1 の(2)に該当し propan-2-yl となる．側鎖はアルファベット順に ethyl，methyl，propan-2-yl と並べる．最も小さい位置番号が付く方向から主鎖に番号を付けていく．図と逆方向から番号を付けると，ethyl，propan-2-yl は 4 で変わらないが，methyl が 5,6 と大きな位置番号になってしまう．なお，位置番号などを含んだ長い置換基名は，わかりやすく表示するために括弧でくくる．母体水素化物上の置換基の位置を示す位置番号（例 2 では 2,3-dimethyl）と置換基内での位置番号（例 2 では propan-2-yl）を混同しないように注意する．両者はまったく別々に決められる．

例 3:

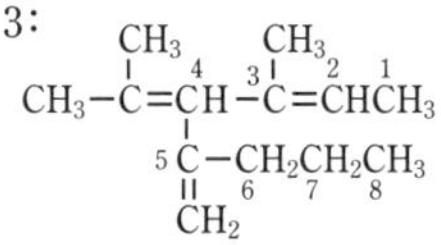

```
      CH3       CH3
      |   4   3 |   2  1
  CH3-C=CH - C=CHCH3
         |
       5 C-CH2CH2CH3
         ||  6   7   8
         CH2
```

3-methyl-5-methylidene-4-(propan-2-ylidene)oct-2-ene

二重結合に関係なく最も長い直鎖は 8 なので主鎖は octane．側鎖はアルファベット順に methyl，methylidene，propan-2-ylidene 位置番号の組合わせがより小さい方向から主鎖上に位置番号を付ける．oct-2-ene は §4・5・2 参照．

4・5・2　不飽和結合をもつ炭化水素

(1) 二重結合を 1 個，2 個などもつ不飽和炭化水素は，相当する飽和炭化水素の名前の接尾語 ane をそれぞれ ene，adiene などに置き換え，二重結合の位置番号（前後にハイフンを付けて）を接尾語の前に置く．三重結合を 1 個，2 個などもつ不飽和炭化水素は相当する飽和炭化水素の名前の接尾語 ane をそれぞれ yne，adiyne などに置き換え，三重結合の位置番号を（前後にハイフンを付けて）接尾語の前に置く．不飽和結合をもつ炭化水素の中で唯一の保存名として acetylene アセチレン $CH \equiv CH$ が認められている．ただし非置換の場合のみであり，置換基が付いた場合には PIN として認められない．

なお，環が存在しない炭化水素の主鎖の選択は，鎖の長いものを優先し，不飽和結合はその次の選択肢とする．これは 2013 年勧告の変更点なので注意する．位置番号は主鎖内の多重結合を一つの組としてできる限り小さい位置番号を割り当て，それでも決まらない場合には二重結合を三重結合に優先する．命名においては，ene を yne の前に置き，両者が連続する場合には ene の語尾の e を省く〔§3・1・2(2) 母音連続による欠落参照〕．

例:

$C_2H_6 \longrightarrow CH_2{=}CH_2$　　$C_3H_8 \longrightarrow CH_3CH{=}CH_2$　　$C_4H_{10} \longrightarrow CH_3CH{=}CHCH_3$

ethane　ethene　propane　propene　butane　but-2-ene
ブタ-2-エン

ethylene，propylene，butylene はすべて PIN でも GIN でもない慣用名である．

$C_3H_8 \longrightarrow CH_3C{\equiv}CH$
propane　prop-1-yne
プロパ-1-イン
(× methylacetylene)

$C_4H_{10} \longrightarrow CH_2{=}CH{-}CH{=}CH_2$
butane　buta-1,3-diene

$CH_2{=}C(CH_3){-}CH{=}CH_2$
2-methylbuta-1,3-diene
(isoprene は非置換の GIN)

$CH_2{=}C(CH_3){-}CH{\equiv}CH_2$
2-methylbut-1-en-3-yne

$CH_2{=}CH{-}C{\equiv}CCH_3$
pent-1-en-3-yne

$CH_3CH{=}C(CH_3){-}C{\equiv}CH$
3-methylpent-3-en-1-yne
(× 3-methylpent-2-en-4-yne)

(2) 二重結合，三重結合をもつ不飽和炭化水素から誘導される遊離原子価1価の炭化水素基，2価の炭化水素基は，接尾語 ene，yne の付いた名前に，§4・5・1で述べた方法と同様に接尾語 yl や ylidene を付ける．位置番号は yl や ylidene となる位置（遊離原子価の位置）が優先して小さくなるように付けるので，(1)で述べた二重結合などの位置番号が変わることがありうる．yl や ylidene が複数ある場合には組合わせが最小となるように位置番号を付け，それでも決まらない場合には yl に小さい番号を当てる．

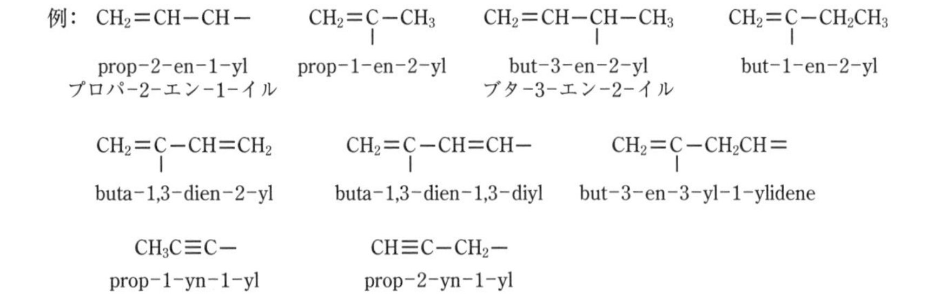

4・5・3　飽和単環炭化水素

芳香族炭化水素でない環状炭化水素を**脂環式炭化水素**と総称する．脂環式炭化水素のなかでも側鎖のない飽和単環炭化水素は，同数の炭素原子をもつ直鎖飽和炭化水素が環化したものと考えて，その直鎖飽和炭化水素名に接頭語 cyclo シクロを付けて命名する．

例 1：propane → cyclopropane　　hexane → cyclohexane

飽和単環炭化水素からつくられる炭化水素基の命名法は§4・5・1に述べた方法による．

例 2：

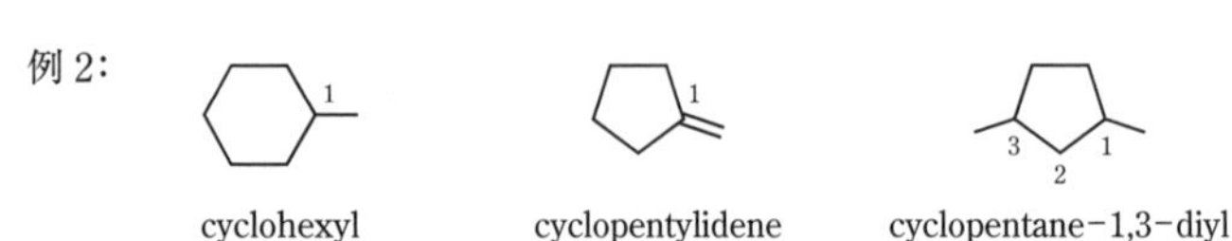

側鎖がある場合には，側鎖の名前を接頭語にし，位置番号をその前に置く．環は鎖に優先するので，複雑な鎖状基であっても側鎖とする．

例3：

methylcyclopentane　　2-methylcyclopentyl　　(prop-2-en-1-yl)cyclohexane
(× 3-cyclohexylprop-1-ene)

4・5・4　不飽和単環炭化水素（単環芳香族炭化水素を除く）

側鎖のない不飽和単環炭化水素は，同じ炭素数の飽和単環炭化水素の名前の接続語尾を§4・5・2で述べた命名法と同様に不飽和結合に該当するene，diene，yneなどに置き換え，その直前に位置番号を置く．不飽和炭化水素からつくられる炭化水素基の命名法も§4・5・1に述べた方法による．また，側鎖がある場合には§4・5・3と同様に行う．

例：

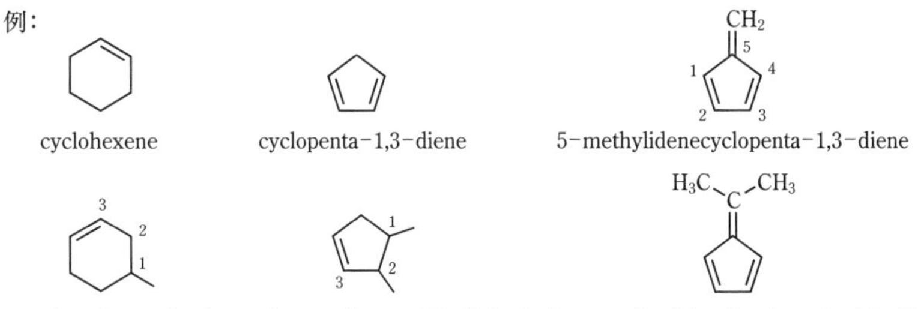

cyclohexene　　cyclopenta-1,3-diene　　5-methylidenecyclopenta-1,3-diene

cycohex-3-en-1-yl　　cyclopent-3-ene-1,2-diyl　　5-(propan-2-ylidene)cyclopenta-1,3-diene

4・5・5　単環芳香族炭化水素からつくられる炭化水素基

単環芳香族炭化水素からつくられる次の基の名前（保存名）は置換制限のない優先接頭語である．

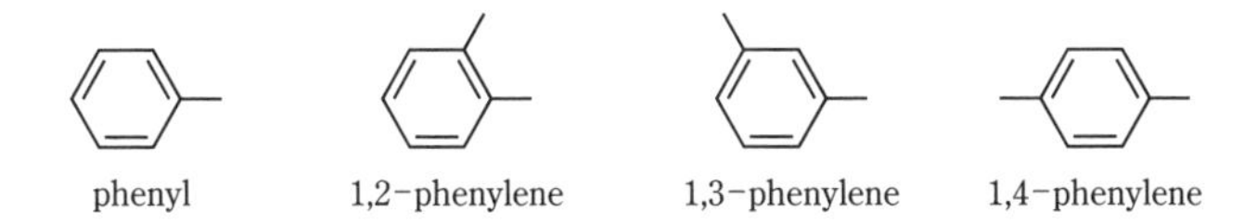

phenyl　　1,2-phenylene　　1,3-phenylene　　1,4-phenylene

単環芳香族炭化水素からつくられる次の炭化水素基は，図に示す名称が優先接頭語となるが，置換は一切認められない．

benzyl　　benzylidene　　benzylidyne

単環芳香族炭化水素からつくられる次の例のような炭化水素基は，置換制限のない優先接頭語から誘導して命名する．

例：

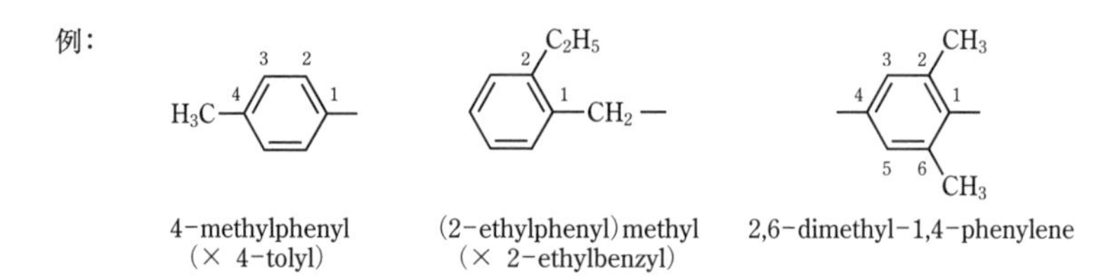

4・5・6 複素単環化合物からつくられる原子団（基）

複素単環化合物の水素が外れてつくられる基は，§4・5・1と同様に接尾語をyl，diyl，ylideneなどに置き換えてつくる．ただし，位置番号の付け方が鎖状炭化水素基や単環炭化水素基と異なるので注意する．すなわち複素単環化合物の元の位置番号は変えることなく，遊離原子価の位置は元の複素単環化合物の位置番号を使う．

例：

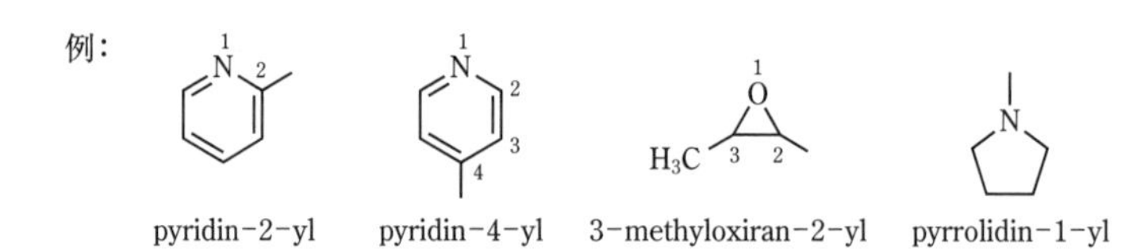

化学物質の正式名ではないが，枝分かれの有無に関係なく，飽和炭化水素は語尾にaneがつくので総称して**alkane** アルカンとよぶ．二重結合が1個の不飽和炭化水素は語尾がeneになるので総称して**alkene** アルケンとよぶ．同様に二重結合が2個の不飽和炭化水素は**alkadiene** アルカジエン，三重結合が1個の不飽和炭化水素は**alkyne** アルキン，飽和単環炭化水素は**cycloalkane** シクロアルカンと総称する．

飽和炭化水素から水素を1個除いてつくられる炭化水素基は語尾がylになるので総称して**alkyl** アルキルとよぶ．遊離原子価が位置番号1以外にあるものを区別したい場合には**alkanyl** アルケニルとよぶ．芳香族炭化水素の環から水素を1個除いてつくられる炭化水素基（phenylなど）を総称して**aryl**（日本語表記は字訳の例外でアリール）とよぶ．

alkylは本書の化学式では略号としてRの文字をよく使っている．その場合には，狭義のalkylだけでなくalkanyl，alkenyl，arylなどの炭化水素基はもちろん複素環母体水素からつくられる基をも含んだ基の意味で使っていることが多い．

4・6　代表的な特性基

有機化合物で母体水素化物に由来する基以外のすべての置換基が特性基である．有機化合物を構成する特性基の種類は非常に多い．炭素以外の原子だけからなる特性基と炭素を含む原子団からなる特性基がある．本書ではそのうちで代表的なものを説明する．詳細が必要な場合にはまえがきの文献1を参照．

4・6・1　常に接頭語として表示する特性基

特性基には接尾語にも，接頭語にもなるものがあるが，表4・5に示す特性基は接頭語にしかなれない．

表4・5　常に接頭語として表示する代表的な特性基

特 性 基[†1]	接　頭　語
−Br，−Cl，−F，−I	bromo，chloro，fluoro，iodo　ブロモ，クロロ，フルオロ，ヨード
−NC	isocyano　イソシアノ（−CN ニトリルと間違えないように）
−NCO	isocyanato　イソシアナト（ナートとしない）
−NO	nitroso　ニトロソ
$-NO_2$	nitro　ニトロ
−OR[†2]	alkoxy/alkyloxy　アルコキシ / アルキルオキシ
−OOR	alkylperoxy　アルキルペルオキシ
−SR	alkylsulfanyl　アルキルスルファニル
−S(O)R[†3]	alkanesulfinyl　アルカンスルフィニル
$-S(O)_2R$[†3]	alkanesulfonyl　アルカンスルホニル

†1　R は炭化水素基など（§4・5・6のコラム参照）．

†2　−OR のうち，alkoxy と命名するのは methoxy（$-OCH_3$，以下同様），ethoxy，propoxy，butoxy，phenoxy，*tert*−butoxy（非置換）〔*tert*−butyl は §4・5・1 (2) 参照〕だけで，その他は alkyloxy〔たとえば propan−2−yloxy($-OCH(CH_3)_2$)〕と命名する．

†3　−S(O)R は R−S(=O)−⌇，$-S(O)_2R$ は R−S(=O)(=O)−⌇ を示す．−SO−R，$-SO_2-R$ との表記も多い．

これらの特性基だけが母体水素化物を置換している有機化合物は，§4・1・2で述べた有機化合物の優先順位（表4・1参照）において炭化水素より下位に位置する．なお，表4・5に示した13個の特性基以外にも−ClO のようなハロゲン酸化物からつくられる特性基，酸素が硫黄などに代わった特性基など多数ある．網羅的なリストについてはまえがきの文献1を参照．

接尾語になる特性基がなく，§4・5で述べた方法によっても位置番号が決まらない場合には，§4・3・3 (8) にしたがってアルファベット順に並べた接頭語（特性基のみならず，炭化水素基なども含む）のうち，最初の接頭語ができるだけ小さな番号になるように位置番号を付ける．

例：$ClCH_2CHFCH_2CHICH_2Br$　　1-bromo-5-chloro-4-fluoro-2-iodopentane

$ClCH_2CH(CH_3)CH_2CH(OC_2H_5)CH_2Cl$　　1,5-dichloro-2-ethoxy-4-methylpentane

最初の接頭語で位置番号が決まらない場合には，2番目の接頭語が小さな位置番号になるようにする．

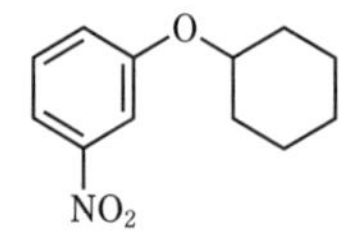

1-(cyclohexyloxy)-3-nitorobenzene

表4・5の注2に記した alkoxy，alkyloxy の命名法に注意，母体の選択（この場合 cyclohexane と benzene のどちらが母体か）は §5・4・3を参照．

$CH_3SCH_2CH_2S(O)CH_2CH_2CH_3$　　1-(2-methylsulfanylethanesulfinyl)propane

母体水素化物が propane であり，それの1位に ethanesulfinyl 基が置換し，その置換基のさらに2位に methylsulfanyl 基が置換している構造を読み解く．置換基が何重にも入れ子になることがある．その場合，位置番号には注意する．置換基内では独自に位置番号が付けられる．

$C_2H_5S(O)_2C_2H_5$　　(ethanesulfonyl)ethane

$CH_3S(O)CH_3$　　(methanesulfinyl)methane

R-S-は alkylsulfanyl と命名するのに対して，R-S(O)-と $R\text{-}S(O)_2$-の名前は母体水素化物名が語幹になって alkanesulfinyl，alkanesulfonyl となる点に注意．
(methanesulfinyl)methane は略称 DMSO，慣用名 dimethyl sulfoxide とよばれる非プロトン性極性溶媒である．

isocyanobenzene

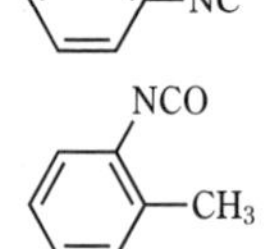

1,3-diisocyanato-2-methylbenzene

ポリウレタン原料で TDI と略称されるが，略称する前の慣用名 2,6-toluene diisocyanate は IUPAC 名としては間違い．
isocyanato はイソシアナト，isocyanate（慣）はイソシアナート．

4・6・2　接頭語にも接尾語にもなりうる特性基

§4・6・1で述べた特性基以外の特性基は，接頭語にも接尾語にもなりうる．有機化合物の中にこれらの特性基が複数ある場合には，表4・6で最上位にある特性基1種類だけを**主特性基**として接尾語にし，他の特性基は接頭語として§4・6・1の特性基と同様に扱う．

特性基の名前は，接頭語にするか，接尾語にするかに対応して表4・6の該当欄から選択する．鎖や環などで位置番号が固定されている場合（§4・4・3複素単環化合物など）および指示水素〔§4・4・3(2)〕によって位置番号が決まっている場合を除いて，主特性基が結合している位置の番号ができるだけ小さくなるように位置番号を付ける．

なお，ここでは表4・6の使い方を理解するために少数の簡単な例を示す．より複雑な使い方が必要な特性基については§4・6・3から§4・7で説明とともに例を示す．また，

PIN をつくる優先接頭語として慣用名を使わなければならない特性基の名前は §4・9 に示す.

表 4・6 主特性基になりうる代表的な特性基の名前

化合物の種類	特性基の構造式	接頭語になるときの名前	接尾語になるときの名前
アニオン	−		ide, ate, ite（塩が多い）
カチオン	＋		ium, ylium（塩が多い）
カルボン酸	−COOH, −(C)OOH	carboxy	carboxylic acid, oic acid
ペルオキシカルボン酸	−CO−OOH, −(C)O−OOH	carbonoperoxoyl	carboperoxoic acid, peroxoic acid
スルホン酸	$-SO_2-OH$ （略$-SO_3H$）	sulfo	sulfonic acid
スルフィン酸	−SO−OH （略$-SO_2H$）	sulfino	sulfinic acid
酸無水物	−CO−O−CO−	−	官能種類命名法 −ic anhydride, −oic anhydride
エステル[†1]	−CO−OR, −(C)O−OR	R−oxycarbonyl, R−oxy−oxo	官能種類命名法 R carboxylate，R oate
酸ハロゲン化物[†2]	−CO−X, −(C)O−X	鎖状炭素鎖末端では chlorooxo，それ以外では carbonochloridoyl など（X=Cl の例）	官能種類命名法 carbonyl halide, oyl halide
カルボキシアミド[†3]	$-CONH_2$, $-(C)ONH_2$	炭素鎖末端 amino＋oxo, それ以外 carbamoyl	carboxamide カルボキシアミド，amide
スルホンアミド	$-SO_2-NH_2$	sulfamoyl	sulfonamide
イミド	−CO−NH−CO−	−	*N*−carbonoylcarboxyamide, *N*−carbonoyl(R)amide
ニトリル	−CN，−(C)N	cyano	carbonitrile，nitrile
アルデヒド	−CHO, −(C)HO	formyl（炭素鎖末端以外），oxo（炭素鎖末端）	carbaldehyde カルボアルデヒド，al アール
ケトン	−(C)O−	oxo，carbonyl，アシル基	one オン
ヒドロキシ	−OH	−OH hydroxy	−OH ol オール
チオール	−SH	−SH sulfanyl	−SH thiol チオール
ヒドロペルオキシド	−OOH	hydroperoxy	peroxol
アミン	$-NH_2$，−NHR, $-NR_2$	amino	amine
イミン	＝NH，＝NR	imino	imine

†1 −O−CO−R の形のエステルで接頭語になる場合には acyloxy.
†2 X はハロゲン原子.
†3 −NH−CO−R の形のアミドで接頭語になる場合には，相当するアミド（NH_2−CO−R）の名前の末尾 e を o に変えて amido，carboxamido.

例：

H C⁻

cyclopenta-2,4-dien-1-ide
H^+除去由来のアニオン，cyclopenta-1,3-diene と位置番号が異なる．

CH_3-N^-H　　methanaminide　アミン由来のアニオン

$CH_3(CH_2)_{16}COONa$　　sodium hexadecanoate
酸（hexadecanoic acid）由来のアニオンからなる塩

$HOOCCH_2CH_2COO^-$　　3-carboxypropanoate
　特性基の優位順が COO^-＞COOH なので，酸（propanoic acid）由来のアニオンの 3 位に COOH 基が置換（接頭語になる）

$(CH_3)_2CHOK$　　potassium propan-2-olate
　ヒドロキシ化合物（propan-2-ol）由来のアニオン（アルコラートアニオン）からなる塩

CH_3 N^+

1-methylpyridin-1-ium
$^+CH_3$ が付加したカチオン

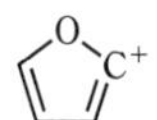

furan-2-ylium
H^-除去由来のカチオン

N COOH

pyridine-3-carboxylic acid
　母体水素化物は pyridine，その 3 位に COOH 基が主特性基として置換．nicotinic acid ニコチン酸は GIN，生化学ではよく使われる名前．

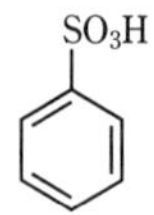

benzenesulfonic acid
母体水素化物名＋sulfonic acid

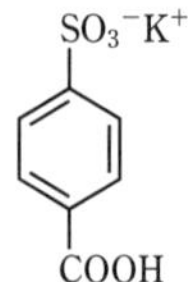

potassium 4-carboxybenzenesulfonate
　母体水素化物は benzene，特性基の優位順が SO_3^-（アニオン）＞COOH なので主特性基は SO_3^-となり，COOH は接頭語となる．

$CH_2BrCH(OH)CH(CH_3)SO_2H$　　4-bromo-3-hydroxybutane-2-sulfinic acid

　母体水素化物は butane，特性基 Br，OH，SO_2H のうち表 4・1 または表 4・6 から優位の順は SO_2H＞OH＞Br なので SO_2H が主特性基で他の特性基は接頭語としてアルファベット順に並べる．主特性基の位置番号が小さくなるように butane 上で考える．

$H_2NCH_2CHSO_2NH_2$

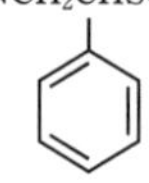

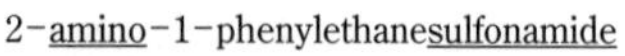

2-amino-1-phenylethanesulfonamide
　特性基の優位順が SO_2NH_2＞NH_2 なので SO_2NH_2 が主特性基．主特性基が置換している ethane が主鎖で，ベンゼン環は主鎖に付く炭化水素基である．したがって母体水素化物は phenylethane となり，それに特性基名を接頭語，接尾語として付け，最後に位置番号を考える．

$CH_2CH_2NH_2$ SO_2NH_2

3-(2-aminoethyl)benzenesulfonamide
　この場合には主特性基 SO_2NH_2 が benzene 環に置換しているので ethane は主鎖でない．

$H_2NCH_2CH_2OH$　　2-aminoethan-1-ol
　母体水素化物は ethane，特性基の優位順が OH＞NH_2 なので OH が主特性基，NH_2 は接頭語になる．ethanolamine は単なる慣用名．

4・6・3　炭素原子を遊離末端にもつ特性基

(1) カルボン酸 -COOH，カルボキシアミド -$CONH_2$，ニトリル -CN，アルデヒド -CHO，ケトン -CO- など遊離末端に炭素原子がある特性基が接尾語になる（主特性基になる）場合には，次に示す2通りの命名法がある．

① 枝分かれのないまたは少ない炭化水素鎖の水素に特性基が置換した形の化合物に使われる方法

特性基の末端の炭素原子が母体に含まれると考え，母体水素化物名に oic acid，amide，nitrile，al，one などの接尾語を付けて命名する．母音連続となる場合には母体水素化物名の末尾 e が欠落する〔§3・1・2 (2)〕日本語表記では母体水素化物名＋〔酸，アミド，ニトリル，(ア)ール，(オ)ン〕とする．同じ特性基が複数存在して倍数接頭語の付いた接尾語になる場合（dial など）には母体水素化物名に倍数接頭語の付いた接尾語を付ける．

なお，ケトン -CO- は，枝分れ炭化水素があろうが，環状炭化水素であろうが，母体水素化物の構造に関係なく，主特性基となる場合には常にこの方法で命名する．

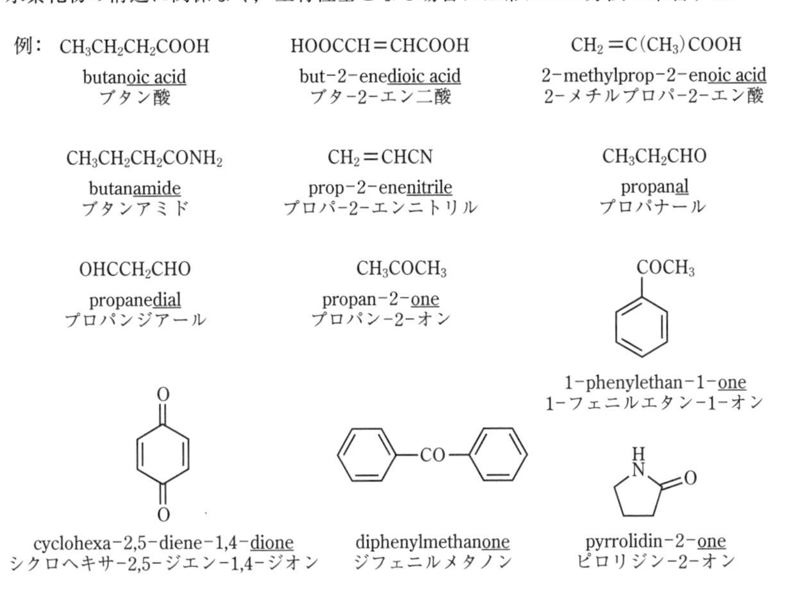

② 枝の多い鎖状母体や環状の母体，三つ以上の同じ特性基が結合するなど，(1)に該当しないものすべてに使われる方法

特性基の末端の炭素原子が特性基に含まれるものと考え，母体水素化物の水素にこのような特性基が置換したとして母体水素化物名に carboxylic acid，carboxamide，carbonitrile，carbaldehyde などの接尾語を付けて命名する．日本語表記では母体水素化物名＋(カルボン酸，カルボキシアミド，カルボニトリル，カルボアルデヒド）とする．

例:

HOOC–C6H4–COOH

benzene-1,4-dicarboxylic acid
ベンゼン-1,4-ジカルボン酸

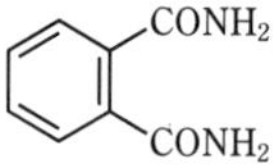

(o-C6H4(CONH2)2)

benzene-1,2-dicarboxyamide
ベンゼン-1,2-ジカルボキシアミド

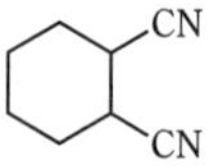

(cyclohexane-1,2-(CN)2)

cyclohexane-1,2-dicarbonitrile
シクロヘキサン-1,2-ジカルボニトリル

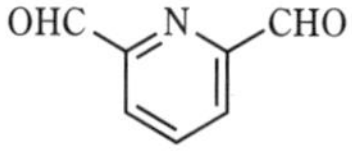

(2,6-(OHC)2-pyridine)

pyridine-2,6-dicarbaldehyde
ピリジン-2,6-ジカルボアルデヒド

$(HOOC)_2CHCH(COOH)_2$

ethane-1,1,2,2-tetracarboxylic acid
エタン-1,1,2,2-テトラカルボン酸

枝分れのない鎖状母体でも 3 個以上の COOH（または $CONH_2$, CN, CHO）が結合する場合は ② として命名する.

(2) 優先順位の低い特性基（例では下線を付けてある）となる場合には，それを接頭語として読む．(1)の ①，② のいずれに該当かに注意する．

例: $CH_2=C(CN)COOH$

2-cyanoprop-2-enoic acid
2-シアノプロパ-2-エン酸

$OHCCH_2CH_2COOH$

4-oxobutanoic acid
4-オキソブタン酸

OHC–C6H10–COOH

4-formylcyclohexane-1-carboxylic acid
4-ホルミルシクロヘキサン-1-カルボン酸

$H_2NCO-CH_2-COOH$

3-amino-3-oxopropanoic acid
3-アミノ-3-オキソプロパン酸
（× 2-carbamoylacetic acid　炭素鎖末端のため）

$HOOC-CH_2-CH(CO-N(CH_3)_2)-CH_2-COOH$

3-(dimethylcarbamoyl)pentanedioic acid
3-(ジメチルカルバモイル)ペンタン二酸

(3) ケトンが接頭語になる場合には次の 3 通りの構造によって名前が異なるので注意する．

① 二重結合で結合している酸素が側鎖の 1 位にないケトンは oxo とする．O= が oxo で，-O- が oxy〔§4・6・5 (1)〕である．混同しないように注意する．

例: $\overset{4}{C}H_3\overset{3}{C}O\overset{2}{C}H_2\overset{1}{C}OOH$

3-oxobutanoic acid
butanoic acid の 3 位の水素二つに O= が置換と考える．

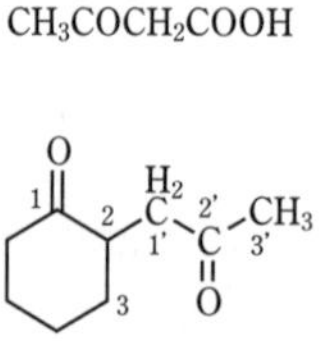

(2-(2-oxopropyl)cyclohexan-1-one; ring positions 1, 2, 3; side chain 1′ CH_2, 2′ C=O, 3′ CH_3)

2-(2-oxopropyl)cyclohexan-1-one
同格の O= が環と鎖に付いたので環が優先して母体になる．

② 酸素が側鎖の１位にあるケトン RCO−はアシル基〔(1)の ① の酸語尾 oic acid，ic acid を oyl，yl に置き換える，§4・6・5 (2) 参照〕として命名する．アシル基のうち保存名は表4・8を参照．

例：

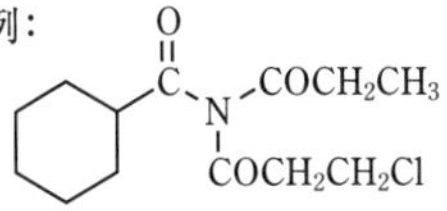

O, C, N, $COCH_2CH_3$, $COCH_2CH_2Cl$

N−(3−chloropropanoyl)−*N*−propanoylcyclohexanecarboxyamide

propanopic acid に由来するので propanoyl となる．なお，窒素原子上の置換体の命名法は §4・6・4を参照．

③ ②の場合であっても，接尾語 carboxylic acid〔(1)の ②〕に由来するアシル基の形となるケトンは，carboxylic acid を carbonyl に置き換えて命名する．

例：

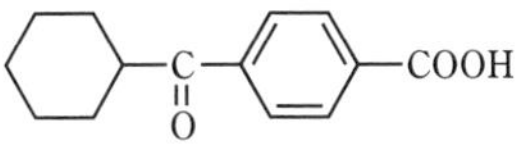

C, O, COOH

4−cyclohexanecarbonylbenzoic acid
4−シクロヘキサンカルボニル安息香酸

cyclohexanecarboxylic acid に由来するアシル基の形となるケトンなので cyclohexanecarbonyl となる．なお benzoic acid 安息香酸は保存名で PIN である．

(4) カルボン酸については，§4・9で説明する PIN とされた数個の慣用名のほか，非常に多くの慣用名が GIN となっている．たとえば，(1)，(2)の例に示したカルボン酸のうち，次のものは GIN の慣用名として残されている．そのほか，GIN の慣用名となっている代表的なニトリル，ケトンも示す．

butanoic acid　butyric acid 酪酸（GIN）
but−2−enedioic acid　fumaric acid フマル酸または maleic acid マレイン酸（GIN）
2−methylprop−2−enoic acid　methacrylic acid メタクリル酸（GIN）
benzene−1,4−dicarboxylic acid　terephthalic acid テレフタル酸（GIN）
prop−2−enenitrile　acrylonitrile アクリロニトリル（GIN）
propan−2−one　acetone アセトン（GIN）
1−phenylethan−1−one　acetophenone アセトフェノン（GIN）
cyclohexa−2,5−diene−1,4−dione　1,4−benzoquinone 1,4−ベンゾキノン（GIN）
diphenylmethanone　benzophenone ベンゾフェノン（GIN）

これらの慣用名と構造式を一つ一つ覚えなければならないことに比べると，体系名の長所がよくわかる．GIN となったカルボン酸の多数の慣用名は文献1を参照．

一方，(1)の例に示した次の化合物は有名な慣用名をもつが，GIN になっていない．

pyrrolidin−2−one　pyrrolidone ピロリドン（慣）
2−cyanoprop−2−enoic acid　cyanoacrylic acid シアノアクリル酸（慣）
(acrylic acid は GIN の保存名として認められているが，置換は認められていない)
3−oxobutanoic acid　acetoacetic acid アセト酢酸（慣）
acetylacetic acid アセチル酢酸（慣）

(5) 有機化合物ではないが，炭酸とその誘導体およびそれら由来の置換基の代表的な名前を示す．PINまたは優先接頭語である．カルバモイルはカルボキシルアミドの接頭語名として、またカルボノクロリドイルは酸ハロゲン化物の接頭語名としてしばしば使われる．aminocarbonyl，chlorocarbonylのような複合置換基（§4・6・5）名は，この場合には優先接頭語にならない．カルバモイミドイルはアミノ酸の一つアルギニンの体系名で接頭語として使われている〔§10・2・1 (1)〕．

例：

HO−CO−OH	−CO−	H_2N−CO−OH	H_2N−CO−
carbonic acid 炭 酸	carbonyl カルボニル	carbamic acid カルバミン酸	carbamoyl カルバモイル

HO−C(=NH)−OH	−C(=NH)−	H_2N−C(=NH)−OH
carbonimidic acid カルボノイミド酸	carbonimidoyl カルボノイミドイル	carbamimidic acid カルバモイミド酸
H_2N−C(=NH)−	Cl−CO−OH	Cl−CO−
carbamimidoyl カルバモイミドイル	carbonochloridic acid カルボノクロリド酸	carbonochloridoyl カルボノクロリドイル

(6) ペルオキシカルボン酸（いわゆる過酸）の名前は，保存名がPINとなっているカルボン酸を含めて，すべて体系的な置換命名法（carboperoxoic acid，peroxoic acid）によることに注意する．

例：

HCO−OOH	CH_3CO−OOH	C_6H_5CO−OOH
methaneperoxoic acid （× performic acid）	ethaneperoxoic acid （× peracetic acid × 過酢酸）	benzenecarboperoxoic acid （× perbenzoic acid）

4・6・4 アミン，イミン，アゾ化合物

アミンとイミンは表4・6だけではわかりにくいので説明する．アミドのN−置換体とイミドもこの応用で命名できる．また合成染料によく使われるアゾ化合物の命名法も特殊なので説明する．

(1) 第1級アミン RNH_2

アミン基 NH_2 が主特性基となる場合には母体炭化水素名の末尾のeを除いてamineを付ける．日本語表記では母体炭化水素名＋アミンとして語幹と語尾を連音化しないで書く．アミンの中でanilineアニリンだけがPINの保存名である．

例：

CH_3NH_2	$CH_3CH(CH_3)CH_2NH_2$	C_6H_5−NH_2
methanamine メタンアミン	2-methylpropan-1-amine 2-メチルプロパン-1-アミン	aniline アニリン（保存名）

(2) 第2級アミン R^1R^2NH，第3級アミン $R^1R^2R^3N$

R^1，R^2 は，アルキル基などの置換基が同じまたは異なることを示す．第2級，第3級

アミンは，最も長鎖となるＲの第１級アミンとしてまず命名し，次に他のＲは第１級アミンのＮ-置換体とみなして置換基名で命名する．ポリアミンでＮの区別が必要な場合にはＮの位置番号（Ｎが付いている母体の位置番号）としてイタリック体 *N* に上付き数字を付ける．

例：　$CH_3CH_2CH_2NHCH_2CH_2Cl$
N-(2-chloroethyl)propan-1-amine

$(CH_3CH_2)_3N$
N,*N*-diethylethanamine

$\overset{N^3}{CH_3N}H\overset{3}{C}H_2\overset{2}{C}H_2\overset{1}{C}H_2\overset{N^1}{N}HCH_2CH_3$
N^1-ethyl-N^3-methylpropane-1,3-diamine

$H_2NCH_2CH_2\overset{N^1}{N}H\overset{1}{C}H_2\overset{2}{C}H_2NH_2$
N^1-(aminoethyl)ethane-1,2-diamine

–NH–
N-phenylaniline

［参考1］ アミド基のＮ-置換体 –CONHR，–$CONR^1R^2$ も，第１級アミドのＮ-置換体として命名する．

例：　$CH_3CH_2CON(CH_3)_2$
N,*N*-dimethylpropanamide

［参考2］ 鎖状イミドは第１級アミドの *N*-アシル誘導体として命名する．環状イミドは複素環化合物として命名する．

例：HCO–NH–CHO　*N*-formylformamide
$HCO-NH_2$ は保存名 formamide（§4・8），–CHO は–CO–H でアシル基であり，保存名 formyl（§4・8）．

$(CH_3CO)_2N-$　*N*-acetylacetamido
$-NH-CO-CH_3$ の形の置換基名は表 4・6 の†3 から $NH_2-CO-CH_3$（§4・8 から保存名 acetamide）の末尾 e を o にする．その N 上の H を$-CO-CH_3$ 基（§4・8から保存名 acetyl）が置換している．

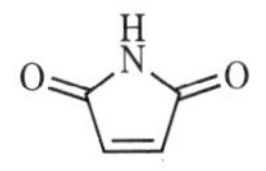

1*H*-pyrrole-2,5-dione
環状イミドの例である．複素環化合物のケトン誘導体として鎖状イミドとはまったく異なる命名を行う．
maleic acid〔§4・6・3 (4)〕は GIN であり，maleic anhydride（§4・7・4）も GIN であるが，maleic acid の置換は認められず，maleimide は単なる慣用名．

(3) 第４級アミン基 $R^1R^2R^3R^4N^+Cl^-$

(2)と同様に最も長鎖となるＲの第１級アミン名の語尾を aminium（表4・6から amine＋ium）としてカチオン名にし，他のＲはＮ-置換体として置換基名を付けて命名する．

例：

$CH_3\overset{+}{N}H_3\ Cl^-$
methanaminium chloride

$(CH_3)_4N^+\ I^-$
N,*N*,*N*-trimethylmethanaminium iodide

$-NH_2CH_3Br$
N-methylanilinium bromide

(4) イミン R−CH＝NH, R^1−CH＝NR^2

母体炭化水素名に imine を付ける（母音連続により母体炭化水素名末尾の e が欠落）. N−置換の場合は, N−置換体として置換基名で命名する.

例: $CH_3CH{=}NH$ ethanimine　　$CH_3CH{=}NCH_3$ *N*−methylethanimine　（ethyleneimine（慣）の e は欠落しない. 慣用名はややこしい.）

(5) アゾ化合物 R^1−N＝N−R^2

アゾ化合物は, 母体水素化物 diazene NH＝NH の置換命名法で命名する（詳しくは §7・1, §7・2 を参照）.

R^1 に表 4・6 に示したイミンより優先する特性基が置換している場合には, 母体水素化物 R^1 に有機ジアゼニル基 R^2−N＝N− が置換したものとして命名する. 表 4・1 に示すようにアゾ化合物の優先順位は窒素含有複素環より低い. しかし, 表 4・5 に示す常に接頭語として表示する特性基ではない.

例: $CH_3{-}N{=}N{-}CH_3$
dimethyldiazene

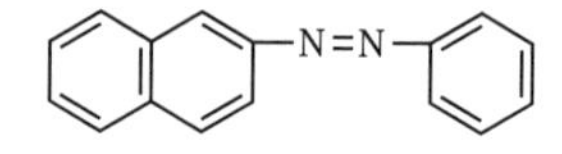

(naphthalen−2−yl)(phenyl)diazene
naphthalene は縮合多環炭化水素で §5・2・1 参照

4−[(2−hydroxynaphthalen−1−yl)diazenyl]benzene−1−sulfonic acid
$-SO_3H$ が主特性基となり, ベンゼンが母体水素化物となる.
その 4 位に naphthalene−1−yldiazenyl が置換.

なお, 合成染料に使われる芳香族アゾ化合物は芳香族ジアゾニウム塩と芳香族化合物のジアゾカップリング反応によって合成されることが多い. 芳香族ジアゾニウム（陽イオン）は芳香族名＋diazonium による方法が PIN である. しかし, 無機化学命名法では diazonium は使用が許容される慣用名として認められていないので注意が必要である.

例: $C_6H_5{-}N_2^+Cl^-$　　benzenediazonium chloride

4・6・5　注意すべき特性基の名前

(1) 単純置換基と複合置換基

原子または原子団を 1 単位として 1 語で表す置換基を単純置換基という. いくつかの単純置換基を組合わせてつくられる置換基を複合置換基とよぶ. 複合置換基の名前は, 単純置換基の中の水素原子を置換して作成する.

単純置換基の接頭語名の例：

$-CH_3$	$-Cl$	$-CN$	$-OH$	$-CH(CH_3)_2$	(cyclohexane ring)
methyl	chloro	cyano	hydroxy	propan-2-yl	cyclohexyl

$-CO-$	$=O$	$-O-$	$-SH$	$-SO_2-OH$	$-SO_2-$	$-PO<$
carbonyl	oxo	oxy	sulfanyl	sulfo	sulfonyl	phosphoryl

$-NH_2$	$=NH$	$-NH-$	(pyridine ring)
amino	imino	azanediyl	pyridin-2-yl

複合置換基の接頭語名の例：

$-CH_2Cl$	$-S-OH$	$-NH-OH$	$-OCOCH_3$
chloromethyl	hydroxysulfanyl	hydroxyamino	acetyloxy
$-OC_6H_{13}$	$-S(O)_2-OCH_3$	$CH_3CH_2CH(CH_3)CH_2-$	$-CO-O-CH_2C_6H_5$
hexyloxy	methoxysulfonyl	2-methylbutyl	benzyloxycarbonyl

(2) アシル基

カルボン酸に由来するカルボアシル基（R-CO-）は接頭語として，あるいは複合置換基をつくる用語としてしばしば現れる．oic acid（§4・6・3 (1) ①）に由来するアシル基の名前は，これを oyl に変えて作成する．一方，carboxylic acid（§4・6・3 (1) ②）に由来するアシル基の名前は，これを carbonyl に変えて作成する．アシル基の日本語表記は，元の酸の名前が日本語表記であってもすべて字訳でカタカナ表記する．

例：

CH_3CH_2CO-	$-OCCH_2CH_2CO-$	$-C(=O)-C_6H_4-C(=O)-$
propanoyl	butanedioyl	benzene-1,4-dicarbonyl

慣用名由来の優先接頭語となるアシル基（日本語表記では字訳する）は次のとおり．

$HCO-$	CH_3CO-	$-CO-CO-$	C_6H_5-CO-
formyl ホルミル	acetyl アセチル	oxalyl オキサリル	benzoyl ベンゾイル

これらアシル基の元の酸はそれぞれ慣用名が PIN になっている．

formic acid ギ酸　　acetic acid 酢酸　　oxalic acid シュウ酸　　benzoic acid 安息香酸

エステルが R-O-CO-の形で接頭語になる場合には oxy と carbonyl の複合置換基 alkyloxycarbonyl または alkanyloxy…oxo として命名する。一方 R-CO-O-の形で接頭語になる場合にはアシル基と oxy 基の複合置換基 acyloxy を使って命名する．これらの違い

は §4・6・3(3) で述べたケトン基の構造の違いに反映する．

例：

CH_3OCO–C₆H₄–COOH　　4-(methoxycarbonyl)benzoic acid

CH_3COO–C₆H₄–COOH　　4-(acetyloxy)benzoic acid

カルボン酸以外の酸に由来するアシル基も～ic acid を～yl に変えて作成する．

$HSO_2(OH)$	sulfonic acid	→	$-SO_2-$	sulfonyl
HSO(OH)	sulfinic acid	→	−SO−	sulfinyl
$PO(OH)_3$	phosphoric acid	→	−PO<	phosphoryl

4・6・6　付加指示水素

指示水素については §4・4・3(2)で説明したが，別の種類の指示水素がある．最多非集積二重結合を含む環に主特性基，遊離原子価などを導入した結果，環の構造変化が起こって環原子に結合する 1 個以上の水素が必要となるとき，その水素を**付加指示水素**という．付加指示水素は，主特性基，遊離原子価などの位置番号の直後に，丸括弧を加え，その中に付加指示水素のついた環原子の位置番号とイタリック体の *H* を付けて表示する．

例：

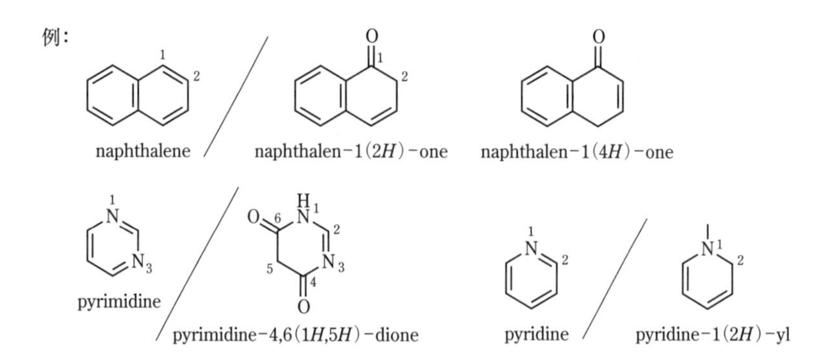

4・7　官能種類命名法

4・7・1　官能種類命名法とは

有機化合物の命名法は置換命名法を主体としているが，エステル（特性基 R−CO−O−R′，$R-SO_2-O-R'$，R−SO−O−R′ など），酸ハロゲン化物（R−CO−X など，X はハロゲン原子），酸無水物（R−CO−O−CO−R′ など），アミンオキシド（R_3NO または $R_3N^+-O^-$ など），イミンオキシド（R=N(O)R′ など）などの特性基が主特性基となる有機化合物に対しては官能種類命名法によって命名する．官能種類命名法とは置換基名＋**官能種類名**，または母体構造名＋**官能基修飾語**の 2 語（日本語表記では空白を置かずに 1 語）で表現する命名法である．前者はエステル，酸ハロゲン化物，後者は酸無水物，アミンオキシド，イミンオキシドに適用する．なお，アミンオキシド，イミンオキシドは出会う機会が少ないので，代表的な構造の簡単な説明と一例にとどめる．すなわち，アミンまたはイミンの名前に官能基修飾語 *N*-oxide を付けるだけである．

例：　$(CH_3)_3NO$ または $(CH_3)_3N^+-O^-$

N,*N*-dimethylmethanamine *N*-oxide
N,*N*-ジメチルメタンアミン=*N*-オキシド

$CH_2=N(O)Cl$

N-chloromethanimine *N*-oxide
N-クロロメタンイミン=*N*-オキシド

日本語表記の=は，文字が続いて書かれると，名前の区別がつきにくくなる場合に加えてよい記号である．§3・4・1 (3) ④参照．

4・7・2 エステル

エステル（R-CO-O-R′，R-SO_2-O-R′，R-SO-O-R′ など）は（R′ の置換基名）+（R-CO-O-などの官能種類名）の2語の組合わせで命名する．官能種類名は酸の陰イオン名と同じであり，酸の語尾 ic acid（カルボン酸，スルホン酸など）を ate に置き換えてつくる．なお，ous acid の語尾をもつ無機酸（§7・4・4）のエステルは，語尾を ite に置き換えてつくる．エステルの日本語表記は語順を逆にして1語で書く（§3・4・3 (2) ②）．

環状エステル（ラクトンともいう．ヒドロキシカルボン酸の分子内エステル）は，有機化合物の優先順位（表4・1）においてエステルではなくケトンとして扱われ，§4・4・3で述べた複素単環化合物を母体としたケトンとして命名する．

例：

$CH_3CH_2CH_2COOCH_2CH_3$

ethyl butanoate
ブタン酸エチル

$CH_3OOC-C_6H_4-COOCH_3$

dimethyl benzene-1,4-dicarboxylate
ベンゼン-1,4-ジカルボン酸ジメチル

$H_2N-C_6H_4-SO_2-OCH_3$

methyl 4-aminobenzene-1-sulfonate
4-アミノベンゼンスルホン酸メチル

$CH_3(CH_2)_4-O-NO$

pentyl nitrite
亜硝酸ペンチル
（nitrous acid HO-NO のエステル）

oxolan-2-one
オキソラン-2-オン
γ-butyrolactone（慣）

γ-butyrolactone は GIN でない慣用名．これは 4-hydroxybutanoic acid の分子内エステルである．

より優位な特性基がある場合にはエステルは接頭語となり，置換命名法が適用される．

例2：$[(CH_3)_2CH-O-CO-CH_2CH_2N(CH_3)_3]^+$ Br^-

N,*N*,*N*-trimethyl-<u>3-oxo-3-[(propan-2-yl)oxy]</u>propan-1-aminium bromide

$CH_3-CO-OCH_2CH_2-S(O)_2-OH$

2-<u>(acethyloxy)</u>ethane-1-sulfonic acid

4・7・3 酸ハロゲン化物

酸ハロゲン化物（R–CO–X など）は，（アシル基 R–CO– の名前）＋（ハロゲン化物＝ハロゲンのアニオン名 ide）の 2 語を組合わせて命名する．日本語表記は 1 語にして語順を変えずにそのまま字訳する．

例 1:

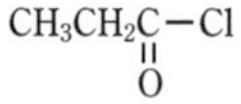

$CH_3CH_2C(=O)-Cl$
propanoyl chloride
プロパノイル=クロリド

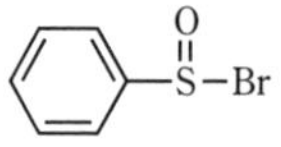

$C_6H_5-S(=O)-Br$
benzenesulfinyl bromide
ベンゼンスルフィニル=ブロミド

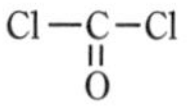

$Cl-C(=O)-Cl$
carbonyl dichloride
カルボニル=ジクロリド
phosgene（慣）

phosgene（猛毒ガス）は GIN でない慣用名．carbonic acid 炭酸 HO–CO–OH の酸ハロゲン化物である．

より優位な特性基がある場合には酸ハロゲン化物は接頭語となり，置換命名法が適用される．鎖状炭素鎖が母体で，その末端に接頭語となる酸ハロゲン化物が結合する場合は，ハロゲン基名＋ oxo を接頭語に用いる．それ以外は carbonochloridoyl などの接頭語を用いる．〔後者の由来は §4・6・3 (5)参照〕

例 2: $Cl-CO-CH_2-COOH$　3-chloro-3-oxopropanoic acid

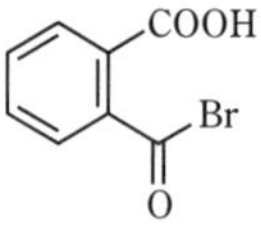

（ベンゼン環に COOH と C(=O)Br がオルト位に結合）　2-(carbonobromidoyl)benzoic acid

4・7・4 酸無水物

酸無水物（R–CO–O–CO–R′ など）は酸の名前の acid を官能基修飾語 anhydride に置き換えて命名する．

日本語表記は語順はそのままで酸の名前の後に無水物と付けて 1 語で表す．無水酢酸だけは例外である．

なお，環状酸無水物は §4・4・3 で述べた複素単環化合物のケトンとして命名する．ラクトンと同様に有機化合物の優先順位（表 4・1）では酸無水物でなく，ケトンとして扱われる．

例:

$CH_3CO-O-COCH_3$
acetic anhydride
無水酢酸

$CH_3CO-O-COCH_2CH_3$
acetic propanoic anhydride
酢酸=プロパン酸=無水物

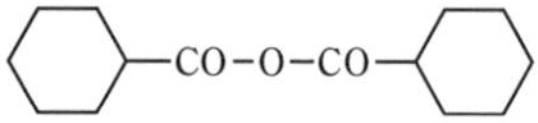

$C_6H_{11}-CO-O-CO-C_6H_{11}$
cyclohexanecarboxylic anhydride
シクロヘキサンカルボン酸無水物

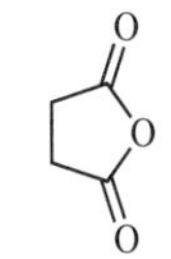

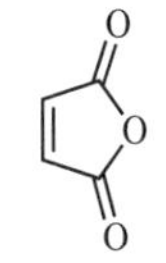

benzenesulfonic anhydride
ベンゼンスルホン酸無水物

oxolan-2,5-dione
オキソラン-2,5-ジオン
succinic anhydride
無水コハク酸

furan-2,5-dione
フラン-2,5-ジオン
maleic anhydride
無水マレイン酸

succinic anhydride，maleic anhydride はGINの慣用名．succinic acid，maleic acid がGINの慣用名なので酸無水物やエステルにおいてもGINとしての名前に使うことが可能である．

ペルオキシ無水物R-CO-OO-COR′ は，RCOOHとR′COOHの酸無水物の名前のうちanhydrideをperoxyanhydrideに置き換えて命名する．ペルオキシカルボン酸名〔§4・6・3 (6)〕は現れない．RとR′ が同一の場合には酸無水物と同様にR名一つのみでよい．

例：$CH_3CO-OO-COCH_3$　acetic peroxyanhydride 酢酸ペルオキシ無水物

$C_6H_5CO-CO-COC_6H_4Cl$　benzoic 4-chlorobenzoic peroxyanhydride
図示していないが，Clが4位に置換とする

4・8　特性基名，官能種類名による母体水素化物名変化の整理

置換命名法，官能種類命名法によって特性基名，官能種類名が付く場合，母体水素化物の名前が変化するのか，しないのか，煩雑なので，主要な化合物の種類ごとにpropaneの1位に特性基が置換する場合を例として表4・7に整理した．エステル，エーテル，スルフィド，スルホキシド，スルホン，過酸化物についてはそれぞれのメタン誘導体を例としている．

4・9　PINとして使うことができる慣用名，使えない慣用名

4・9・1　2013年勧告でもPINとして使うことができる慣用名

第4章では有機化合物の体系名のつくり方を述べてきた．その説明の中でも一部の慣用名が優先IUPAC名（PIN）や優先接頭語などになることを示した．2013年勧告においてはPINとして使うことができる慣用名が大きく削減されたが，それでもまだいくつか残っている．これらは個別に覚えるしかない．表4・8に化合物や置換基の種類別に整理して示す．なお，紙面の都合上，多くの化合物の構造式は省略した．構造式や日本語名が思い浮かばないものはインターネットなどで各自調査してほしい．

表4・7　母体水素化物と特性基の命名法の整理

種　類	化学構造の特徴	propane を母体水素化物とし，その1位に特性基が置換した場合の PIN
イオン	−＞＋	酸由来のアニオン propanoate ($CH_3CH_2COO^-$)，propanide ($C_3H_7^-$)＞propanium ($C_3H_9^+$)，propylium ($C_3H_7^+$)
酸	$-COOH$＞$-SO_3H$＞$-SO_2H$	propanoic acid＞propanesulfonic acid＞propanesulfinic acid
酸無水物	−CO−O−CO−	propanoic anhydride ($CH_3CH_2COOCOCH_2CH_3$)
エステル	−CO−OR	methyl propanoate ($CH_3CH_2COOCH_3$)
酸ハロゲン化物	−CO−Cl＞−CO−Br	propanoyl chloride (CH_3CH_2COCl)＞propanoyl bromide
アミド	$-CONH_2$＞$-SO_2NH_2$	propanamide ($CH_3CH_2CONH_2$)＞propanesulfonamide
イミド	−CO−NH−CO−	*N*-acetylpropanamide〔§4・6・4 (2) 参照〕($CH_3CH_2CONHCOCH_3$)
ニトリル	−CN	propanenitrile (CH_3CH_2CN)
アルデヒド	−CHO	propanal (CH_3CH_2CHO)
ケトン	−C−CO−C−	propan-2-one (CH_3COCH_3)
ヒドロキシ化合物	−OH	propan-1-ol ($CH_3CH_2CH_2OH$)
アミン	$-NH_2$，−NHR	propan-1-amine，*N*-methylpropan-1-amine ($CH_3CH_2CH_2NHCH_3$)
イミン	＝NH	propan-1-imine ($CH_3CH_2CH{=}NH$)
炭化水素		propane
エーテル，スルフィド	R−O−R′＞R−S−R′	1-methoxypropane ($CH_3CH_2CH_2OCH_3$)＞1-(methylsulfanyl)propane
スルホキシド，スルホン	R−SO−R′，＞$R-SO_2-R'$	1-(methanesulfinyl)propane＞1-(methanesulfonyl)propane
過酸化物	−OO−	1-(methylperoxy)propane ($CH_3CH_2CH_2OOCH_3$)
ハロゲン化物	−F＞−Cl＞−Br＞−I	1-fluoropropane＞1-chloropropane＞1-bromopropane＞1-iodopropane

4・9・2　PIN でも GIN でもなくなった有名な慣用名

従来 IUPAC 名として認められていた慣用名であったが，2013 年勧告により，PIN でも GIN でもなくなったもののうち，よく使われたものを表4・9に例示した．意外に少ない．2013 年勧告では PIN として認められる慣用名が大幅に削減されたが，その大部分が GIN として当分 IUPAC 名としての使用が認められたためである．ただし，GIN として使うことができる慣用名は酸をはじめとして非常に多く，しかも置換が許されるもの，許されないものがあって大変に煩雑である．そのような名前を IUPAC 名として使いたいときには，その名前が GIN か否か，またその使い方の許容範囲について1件ずつまえがきの文献1で調べ，確認する必要がある．

表4・8 PINなどとして使うことができる代表的な有機化合物の慣用名 このほか複素環化合物で慣用名がPINのものが多数ある．その多くは図4・3，図4・4に示してある．

化合物の種類	PINや優先接頭語として使うことができる慣用名
鎖状炭化水素	methane，ethane，propane，butane，acetylene（非置換）
鎖状炭化水素基	methyl，ethyl，propyl，butyl，*tert*-butyl（非置換），methylene，methylidene
脂環式炭化水素	adamantane，cubane
芳香族炭化水素	benzene，toluene（原則非置換），xylene（非置換）
芳香族炭化水素基	phenyl，1,2-phenylene，1,3-phenylene，1,4-phenylene，benzyl（非置換）
酸	formic acid（非置換），acetic acid，oxalic acid，benzoic acid，carbamic acid（$H_2N-COOH$），carbonic acid，cyanic acid（NC-OH），oxamic acid（$H_2N-CO-COOH$），carbamimidic acid（$H_2N-C(=NH)-OH$
アシル基	formyl（HCO-），acetyl，benzoyl，oxalyl，oxalo（HO-CO-CO-）
アミド	formamide（N置換のみ可）ホルムアミド，acetamideアセトアミド，benzamideベンズアミド，oxamideオキサミド，cyanamide（$NC-NH_2$）シアナミド
アミド基	carbamoyl（$-CONH_2$）カルバモイル
イミド基	carbamimidoyl（$H_2N-C(=NH)-$）カルバモイミドイル
アルデヒド	formaldehyde（非置換），acetaldehyde，benzaldehyde，oxalaldehyde
ヒドロキシ化合物	phenol
アルコキシ基	methoxy，ethoxy，propoxy，butoxy，phenoxy，*tert*-butoxy（非置換）
アルコラートアニオン	methoxide，ethoxide，propoxide，butoxide，phenoxide，*tert*-butoxide（非置換），aminoxide†アミノキシド（H_2NO^-）
ニトリル	formonitrile（HCN），acetonitrile（CH_3CN），benzonitrile（C_6H_5CN）
アミン	aniline
アミン基	anilino
その他	anisole（非置換），chalcone（唯一残ったケトン），urea，formazan，guanidine，hydroxylamine

† aminoxideの日本語表記はアミノキシド，一方，アミンオキシドはamine *N*-oxide（§4・7・1）である．

表4・9 PINでもGINでもなくなった有名な慣用名

化合物の種類	PINでもGINでもなくなった有名な慣用名
炭化水素	cumene，cymene
炭化水素基†	isobutyl，*sec*-butyl，isopentyl，neopentyl，*tert*-pentyl，phenethyl
ケトン	pyrrolidone，acetylacetone
酸	acetoacetic acid，ethylenediaminetetraacetic acid，glycolic acid，glyoxylic acid，peracetic acid，perbenzoic acid
アミン	toluidine，xylidine

† ethylene $-CH_2CH_2-$，isopropyl $-CH(CH_3)_2$ はGINとして残った．

なお，高分子分野で重要な原料である $CH_2=CH_2$，$CH_2=CHCH_3$ は，以前からIUPAC名はethene，propeneであり，ethylene，propyleneの名前は2013年勧告においてPINでもGINでもない慣用名であることに注意する．$-CH_2CH_2-$ をethyleneと呼ぶことはGIN

としては認められるが，2013 年勧告ではもはや PIN ではない．PIN は ethane−1,2−diyl である．styrene，vinyl 基，vinylidene 基も PIN ではないが，GIN としては認められている．

> 日本語表記で“アセト”となっていても，英語表記で末尾に o が入るものと入らないものがあるので注意する．アセトアミド acetamide（PIN），アセトアルデヒド acetaldehyde（PIN）には o が入らない．一方，アセトニトリル acetonitrile（PIN），アセトフェノン acetophenone（GIN），アセト酢酸 acetoacetic acid（慣）には o が入る．アセトン acetone（GIN）の英語表記に o が入ることはケトンの語尾 one から間違えることはないが、配位子のアセチルアセトナト acetylacetonato（慣）〔§7・5・1 (2)〕は迷いやすい．アセチルアセトナトはアセチルアセトン acetylacetone〔慣〕$CH_3COCH_2COCH_3$ の互変異性体 $CH_3COCH=C(OH)CH_3$ の OH 基が酸解離して生じる陰イオンであることを理解しておけば間違えない．

練習問題

4・1　2013 年勧告で次の炭化水素，炭化水素基は GIN においてのみ保存名が認められた．これらを PIN または優先接頭語で命名せよ．

(1) allene $CH_2=C=CH_2$　(2) vinyl $CH_2=CH-$　(3) vinylidene $CH_2=C=$

(4) allyl $CH_2=CH-CH_2-$　(5) isopropenyl $CH_2=C(CH_3)-$

(6) mesitylene　(7) styrene　(8) isopropyl $(CH_3)_2CH-$

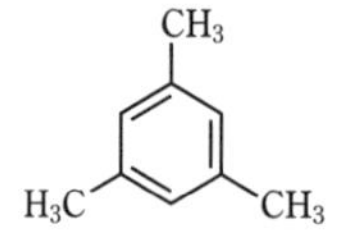

$CH=CH_2$

4・2　2013 年勧告で次の炭化水素，炭化水素基化合物は PIN でも GIN でもない慣用名になった．これらを PIN または優先接頭語で命名せよ．

(1) isobutane $(CH_3)_2CHCH_3$　(2) neopentane $C(CH_3)_4$

(3) acetoacetic acid CH_3COCH_2COOH

(4) isobutyl $(CH_3)_2CHCH_2-$　(5) *sec*−butyl $CH_3CH_2CH(CH_3)-$

(6) cumene　(7) *p*−cymene　(8) *o*−tolyl　(9) 2−pyrrolidone

CH_3CHCH_3

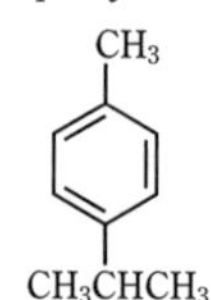

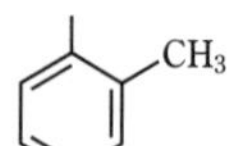

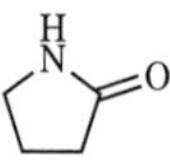

(10) glycolic acid　$HOCH_2-COOH$

(11) glyoxylic acid　$OHC-COOH$

(12) peracetic acid　$CH_3CO-OOH$

4・3 次の炭化水素名，炭化水素基名を PIN，優先接頭語で示せ．

（1）
```
CH3CH2CH－CHCH2CH3
      |    |
     CH3  CHCH2CH3
           |
          CH3
```

（2）
```
           H2C＝CH
                |
CH3CH2CHCH＝C－CH＝CH2
             |
            CH2CH2CH3
```

（3）
```
   CH3CHCH2C＝
      |     |
CH3－CH    CH3
      |
     CH3
```

（4）

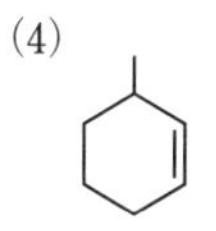

（5）

（6） $CH_3C＝CH－$

（7） $CH＝C－$ CH_3

4・4 次の名前の構造式を書け．

（1） 2-methylbutan-2-yl （2） pent-2-en-4-yn-2-yl （3） pent-2-en-4-yn-1-yl

（4） ethylbenzene （5） 2-phenylethyl （6） 1-phenylethyl

（7） cylopentane-1,3-diyl （8） cyclopentylidene

4・5 図 4・3，図 4・4 の複素単環化合物は慣用名が PIN となっている．これらの H-W 名を示せ．

4・6 次の複素単環化合物の構造式を書き，位置番号を付けよ．(6)は §5・1・1 参照．

（1） 1*H*-azirine （2） oxirene （3） oxazirene（オキサアジレン）

（4） azetidine （5） azete （6） 1-methyl-1,2-dihydroazete

（7） thietane （8） 2*H*-oxete （9） 1,3,2-oxathiazolidine

（10） 1,2,5-oxadiphosphole （11） 1,3,5-triazine （12） 4*H*-pyran

4・7 2013 年勧告で次の有機化合物は GIN においてのみ保存名が認められた．ただし，置換体が認められるか否かは，化合物ごとに異なるので注意が必要である．

これらを PIN で命名せよ．(3)，(10)，(11)，(12) は下図参考．

（1） acrylic acid $CH_2＝CH－COOH$

（2） adiponitrile $NC－(CH_2)_4－CN$（ヒント： adipic acid）

（3） cinnamic acid （4） stearic acid $CH_3(CH_2)_{16}COOH$

（5） palmitamide $CH_3(CH_2)_{14}CONH_2$（ヒント： palmitic acid）

（6） oleic acid $CH_3(CH_2)_7CH＝CH(CH_2)_7COOH$（正確には *Z* 体，詳細は第 5 章参照）

（7） dimethyl succinate $CH_3OOCCH_2CH_2COOCH_3$（ヒント： succinic acid）

（8） ethylene glycol $HOCH_2CH_2OH$ （9） glycerol $HOCH_2CH(OH)CH_2OH$

（10） *p*-cresol（*p*-クレゾール）

（11） resorcinol（レソルシノール，日本語の慣用一般名ではしばしばレゾルシンとよばれている）

（12） hydroquinone （13） ketene $CH_2＝C＝O$

（3）

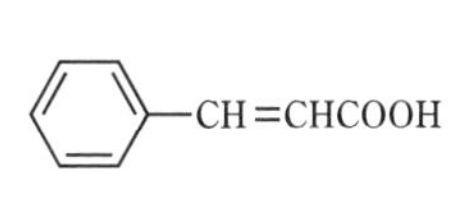

（10）

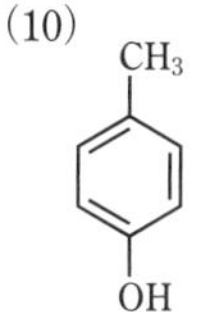

（11）

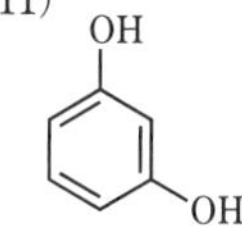

（12）

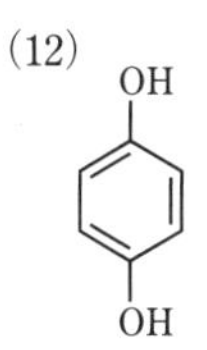

4・8　次の化合物の構造式を書け．

(1) 4-isocyanatobenzene-1-sulfonyl chloride
(2) 2,4,6-trinitorophenol（GIN の保存名 picric acid）
(3) 4-(2-hydroxyethyl)-3-(hydroxymethyl)-2-methylidenecyclopentan-1-ol
(4) 1-(chloromethoxy)-4-nitrobenzene
(5) 2-bromo-1-(4-chlorophenyl)ethan-1-one
(6) 1,1-diethoxypropane（鎖状アセタール，ケタールの命名法）
(7) disodium butanedioate
(8) potassium 3-carboxypropanoate（酸性塩）

4・9　次の慣用名で示す化合物は，工業有機薬品，農薬，医薬品など，実際に工業化されている．下図を参考にして PIN で命名せよ．

(1) ethylene carbonate：リチウムイオン 2 次電池の電解液など
(2) triethylene glycol monomethyl ether：自動車ブレーキ液など
(3) pentaerythritol：塗料に使われるアルキド樹脂の原料など
(4) sodium tetradecenesulfonate：合成洗剤や化粧品原料の α-オレフィンスルホン酸ソーダの一つ
(5) cyanuric chloride：シアヌル酸クロリド，塩化シアヌルともよばれ，トリアジン系農薬の合成原料
(6) trichloroisocyanuric acid：塩素化剤，殺菌剤
(7) atrazine：cyanuric chloride からつくられる有名な除草剤
(8) ibuprofen：有名な非ステロイド系消炎鎮痛剤（正確には *RS* 体，第 5 章参照）

(1) O, O, O（環状炭酸エステル）

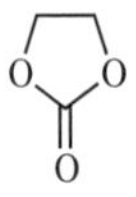

(2) $CH_3O(CH_2CH_2O)_3H$

(3) $C(CH_2OH)_4$：$HOCH_2-C(CH_2OH)_2-CH_2OH$

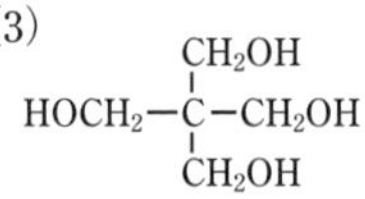

(4) $CH_3(CH_2)_{11}CH{=}CHSO_3^-Na^+$

(5) Cl, N, N, Cl, N, Cl（トリアジン環）

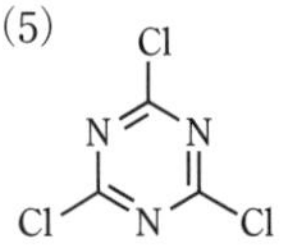

(6) Cl, O, N, O, Cl, N, N, Cl, O

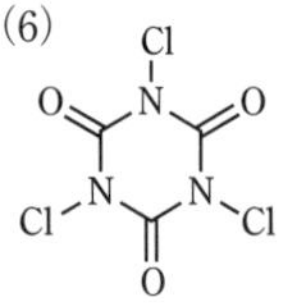

(7) Cl, N, N, C_2H_5NH, N, $NHCH(CH_3)_2$

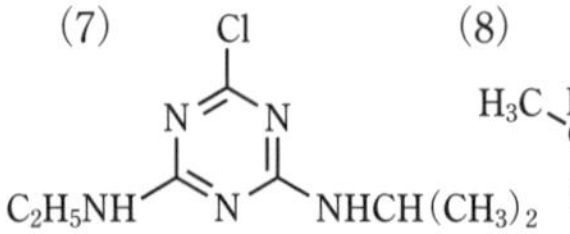

(8) H_3C, H, C, H_2, C, CH_3, $CH-COOH$, CH_3

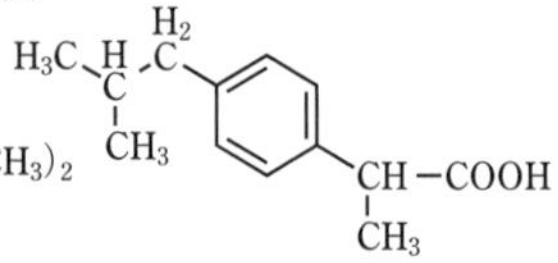

解　答

4・1　(1) propa-1,2-diene　(2) ethenyl　(3) ethenylidene　(4) prop-2-en-1-yl　(5) prop-1-en-2-yl　(6) 1,3,5-trimethylbenzene　(7) ethenylbenzene　(8) propan-2-yl

4・2　(1) 2-methylpropane　(2) 2,2-dimethylpropane　(3) 3-oxobutanoic acid　(4) 2-methylpropyl　(5) butan-2-yl　(6) (propan-2-yl)benzene

(7) 1-methyl-4-(propan-2-yl)benzene (8) 2-methylphenyl
(9) pyrrolidin-2-one (10) hydroxyacetic acid
(11) oxoacetic acid (12) ethaneperoxoic acid

4・3 (1) 4-ethyl-3,5-dimethylheptane
(2) 5-ethenyl-3-ethylocta-1,4-diene 3,5-diethenyloct-4-eneとの解答も現時点では正解とするが，§5・4・3からより多くの二重結合をもつものを母体とする基準からPINが選択される．
(3) 4,5-dimethylhex-2-ylidene (4) cyclohex-2-en-1-yl
(5) cyclohexa-1,4-diene-1,3-diyl (6) 2-phenylprop-1-en-1-yl
(7) 1-phenylprop-1-en-2-yl

4・4

(1) $CH_3CH_2C(CH_3)_2-$ (2) $CH\equiv C-CH=C(CH_3)-$ (3) $CH\equiv C-CH=CHCH_2-$

(4)
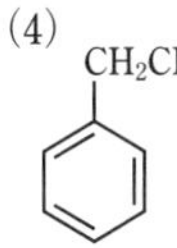

(5)
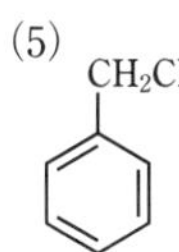

(6)
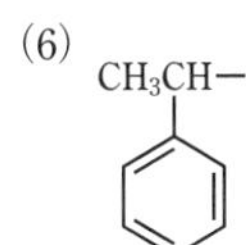

(7)
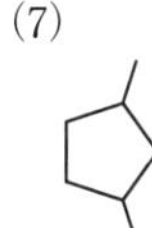

(8)
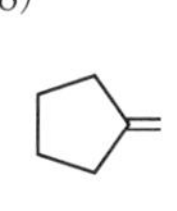

4・5

図4・3		図4・4	
PIN	H-W名	PIN	H-W名
furan	oxole	pyrrolidine	azolidine
thiophene	thiole	imidazolidine	1,3-diazolidine
1*H*-pyrrole	1*H*-azole	pyrazolidine	1,2-diazolidine
1*H*-imidazole	1*H*-1,3-diazole	1,3-oxazolidine	1,3-oxazolidine
1*H*-pyrazole	1*H*-1,2-diazole	1,2-oxazolidine	1,2-oxazolidine
1,3-oxazole	1,3-oxazole	piperidine	azinane
1,2-oxazole	1,2-oxazole	piperazine	1,4-diazinane
1,3-thiazole	1,3-thiazole	morpholine	1,4-oxazinane
2*H*-pyran	× 2*H*-oxine，使用が許容されない		
pyridine	× azine，使用が許容されない		
pyrimidine	1,3-diazine		
pyrazine	1,4-diazine		
pyridazine	1,2-diazine		

4・6

(1)
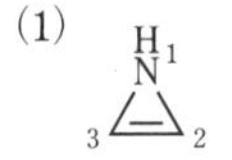

(2) O 1, 3, 2

(3)
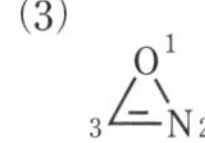

(4) NH 1, 4, 3, 2

(5) (6) (7) (8)

(9) (10) (11) (12)

4・7 (1) prop-2-enoic acid (2) hexanedinitrile

(3) 3-phenylprop-2-enoic acid (*E*, *Z* の異性体あるが詳細は第 5 章参照)

(4) octadecanoic acid (5) hexadecanamide

(6) (9*Z*)-octadec-9-enoic acid (7) dimethyl butanedioate (8) ethane-1,2-diol

(9) propane-1,2,3-triol (10) 4-methylphenol (11) benzene-1,3-diol

(12) benzene-1,4-diol (13) ethenone

4・8

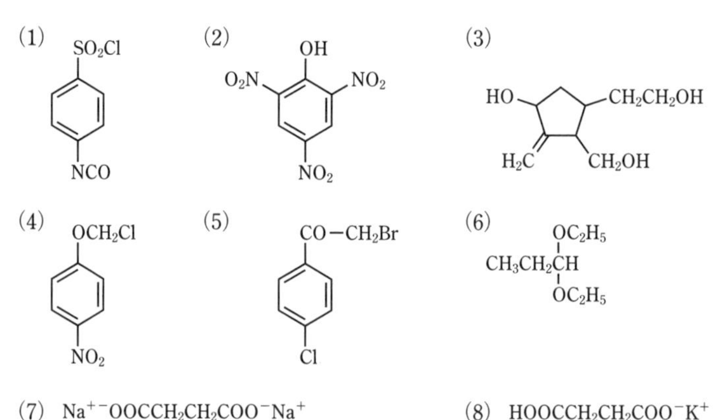

4・9 (1) 1,3-dioxolan-2-one (2) 2-[2-(2-methoxyethoxy)ethoxy]ethanol

(3) 2,2-bis(hydroxymethyl)propane-1,3-diol (4) sodium tetradec-1-ene-1-sulfonate

(5) 2,4,6-trichloro-1,3,5-triazine (6) 1,3,5-trichloro-1,3,5-triazinane-2,4,6-trione

(7) 6-chloro-N^2-ethyl-N^4-(propan-2-yl)-1,3,5-triazine-2,4-diamine

(8) 2-[4-(2-methylpropyl)phenyl]propanoic acid

5

有機化学命名法 中級編

5・1 特別な化学構造をもつ場合の命名法

有機化合物の命名法は第4章で説明した置換命名法，官能種類命名法のほかに，特別な構造をもつ場合にこれら二つの命名法よりも優先して適用されるものがいくつかある．これを図5・1に示す．付加命名法，減去命名法，代置命名法（“ア”命名法または“a”命名法）は置換命名法の代わりとなりうる命名法であるが，有機化合物への適用は限定される．倍数命名法は置換命名法の一種である．

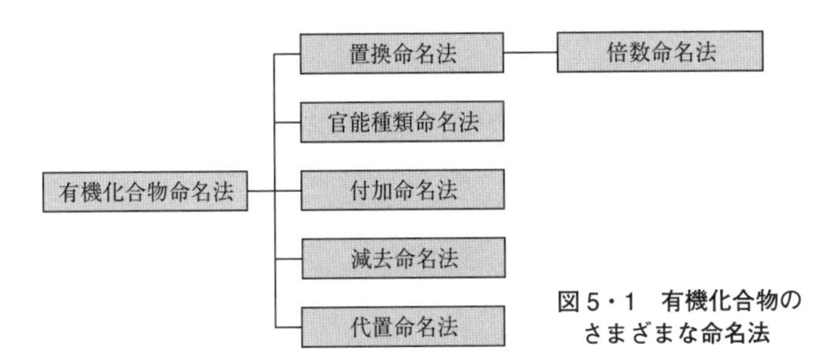

図5・1 有機化合物のさまざまな命名法

5・1・1 付加命名法

付加命名法はある原子や化合物に特定の原子や原子団が付加したと考えて命名する方法である．第7章で述べるように無機化合物では重要な命名法である．有機化合物では有機化合物の特定位置に水素が付加したと考えて **hydro 接頭語**を使う場合のみに限定される．

例:

2,3,4,5-tetrahydropyridine　7-bromo-2-iodo-1,2-dihydronaphthalene　2,3-dihydro-1*H*-indene
2,3,4,5-テトラヒドロピリジン

pyridine の 2,3,4,5 位，naphthalene（§5・2・1）の 1,2 位，indene（§5・2・1）の 2,3 位に水素が付加した構造と考えて，元の有機化合物名に hydro 接頭語を付ける．hydro 接頭語は，接頭語をアルファベット順に並べる規則〔§4・3・3(8)〕の例外で母体水素化物に直接付ける（2番目の例）．ただし，指示水素記号は hydro 接頭語に優先する（3番目の例）．

なお，1*H*-indene は保存名で PIN であるが，3番目の例に示す indane（旧名 indan）は GIN である．ここに示した付加命名法による名称が PIN である．

5・1・2 減去命名法

減去命名法は §5・1・1とは逆にある化合物の特定位置から特定の原子や原子団が除かれたと考えて命名する方法である．有機化合物の命名においては水素原子が除かれたと考えて **dehydro 接頭語**を使う場合に限定される．dehydro 接頭語も，接頭語をアルファベット順に並べる規則の例外である．

例：

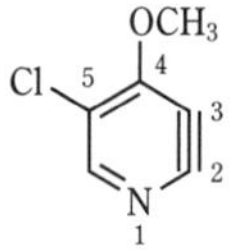

OCH_3 / Cl / 5 4 3 2 N 1

5-chloro-4-methoxy-2,3-didehydropyridine
5-クロロ-4-メトキシ-2,3-ジデヒドロピリジン

5・1・3 代置命名法（骨格代置命名法，“ア”命名法，“a”命名法）

代置命名法は，有機化合物だけでなく，無機化合物にもしばしば使われる（§7・1・4～7・1・6）．多数のヘテロ原子を含む複雑な化合物の命名に用いられる．置換命名法が母体水素化物の水素原子に置換基が置き換わったと考えるのに対して，有機化合物の代置命名法は母体水素化物の炭素原子に，水素以外の原子が置き換わったものと考えて命名する．母体水素化物の名前に，置き換わった原子の名前（**“ア”接頭語**とよばれる体系名，O は oxa，N は aza，S は thia，P は phospha，Si は sila など）を加え，位置番号を付ける．位置番号は元素の位置番号の優先順位（たとえば O＞S＞Se＞N＞P＞As＞Sb＞C＞Si＞Ge＞Pb＞B＞Al など）に従うので置換命名法の位置番号と異なることが多い．なお，この元素の位置番号の優先順位は，表4・1の注に示した化合物の種類における元素の優先順位とは大きく異なるので注意する．次に示す(1)の例1を参照．

代置命名法の“ア”接頭語は §4・4・3のH-W 命名法で説明した“ア”接頭語とほぼ同じであり，元素の優先順位も同様である．例外は Al と In である．H-W では Al：aluma，In：indiga であるが，代置命名法では Al：alumina，In：inda である．しかし，出会う機会が少ないのであまり神経質になる必要はない．

有機化合物の場合には，鎖状化合物と複素環化合物の二つで代置命名法の適用対象が異なるので次に別々に説明する．このほか複素ポリシクロ環（§5・2・2），単環のみからなる複素スピロ環（§5・2・3），ファン母体水素化物（§5・2・5）などにも代置命名法は適用される．それぞれ該当する項で説明する．

(1) 鎖状化合物

有機化合物ではポリエーテル（たとえば $-OCH_2CH_2-$ が連続）やポリアミン（たとえば $-NHCH_2CH_2-$ が連続）に適用の可能性が大きい．① 少なくとも1個の炭素原子を含む枝分かれのない鎖に，② 4個以上のヘテロ単位が存在し，③ ヘテロ原子が主特性基を構成しない場合（主特性基になりうるアミン $-NR_2$，イミン $=NR$ に注意）には，代置命名法を置換命名法，官能種類命名法に優先して適用する．ヘテロ単位とは，ヘテロ原子自

体または $-SS-$ disulfanediyl（§7・1・3, §7・2・1），$-SiH_2OSiH_2-$ disiloxane-1,3-diyl, $-SOS-$ dithioxanediyl（§7・1・5, §7・2・1）のような固有の名称をもつ一連のヘテロ原子団のことである．具体例で説明する．

例 1: $CH_3-O-CH_2CH_2-O-CH_2CH_2-O-CH_2CH_2-S-CH_2CH_2COOH$

2,5,8-trioxa-11-thiatetradecan-14-oic acid
2,5,8-トリオキサ-11-チアテトラデカン-14-酸

主特性基は COOH である．骨格をすべて炭素と考えれば，枝分かれのない炭素数 14 の直鎖カルボン酸なので tetradecanoic acid である．骨格の C 原子に代置しているヘテロ原子は三つの O と一つの S であり，ヘテロ単位が合計四つある．これらは主特性基を構成していない．最初に現れる O が小さな位置番号になる方向から位置番号を付ける．置換命名法における主特性基が最優位となる原則とは位置番号が異なる点に注意する．

例 2: $H_2NCH_2CH_2NHCH_2CH_2NHCH_2CH_2NHCH_2CH_2NHCH_2CH_2NH_2$

3,6,9,12-tetraazatetradecane-1,14-diamine

主特性基は $-NH_2$ が二つ．これを除いた骨格をすべて炭素原子と考えると枝分かれのない tetradecane である．代置しているヘテロ原子は四つの N（主特性基となっている両末端アミン基の N は除く）であり，これらは主特性基を構成していない．この例から，これより短いポリアミン（§4・6・4）は置換命名法で命名しなければならないことが理解できる．

(2) 複素環化合物

§4・4・3 で 3 から 10 までの複素単環化合物は原則として Hantzsch-Widman（H-W）命名法によって命名することを説明した．11 員環より大きな複素単環化合物の命名には代置命名法を使う．そのほか §5・2 で説明する複雑な構造の母体水素化物でヘテロ原子をもつ複素環化合物の命名にも代置命名法は使われるが，その詳細はまえがきの文献 1 を参照．

例:

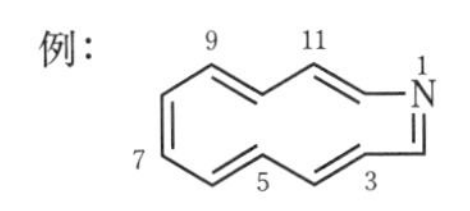

1-azacyclododeca-1,3,5,7,9,11-hexaene
1-アザシクロドデカ-1,3,5,7,9,11-ヘキサエン

代置前は炭素数 12 のシクロ炭化水素で六つの二重結合をもつので cyclododecahexaene．これに N が一つ代置しているので N の位置番号が 1 になる．

5・1・4 倍数命名法

2 価以上の多価置換基（倍数置換基）に，まったく同一の構造単位が結合している場合に普通の置換命名法に優先して PIN をつくる簡潔な命名法である．**倍数置換基名**に構造単位数に応じた倍数接頭語が付いた**同一構造単位名**を付けて名前を組立てる．同一構造単位名が化合物名である点に注意する．同一構造単位の位置番号は遊離原子価がない化合物として付ける．また，複数の同一構造単位の位置番号を区別するために位置番号にプライム（′）を付ける．なお，倍数置換基は対称でも非対称でもよい．

倍数置換基の例：

$-CH_2-$ methylene　$-O-$ oxy　$-S-$ sulfanediyl　$-C_6H_4-$ 1,4-phenylene　$-OCCH_2CH_2CO-$ butanedioyl

$-CH(Cl)CH-$ 2-chloroethane-1,1,2-triyl　$-OCH_2O-$ methylenebis(oxy)　$-CH_2OCH_2-$ oxybis(methylene)

注意すべき点は，結合する同一の構造単位として鎖状炭化水素は認められないことである．ただし接尾語で表される特性基が付いた鎖状炭化水素の場合（methanol，ethanamine など）は認められる．

例：

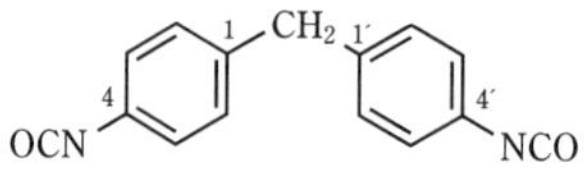

1,1′-methylenebis(4-isocyanatobenzene)
1,1′-メチレンビス(4-イソシアナトベンゼン)

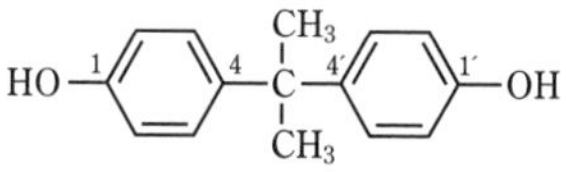

4,4′-(propane-2,2-diyl)diphenol

倍数置換基が前者は methylene，後者は propane-2,2-diyl である．同一構造単位は前者が isocyanatobenzene，後者が phenol であり，どちらも二つである．isocyanato 基は常に接頭語となるのに対して，phenol の OH 基は主特性基である．したがって倍数置換基に接続する位置番号は，前者では 1 と 1′ になり，isocyanato 基の位置は 4 と 4′ となる．これに対して，OH 基の位置が 1 と 1′ である後者では接続位置が 4 と 4′ となる．こういう点が命名法の難しいところである．

例に掲げた 1,1′-methylenebis(4-isocyanatobenzene) と 4,4′-(propane-2,2-diyl)diphenol は，いずれも高分子の重要な原料である．前者は産業界では MDI とよばれ，ポリウレタンの原料である．後者は BPA とよばれ，エポキシ樹脂，ポリカーボネート，その他多くのエンジニアリングプラスチックの原料として使われる．おのおの methylene diphenyl diisocyanate，bisphenol A の略称であるが，これらはいずれも GIN としても認められない慣用名である．

ポリウレタン原料となる diisocyanate としては §4・6・1 で紹介した TDI がある．2,6-toluene diisocyanate の略号であるが，これも IUPAC 名としては認められない慣用名である．このほか HDI＝hexamethylene diisocyanate，IPDI＝isophorone diisocyanate，XDI＝*m*-xylidenediisocyanate のような脂肪族ジイソシアナート（慣用名はナートと伸ばす）もある．いずれも慣用名である．また bisphenol A は phenol と acetone〔§4・6・3(3)で紹介した GIN〕からつくられた名前と思われる．acetone に代わって formaldehyde（表 4・8 で紹介した PIN），acetaldehyde（これも PIN であるが，GIN となる体系名は ethanal）を原料として合成される化合物をそれぞれ bisphenol F，bisphenol E と略称している．bisphenol にはこのほか bisphenol B，bisphenol C，bisphenol Z，bisphenol AP などの略称でよばれる化合物がある．言葉遊びのような略号であるが，もちろんすべて IUPAC 名としては認められない慣用名である．

例：$CH_3CH_2OCH_2CH_3$　ethoxyethane

$HOOC-CH_2OCH_2-COOH$　2,2′-oxydiacetic acid

同一構造単位が鎖状炭化水素の場合には倍数命名法は認められないので前者を 1,1′-oxydiethane と命名するのは間違い．§4・6・1 で説明した接頭語 alkoxy/alkyloxy 基が置換した ethane として命名する．一方，接尾語で表される特性基（この場合は −COOH）がついた鎖状炭化水素は倍数命名法が認められる．

5・2　複雑な構造の母体水素化物の命名法

§4・4，§4・5 では鎖状および単環の母体水素化物の命名法を述べた．有機化合物の母体水素化物には，もう少し複雑な構造の母体水素化物もあるので，その命名法を簡潔に説明する．詳細はまえがきの文献 1 を参照．

5・2・1　縮合多環炭化水素，縮合複素多環化合物

単環炭化水素が 1 個または複数の辺で結合している炭化水素を**縮合多環炭化水素**とよぶ．縮合多環炭化水素の PIN となる保存名は表 5・1 に示す 19 種が認められ，その優位順位と位置番号が決められている．紙数の都合上，代表的な 6 種の構造式を例に示す．ほかは必要の際にインターネットなどで調べればよい．優先順位の利用法については本項後半（母体成分と付随成分から縮合炭化水素名をつくる場合における母体成分の選択）で述べる．位置番号は複素単環化合物のそれ（§4・4・3）と同様に固定されており，指示水素，遊離原子価，主特性基などがあっても変わらない．

例（代表的な縮合多環炭化水素の保存名）：括弧内数字は優先順位

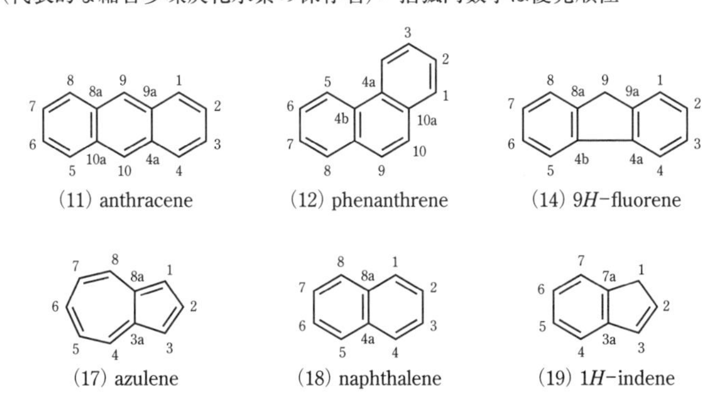

anthracene，phenanthrene，naphthalene の日本語表記の際，th を英語音訳しないように注意する．また fluorene，indene には異性体があるので指示水素を必ず明記する．anthracene と phenanthrene は同じ分子式 $C_{14}H_{10}$ となり異性体である．また azulene と naphthalene も同じ分子式 $C_{10}H_8$ となり異性体である．azulene は 7 員環をもつユニークな炭化水素である．

表5・1 縮合多環炭化水素の保存名（PIN）と優先順位

順位	保存名†	順位	保存名†
1	ovalene	11	anthracene
2	pyranthrene	12	phenanthrene
3	coronene	13	1*H*-phenalene
4	rubicene	14	9*H*-fluorene
5	perylene	15	*s*-indacene
6	picene	16	*as*-indacene
7	pleiadene	17	azulene
8	chrysene	18	naphthalene
9	pyrene	19	1*H*-indene
10	fluoranthene		

† 互変異性体のあるものは一つだけ示した.

同様に縮合複素多環化合物にもPINとなる保存名が優先順位を付けて多数認められている．このうち互変異性体のあるものを一つと数えれば，表5・2に示すように含窒素化合物が21種（順位1から21），含酸素化合物が3種（順位22から24）あり，またこのうち8種の含窒素化合物は窒素をリン，ヒ素に，また3種の含酸素化合物は酸素を硫黄，セレン，テルルに代置した化合物が保存名となっている．代表的な保存名をもつ縮合複素多環化合物6種の構造式を例として示す．ほかは必要の際にインターネットなどで調べればよい．

例（代表的な縮合複素多環化合物の保存名）：括弧内数字は優先順位

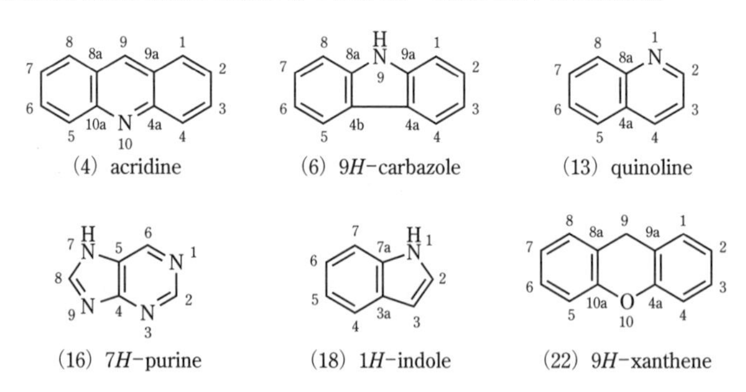

PINとなる保存名をもつ縮合多環化合物以外の縮合多環化合物は，PINとなる保存名のいずれかの構造を含むときはその名前を母体成分とし，これに他の環（付随成分）が付け加えられたものとして付随成分の名前を接頭語にして命名する．その場合，母体成分は優先順位の高いものを優先して選択する．付随成分の接頭語の名前は，(1) 表5・3に示す優先接頭語，(2) 単環炭化水素の語尾neを除いてつくられた接頭語，(3) 縮合多環炭化

表 5・2　縮合複素多環炭化水素の保存名（PIN）と優先順位

順 位	保存名 †1, †2	順 位	保存名 †1, †2
1	phenazine	13	quinoline
2	1,7-phenanthroline	14	isoquinoline
3	1*H*-perimidine	15	4*H*-quinolizine
4	acridine	16	7*H*-purine
5	phenanthridine	17	1*H*-indazole
6	9*H*-carbazole	18	1*H*-indole
7	pteridine	19	2*H*-isoindole
8	cinnoline	20	indolizine
9	quinazoline	21	1*H*-pyrrolizine
10	quinoxaline	22	9*H*-xanthene
11	1,5-naphthyridine	23 †3	2*H*-chromene（GIN）
12	phthalazine	24 †3	1*H*-isochromene（GIN）

†1　同じ保存名であっても窒素原子 2 個の位置の違いにより異性体があるものは一つだけ示した.
†2　互変異性体のあるものは一つだけ示した
†3　23 位は 2*H*-1-benzopyran, 24 位は 1*H*-2-benzopyran が PIN である

水素と複素環化合物（単環, 多環）の語尾の e を o に置き換えるか, e がない場合は o を追加してつくられた接頭語を使う.

付随成分を表す(2), (3)の接頭語の例:

cyclopropa

cyclobuta

cyclopenta

cycloocta

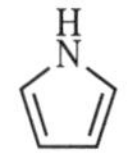

pyrrolo

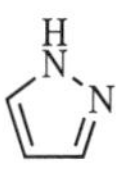

pyrazolo

表 5・3　付随成分をつくる優先接頭語

PIN となる慣用名	PIN をつくる優先接頭語
benzene	benzo
naphthalene	naphtho
anthracene	anthra
phenanthrene	phenanthro
furan	furo
thiophene	thieno
imidazole †	imidazo
pyridine	pyrido
pyrimidine	pyrimido

†　imidazole は 1*H*, 2*H*, 5*H* 異性体があるので, 接頭語にする場合も明記が必要.

具体的に母体成分と付随成分から縮合多環化合物がつくられる例を示す．非常に簡単な場合は例1のようになる．

例1:

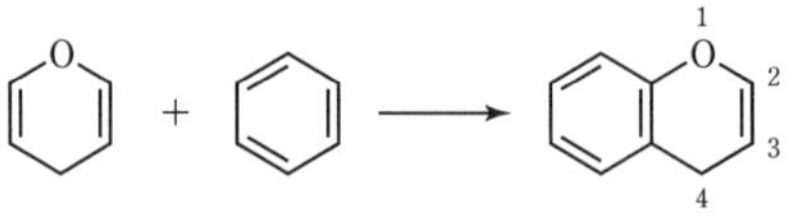

4H-pyran（母体成分）　benzene（付随成分）　→　4H-1-benzopyran　4H-1-ベンゾピラン

benzene 環が付随成分として縮合する場合，縮合化合物の位置番号1は常に複素単環成分の縮合原子の隣の原子に割り当てる．縮合化合物の名前は，(1) ヘテロ原子の位置番号-(ハイフン)，(2) benzo，(3) 母体成分の保存名，H-W 名などを続けて書く．

2H-pyran が母体成分の場合には，似たような母体成分にみえても benzene が縮合してくる辺の位置によって例2に示すように3種類の異性体が生まれる．縮合化合物の位置番号は指示水素のそれより優先するので，縮合化合物の位置番号が元の母体の位置番号と変わることがある．

例2:

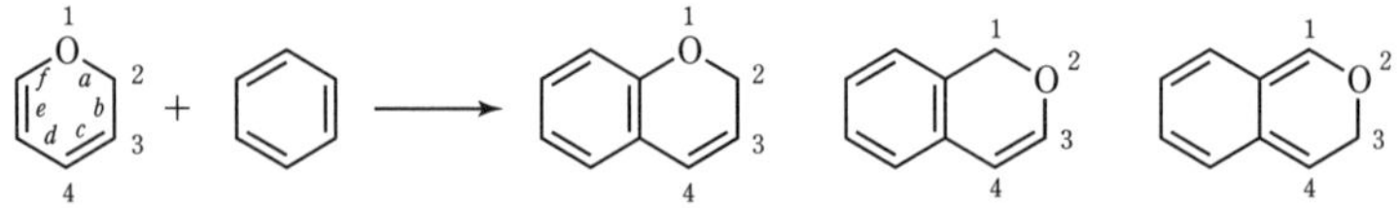

2H-pyran（母体成分）　benzene（付随成分）　→　2H-1-benzopyran（e の辺で縮合）（表5・2の23位）　1H-2-benzopyran（c の辺で縮合）（表5・2の24位）　3H-2-benzopyran（d の辺で縮合）

なお，benzene 環以外の付随成分の場合，縮合の仕方（方向性）や位置番号の付け方が複雑である．縮合環化合物のさらに詳細についてはまえがきの文献1を参照．

5・2・2　橋かけ環炭化水素

隣り合わない炭素原子同士を結ぶ結合（これを**橋**とよぶ）をもつ環状炭化水素を**橋かけ環炭化水素**とよぶ．橋の端の位置，すなわち3個以上の骨格原子と結合し環を構成する骨格原子を**橋頭**とよぶ．最低2個の橋頭を含み，しかも骨格原子をできるだけ多く含む環を**主環**，主環を2分割している最も長い橋を**主橋**とよぶ．

(1) ビシクロ炭化水素

2個の環が2個の炭素原子を共有している脂環式炭化水素（§4・5・3）を**ビシクロ炭化水素**という．6員環のビシクロ炭化水素の例を示す．

6員環のビシクロ炭化水素の例:

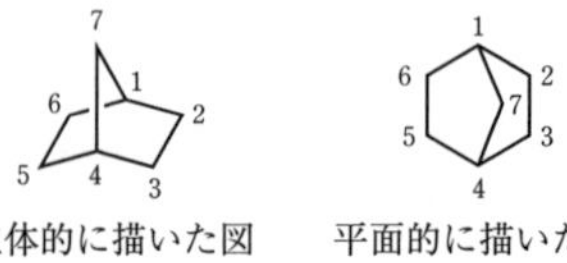

立体的に描いた図　　平面的に描いた図

ビシクロ炭化水素は，主環と橋を構成する炭素原子数に該当する直鎖炭化水素の名前に接頭語 bicyclo ビシクロを付けて命名する．橋の構造は，橋頭を結ぶ三つの橋（主環の一部も橋と見て）に含まれる炭素原子数（橋頭は数に加えない）を大きい順にピリオドを付けて並べ，全体を**角括弧**でくくって bicyclo の後に付ける．橋かけ環炭化水素の角括弧内の数字とピリオドは，位置番号でなく炭素原子数であることを明確に示している．このように命名法においては括弧の種類も使い分けられていることに注意する．上の例に示した 6 員環のビシクロ炭化水素は bicyclo[2.2.1]heptane ビシクロ[2.2.1]ヘプタンとなる．

位置番号は 1 個の橋頭を 1 とし，最長の橋を通って，もう一つの橋頭に至る番号を付け，そこから 2 番目に長い橋を通って 1 の橋頭に向かって番号を付けて戻り，最後に最短の橋を通ってもう一つの橋頭に戻る．この位置番号は固定されている．橋に不飽和結合がある場合は語尾を ene にする．炭化水素基になる場合は第 4 章で説明した方法と同じく，遊離原子価の位置番号を明記するとともに語尾を yl にする．

また，炭素以外のヘテロ原子が一部に含まれる複素環は，§5・1・3 で説明した代置命名法（“ア”命名法）によって命名する．ヘテロ原子の位置番号はヘテロ原子を炭素に置き戻した場合の位置番号を使う．選択の余地のある場合，ヘテロ原子に割り当てる集合を組とし，最小の数字から始まる組の番号付けを優先する．それでも決まらなければ元素の位置番号の優先順位（§5・1・3）に従って割り当てる．

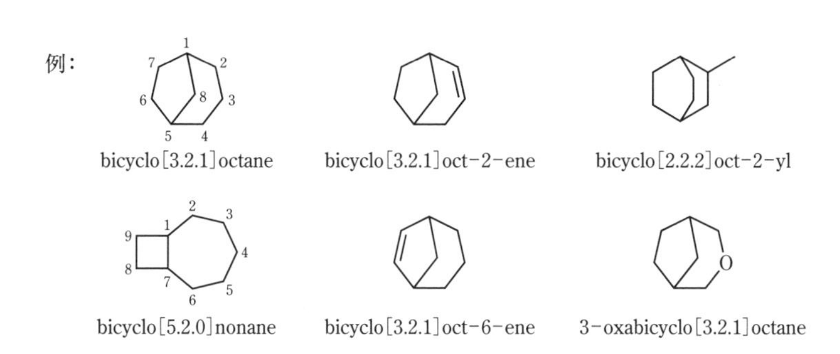

(2) ポリシクロ炭化水素

ビシクロ炭化水素に対して隣接していない炭素原子同士を新たな橋を加えて連結していくと，順次トリシクロ炭化水素，テトラシクロ炭化水素などのポリシクロ炭化水素になる．

ポリシクロ炭化水素は次のように命名する．まず主環と主橋からなる骨格を母体ビシクロ部分と捉えてビシクロ炭化水素として命名し，位置番号も付ける．次に主環，主橋以外の橋（**副橋**という）に含まれる炭素原子の数を母体ビシクロ部分の角括弧内の数字の後に付け，その右肩に副橋が連結している母体ビシクロ部分の位置番号をカンマ付きで並べて添える．副橋の数は，トリシクロ炭化水素では 1 個，テトラシクロ炭化水素では 2 個，ペンタシクロ炭化水素では3個となる.

例1:

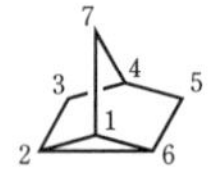

立体的な図

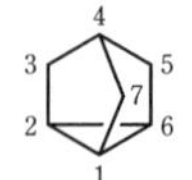

平面的な図
tricyclo[2.2.1.$0^{2,6}$]heptane

簡単な構造なので立体的な図からでも命名できるが, 平面的な図にしてみるとわかりやすくなる. 主環は1から6の環, 主橋は1と4をつなぐ炭素数1の橋, 副橋は2と6をつなぐ炭素数0の橋として命名できる.

例2:

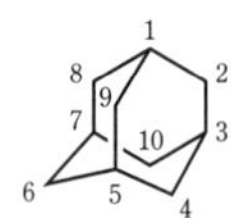

adamantane(PIN)の立体的な図

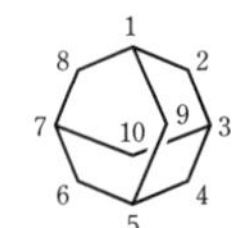

adamantaneの平面的な図
tricyclo[3.3.1.$1^{3,7}$]decane

PINとなる保存名をもつ脂環式炭化水素（表4・8）の一つである. 立体的な図では構造がわかりにくいが, 平面的な図にするとわかりやすい. 主環は1から8の環, 主橋は1と5をつなぐ炭素数1の橋, 副橋は3と7をつなぐ炭素数1の橋として命名できる.

例3:

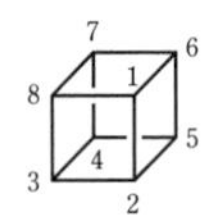

cubane(PIN)の立体的な図

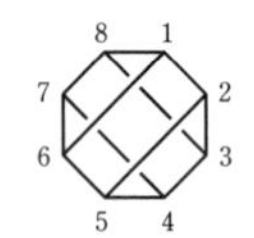

cubaneの平面的な図
pentacyclo[4.2.0.$0^{2,5}$.$0^{3,8}$.$0^{4,7}$]octane

PINとなる保存名をもつ脂環式炭化水素（表4・8）のもう一つである. 立体的な図を平面的な図にするのが, なかなか難しいが, それができれば命名はやさしい. 主環は1から8の環, 主橋は1と6をつなぐ炭素数0の橋, 副橋は3本あり, 2と5, 3と8, 4と7をつなぐ炭素数0の橋として命名できる.

(3) 複素橋かけ環化合物

橋かけ環炭化水素の炭素の一部がヘテロ原子に置き換わった複素環化合物は§5・1・3の代置命名法を活用して命名することは§5・2・2(1)で述べた. 一方, すべての炭素が均一なヘテロ原子（たとえばケイ素）に置き換わった複素環化合物は同じ総数の骨格原子をもつ鎖状母体水素化物の名称（§7・1・3）を使って命名する.

例:

bicyclo[3.2.1]octaneの3位のmethyleneが酸素に置換 → 3-oxabicyclo[3.2.1]octane

bicyclo[3.2.1]octaneの炭素がすべてケイ素に置換 → bicyclo[3.2.1]octasilane

なお, 橋かけ環炭化水素のさらに詳細についてはまえがきの文献1を参照.

5・2・3　スピロ炭化水素

二つの環成分が1個の炭素原子を共有する炭化水素を**スピロ炭化水素**とよび，共有される炭素原子を**スピロ原子**とよんでいる．スピロ炭化水素の命名法は次のとおりである．

まず，スピロ炭化水素の骨格を構成する全炭素原子数と同じ直鎖炭化水素の名前に接頭語 spiro を付ける．スピロ原子を除く各環の炭素原子数を小さい順にピリオドを付けて並べ**角括弧**で囲んで spiro の後に置く．スピロ炭化水素の位置番号は，小さい環のスピロ原子のすぐ隣の炭素原子を1としてその環を回ってスピロ原子に戻って，それに番号を与え，続いて大きい環を回って番号を付ける．複数のスピロ環が線状につながる場合には，末端に最小の環があれば，そこから開始して，最短距離で各スピロ原子を通って，もう一方の末端環まで進み，そこから最初の末端環のスピロ原子に戻る．環の回り方はスピロ原子になるべく小さい番号が付く方向に行う．角括弧内には，最初の環の炭素数（スピロ原子を除く），次に通過する環のうち，通過する側の炭素数（スピロ原子を除く）をピリオド付きで並べて，もう一方の末端環に到達したらその環の炭素数を続け，さらに戻りに通過する環の通過する側の炭素数を並べる．戻りで2回目にスピロ原子に到達するごとに，1回目の通過で割り当てられているスピロ原子の位置番号を，直前に通過してきた炭素原子数に対して上付き数字で記していく．スピロ炭化水素の位置番号は固定されている．スピロ炭化水素の角括弧内の数字とピリオドは，位置番号でなく炭素原子数であることを明確に示している．

単環のみからなるスピロ炭化水素の炭素の一部がヘテロ原子に置き換わった複素環化合物は §5・1・3の代置命名法を活用して命名する．ヘテロ原子の位置番号は §5・2・2(1)と同様である．

例1：

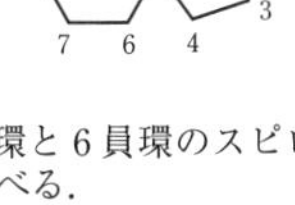

spiro[4.5]decane
スピロ[4.5]デカン

5員環と6員環のスピロ炭化水素なので5員環の炭素原子数（スピロ原子を除く）から角括弧内に並べる．

例2：

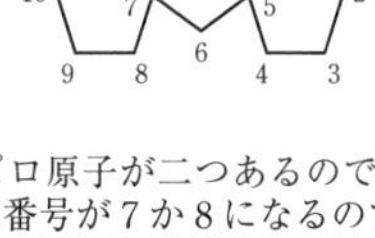

dispiro[4.1.4^{7}.2^{5}]tridecane

スピロ原子が二つあるので dispiro を付ける．真ん中の環の回り方として2個目のスピロ原子の位置番号が7か8になるので最短距離である図に示すルートをとる．末端環の炭素原子数4の右肩に2回目に通過するスピロ原子の位置番号を付ける．同様に位置番号5のスピロ原子を2回目に通過する際には，その直前に通過してきた環の側の炭素原子数2の右肩にスピロ原子の位置番号5を付ける．

例 3：

7-oxa-4-azatrispiro[2.2.2.2^9.3^6.2^3]hexadecane

スピロ原子が三つなので trispiro を付ける．環の数が増えても同じ作業を繰返す．図と逆の順に位置番号を付けると 5-oxa-8-aza となって組合わせが大きくなってしまう．

なお，スピロ炭化水素のさらなる詳細についてはまえがきの文献 1 を参照．

5・2・4 環 集 合

炭化水素環集合とは，環状母体水素化物が単結合または二重結合で連結した化合物のことである．環集合の環の数は，ラテン倍数語と呼ばれる bi ビ，ter テル，quater クアテル，quinque キンクエ，sexi セクシ，septi セプチ，octi オクチ，novi ノビ，deci デシを使う．

(1) 2 個の同じ環が単結合で結合した環集合

環の結合位置番号〔片方の環にはプライム (′) を付ける〕を明示し，その後に bi を置き，続けて環状母体水素化物の名前を書く．紛らわしい時は環状母体水素化物の名前を括弧でくくる．例外はベンゼンが 2 個単結合で結合した環集合 1,1′-biphenyl である．

例：

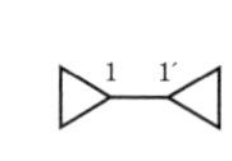

1,1′-bi(cyclopropane)
1,1′-ビ(シクロプロパン)

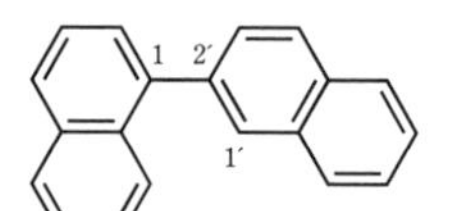

1,2′-binaphthalene

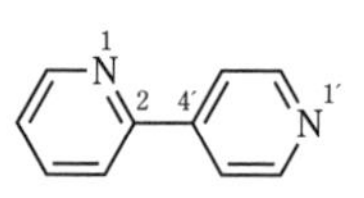

2,4′-bipyridine

(2) 3 個から 6 個の同じ環からなる枝分かれのない環集合

母体水素化物の名前に環の数に対応して ter などを付けて命名する．その名前の前に連結状態を示す番号を並べる．各環に順番に番号を付け，連結の位置番号は元の環の位置番号を各環の番号の右肩に付ける．右肩付き環番号を連結順にコロンで区切って並べる．ただし 3 個以上のベンゼン環からなる環集合は phenyl を使って命名する．環集合の位置番号は固定されている．

例：

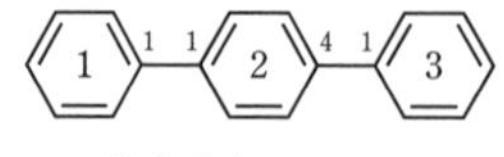

1^1,2^1:2^4,3^1-terphenyl

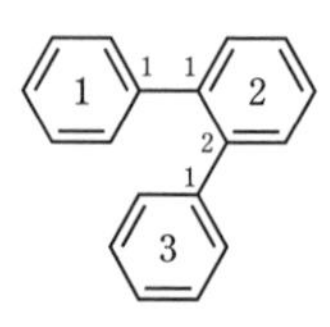

1^1,2^1:2^2,3^1-terphenyl

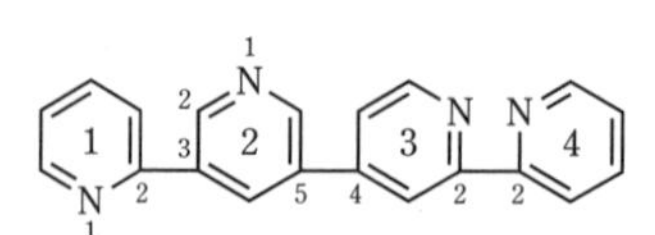

1^2,2^3:2^5,3^4:3^2,4^2-quaterpyridine

なお，環集合のさらなる詳細についてはまえがきの文献1を参照.

5・2・5　ファン母体水素化物

ファン母体水素化物とは，① 飽和した環または最多非集積二重結合をもつ環をもち，さらに，② 環をつなぐ成分として原子または飽和もしくは不飽和の鎖をもつ化合物である．環状のファン母体水素化物と鎖状のファン母体水素化物がある.

環部分を**スーパー原子**とよび，一つの記号で表示する．これによってファン母体水素化物は**簡略骨格**となる．簡略骨格の構造を示す接頭語（たとえばnonaneならばnona, cycloheptaneならばcyclohepta）の後にphaneを付ける．簡略骨格の位置番号は，スーパー原子が最小の組合わせになるように付ける．次にスーパー原子へと簡略化された環（**再現環**とよぶ）を接頭語名として付け加える．接頭語名は，環の名称の末尾eをaに置き換えるか，末尾にeがない場合にはaを付ける（例: benzena, cyclohexana, naphthalena, furana, pyrana, pyrrola, pyridinaなど）．再現環接頭語は環に関する優先順位（§5・4・4）の上位の順に並べる．スーパー原子の位置番号と括弧付きで再現環の連結位置番号を再現環接頭語の前に置く.

例1:

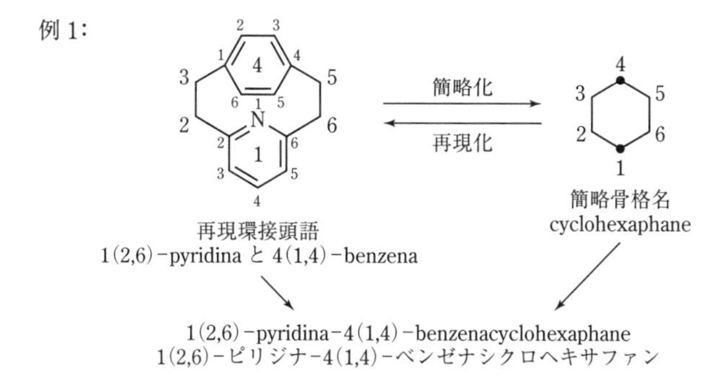

環に関する優先順位（§5・4・4）によりpyridine環がbenzene環より優先するのでpyridine環が1，benzene環が4となる簡略骨格ができる．簡略骨格はcyclohexaneなのでcyclohexaphaneと命名できる．次に再現環接頭語の作業に移る．pyridine環は2,6位で，benzene環は1,4位で連結しているので，1(2,6)-pyridinaと4(1,4)-benzenaが接頭語となる.

簡略骨格にヘテロ原子を含む場合には，ヘテロ原子のないファン母体水素化物として命名し，その名前の前に代置命名法によってヘテロ原子の位置番号，ヘテロ原子名を付ける．ヘテロ原子の位置番号は，簡略骨格のヘテロ原子の位置番号の組合わせが小さくなるようにし，それでも決まらない場合には元素の優先順位（§5・1・3）に従う．ファン母体水素化物の位置番号は固定されている.

なお，ファン命名法のさらなる詳細についてはまえがきの文献1を参照.

例 2:

再現環接頭語
1(4),7(3)-dipyridina と 3,5(1,5)-difurana

簡略化 / 再現化

簡略骨格名
2-oxa-6-thiaheptaphane

2-oxa-6-thia-1(4),7(3)-dipyridina-3,5(1,5)-difuranaheptaphane

環は左右対称に位置しているのでどちらが優位とは決められない．簡略骨格が鎖状の hepthane になる．O と S が代置しており，元素の優先順位（§5・1・3）O>S から 2-oxa-6-thia が確定し，再現環の番号も決まったので 1(4),7(3)-dipyridina と接頭語を付けられる．furan 環二つも番号が決まり，連結位置番号が両方とも同じなので 3,5(1,5)-difurana と接頭語を付けられる．環に関する優先順位（§5・4・4）により pyridine 環が furan 環に優先するので，接頭語の順番も決まる．

5・3　有機化合物の立体異性体と命名法

5・3・1　立 体 異 性 体

異性体は分子式が同じなのに化学的または物理的な性質が異なる物質同士をいう．異性体の種類を図 5・2 に示す．

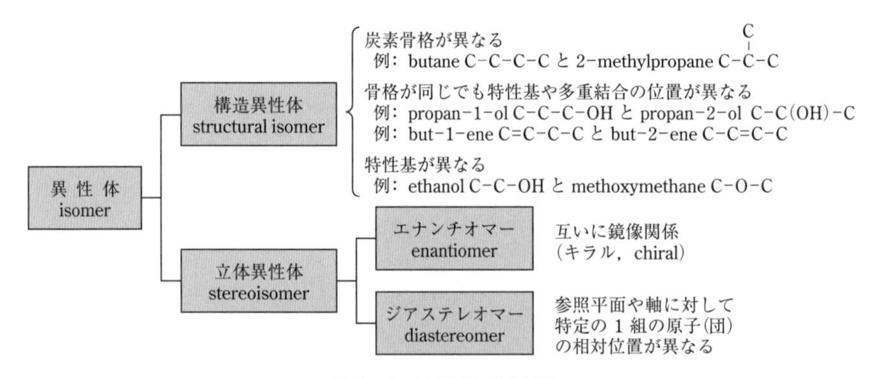

図5・2　異 性 体 の 種 類

骨格となる原子のつながり方，結合の種類や位置，官能基の種類が異なる異性体を**構造異性体**とよぶ．構造異性体は第 4 章から第 5 章で述べてきた命名法により区別して命名できる．一方，**立体異性体**は，原子・原子団の相対的な配置が異なるために生じる．§4・4 のコラムで説明した互変異性は異性体同士が変換する速度が大きく，平衡状態で共存することをいう．互変異性は，構造異性体同士の間でも，立体異性体同士の間でも起こることがある．

立体異性体のなかで，ある分子の立体構造を鏡に映した像（**鏡像**）と比べたときに，両者を重ね合わせることができない1対の異性体を enantiomer（**エナンチオマー**，**鏡像異性体**）といい，このような性質を chirality（**キラリティー**）とよぶ．エナンチオマー以外の立体異性体を diastereomer（**ジアステレオマー**）とよぶ．参照平面に対して特定の1組の原子・原子団の相対位置が異なる**幾何異性体**は，ジアステレオマーの一つである．

エナンチオマーやジアステレオマーについては異なる**立体表示記号**を使って表す．第4章および§5・2までの方法によって組立てた化合物名の前に立体表示記号を括弧付き，イタリック体で付け加える．必要に応じて立体表示記号の前に位置番号を置く．

煩雑になるので，本書では有機化合物でしばしば目にする種類の立体異性体のみに限定して説明する．その他の立体配置，立体配座による立体異性体の詳細についてはまえがきの文献1を参照．

5・3・2　置換基の順位則（CIP 方式）

立体異性体を命名するための基礎作業として置換基の順位を決める必要がある．これには **CIP**（Cahn–Ingold–Prelog）**方式**が使われる．その簡便な手順は次の通りである．

(1) 立体異性を生じる原因となる中心部分（**ステレオジェン単位**）を見定める．

(2) 置換基をステレオジェン単位から近い順に階層化して比較し，順位を付けていく．

(3) 同順位のものがある場合にはステレオジェン単位に近い次の階層で比較する．

置換基の順位付けは次の方法で行う．

① 大きい原子番号のものは小さい原子番号に優先する（以下の例に示すように階層ごとに仮想も含めて原子番号を付けると理解しやすいが，慣れれば元素記号だけで比較できるようになる）．

② 水素を除くすべての原子が四つの手をもつものと考える．手の数が4に満たない場合は原子番号0の**仮想原子**が結合しているとみなす．

例：

```
            0                        |
            |          —N/     は  —N—0
—OH  は  —O—1          \             |
            |
            0
```

③ 二重結合，三重結合は，それぞれ二重，三重に相手方原子が結合しているもの（**複製原子**）とみなして展開する．

例：

```
\    /         \     /              \     /
 C=C     は    C—C        として    C—C        となる
/    \         /|   |\              /|   |\
             (C)  (C)                6   6

                                         0
\                \                 \     |
 C=O     は      C—O       として    C—O—0     となる
/                /|   |             /|   |
               (O)  (C)              8   6

              (N) (C)                7   6
                |   |                |   |
 C≡N     は    C—N        として    C—O—0     となる
/              /|   |               /|   |
              (N) (C)                7   6
```

④ 複素環も含めて最多非集積二重結合環はケクレ構造（ベンゼンを例とするなら以下の例に示す２種類の化学構造）として処理し，原子番号の平均値をもつ原子があると考える．pyridine の例のように複製原子の番号が整数でないものが生じる場合がある．

例： 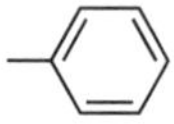　は 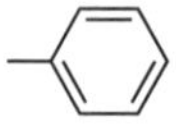　の共鳴構造として

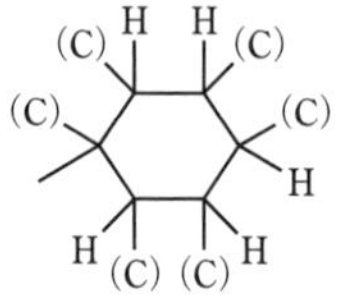

と 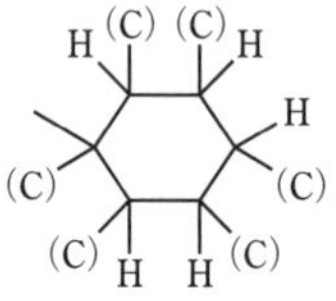　の平均をとって

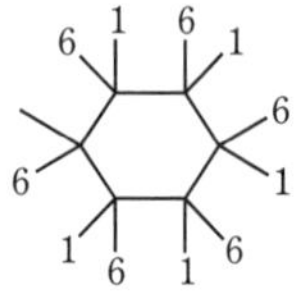

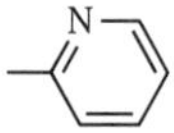

は 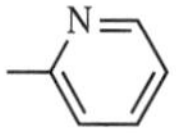　の共鳴構造として

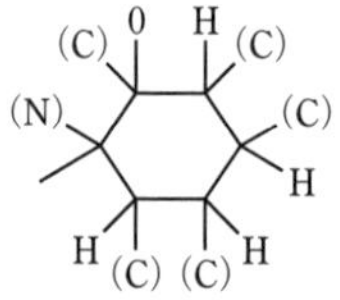

と 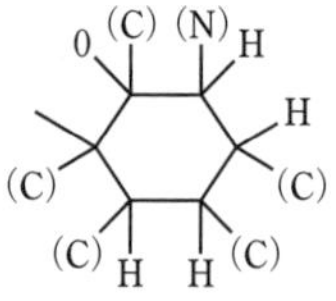　の平均をとって

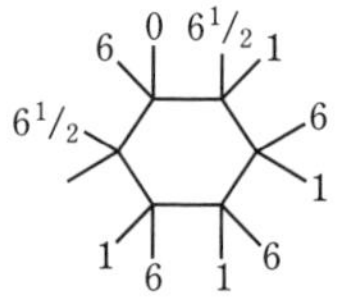

5・3・3　炭素原子に四つの異なる置換基が付くエナンチオマーの *R*/*S* 表示法

炭素原子は四面体配置をしており，四つの異なる置換基が付くと鏡像異性体が生まれる．四つの置換基の順位が a＞b＞c＞d の場合，最下位の置換基 d を目から遠くなる位置に置いたときに手前に見える置換基が a → b → c の順に右回りなら *R*，左回りなら *S* とし，イタリック体，括弧でくくって表示する〔(*R*)または(*S*)〕．必要に応じて位置番号を付ける〔(2*R*)などのように〕．これを ***R*/*S* 表示法**（*R*/*S* convention）とよぶ．

例：

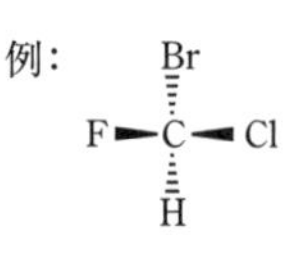

(*R*)-bromo(chloro)fluoromethane
(*R*)-ブロモ(クロロ)フルオロメタン

四面体配置を平面の紙面上に表す場合には紙面より前に出る方向の結合を黒いくさびで表示する．紙面の奥の側に出る方向の結合を破線のくさびで表示し，紙面上にある結合は通常の実線で表示する．ステレオジェン単位は炭素原子であり，その第１階層にある F，Br，Cl，H を比較すると，置換基の順位は Br＞Cl＞F＞H である．最下位の H を目から遠くなる位置に置くと Br→Cl→F の回り方が右回りなので R 表示と判定する．

例：

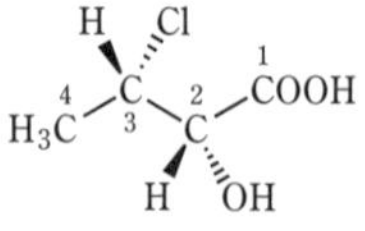

(2*S*,3*S*)-3-chloro-2-hydroxybutanoic acid

まず，立体表示を考えないで命名する．COOH が主特性基である．次にステレオジェン単位が二つあるので，それぞれについて考える．位置番号２の炭素原子に関する第１階層で１位が OH，４位が H は自明であるが２位，３位はともに炭素なので第２階層で比較すると Cl＞O なので２位が $CHCl(CH_3)$，３位が COOH と判定でき，順位は OH＞$CHCl(CH_3)$＞COOH＞H となるので 2*S* と判定する．位置番号３の炭素原子に関する順位は Cl＞CH(OH)(COOH)＞CH_3＞H なので 3*S* と判定できる．

キラリティーが発生する原因は，上記炭素原子の例に示したような点（**キラリティー中心**という）だけでなく，軸，面，らせんなどがあり，それに応じて R_a/S_a，R_p/S_p，*M*/*P* の表示を使い分けるが，本書ではこれ以上は立ち入らない．詳しくはまえがきの文献1を参照．

5・3・4　二重結合によるジアステレオマーの *E*/*Z* 表示法

二重結合をもつジアステレオマーに，しばしば ***cis*/*trans* 表示法**〔二重結合の同じ側に同じ置換基があれば *cis* シス，逆なら *trans* トランス〕が使われる．この表示法は二重結合の周囲四つの置換基のうち三つが異なると使えないので，PIN では ***E*/*Z* 表示法**を使う．

なお，*cis*/*trans* 表示法は，二重結合の各炭素原子に1個ずつ水素原子をもつ場合だけ GIN として使うことができる．

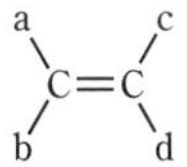

```
 a       c
  \     /
   C=C
  /     \
 b       d
```

置換基 a，b，c，d をもつ上図のような分子構造がある場合，置換基の順位が a>b かつ d>c ならば立体表示記号を *E*，a>b かつ c>d ならば *Z* とし，今まで説明してきた命名法による名前の前に二重結合の位置番号も付けてイタリック体，括弧書きで表示する．（*E* はドイツ語の entgegen“反対に”，*Z* はドイツ語の zusammen“一緒に”に由来する．）複数の二重結合がある場合は，括弧内に位置番号付きで *E*/*Z* を並べる．また，置換基中の二重結合の幾何異性を表示する場合には置換基名の前に *E*/*Z* 表示を置く．

例 1：

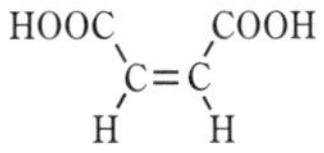

```
HOOC      COOH          HOOC      H
    \    /                  \    /
     C=C                     C=C
    /    \                  /    \
   H      H                H      COOH
```

(2*Z*)-but-2-enedioic acid 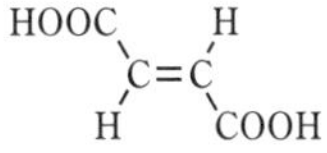　(2*E*)-but-2-enedioic acid

まず立体記号を考えないで命名する．置換基の順位は自明である．

例 2：

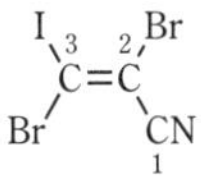

```
 I 3  2 Br
  \    /
   C=C
  /    \
Br      CN
         1
```

(2*Z*)-2,3-dibromo-3-iodoprop-2-enenitrile

I>Br，Br>C なので 2*Z* と判定する．

例 3：

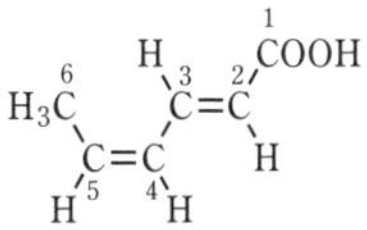

```
                    1
          H        COOH
     6     \3    2/
  H3C       C=C
     \     /   \
      C=C       H
     /5  4\
    H      H
```

(2*E*,4*Z*)-hexa-2,4-dienoic acid
(2*E*,4*Z*)-ヘキサ-2,4-ジエン酸

ステレオジェン単位が二つあるので，それぞれについて考える．

例 4:　HOOC（1）、HOOC（2）、（4）C(Cl)=C(H)−CH_3

4−[(1*Z*)−1−chloroprop−1−enyl]benzene−1,2−dicarboxylic acid

まず立体記号を考えないで命名する．主特性基 COOH がついているのでベンゼン環が母体で，二重結合鎖が側鎖である．側鎖の命名において立体記号を考える．

5・3・5　単環によるジアステレオマーの *R/S* 表示法

単環に付く置換基の位置関係によってもジアステレオマーが生じる．単環による非 CIP 方式である *cis/trans* 表示法は，従来から行われてきた表示法であり，GIN として認められている．生化学物質では現在でもこの方法が広く用いられている．環に結合した 2 個の置換基が環平面の同じ側にある場合を *cis*，反対側にある場合を *trans* と表示する．複雑な生化学物質では環を最も広がった形にして判定することが肝要である．

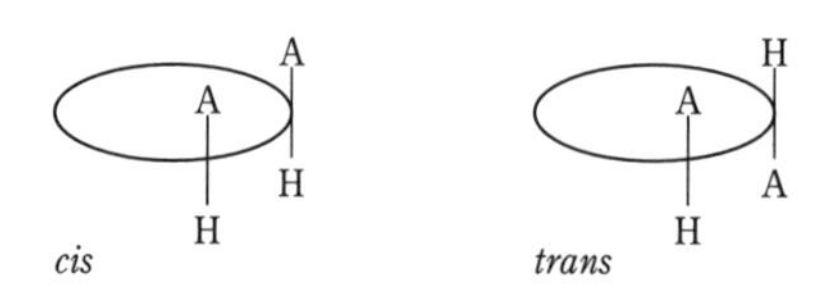

PIN では CIP 方式により *R/S* 表示法で表す．キラリティー中心があれば §5・3・3 の方法によりキラリティー中心の数だけ *R/S* 表示を並べる．下記を例にして説明する．

例:
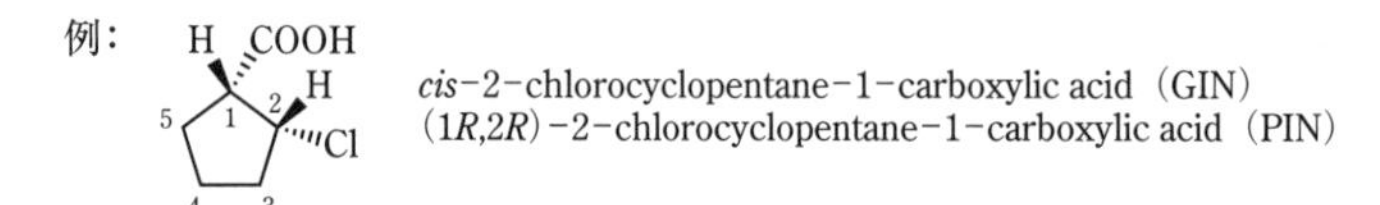

cis−2−chlorocyclopentane−1−carboxylic acid（GIN）
(1*R*,2*R*)−2−chlorocyclopentane−1−carboxylic acid（PIN）

まず立体表示を考えないで命名する．主特性基 COOH が付いた位置番号 1 の炭素原子に関する置換基順位は ^{2}CHCl(^{3}C)＞COOH＞$^{5}CH_2$(^{4}C)＞H，位置番号 2 の炭素原子に関する置換基順位は Cl＞^{1}CH(^{5}C)COOH＞$^{3}CH_2$(^{4}C)＞H となるので（1*R*,2*R*）と判定できる．（左上付き数字は説明のために骨格炭素の位置番号を示す．）

置換基が 3 個以上の場合には，GIN となる *cis/trans* 表示法は *cis* を *c*，*trans* を *t* と略記する．3 個以上の置換基が，環の別々の骨格原子に結合している場合，置換基が付いている最小の位置番号にハイフンを付けて *r*（基準）とし，この基準に対する置換基の相対配置を位置番号ハイフン *c/t* を並べて示す．PIN では CIP 方式により *R/S* 表示法で表すが，ジアステレオマーを表示するイタリック体の接頭語 *rel*− を最初に付ける．

例:
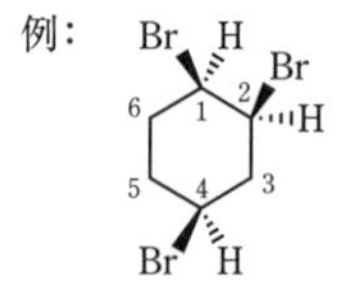

1−*r*,2−*c*,4−*c*−tribromocyclohexane（GIN）
rel−(1*R*,2*S*,4*S*)−1,2,4−tribromocyclohexane（PIN）

GIN では位置番号 1 の炭素原子を基準として位置番号 2，4 の相対配置を *r*，*c*，*t* 記号で表している．PIN では絶対配置 *R/S* とジアステレオマーを表示する *rel* で表している．

5・4　複雑な有機化合物の PIN の作成手順

すでに §4・3・3 で有機化合物に関する置換命名法の一般手順を説明した．本章では複雑な構造の有機化合物の母体構造の命名法や特定の構造に対して置換命名法に優先するいくつかの命名法を説明したので，それらをふまえて，複雑な有機化合物に対する優先 IUPAC 名（PIN）の作成手順を整理して述べる．

5・4・1　手 順 の 概 要

(1) 置換命名法に優先する命名法が適用される構造か否かを検討する．置換命名法に優先する命名法に該当するならば，その方法で命名する．

(2) 置換命名法が適用される構造ならば，§4・3・3 で述べた置換命名法の一般手順に従って進める．

(3) 優先する母体構造の選択が難しい場合には §5・4・3〜§5・4・6 に従って決定し，母体構造を命名する．

(4) 接尾語，接頭語があれば付ける．接頭語の位置，順序については §5・4・7 に従う．

(5) 位置番号を §5・4・8 に従って付ける．

(6) 立体表示を適用する必要があれば，(1)〜(5)によって完成した名前の前に §5・3 で説明した立体表示記号を付ける．

5・4・2　優先する命名法の選択

PIN は一般には置換命名法で行われる．しかし，特定の条件が満たされる場合には官能種類命名法や §5・1 に示した命名法が置換命名法に優先するので，化合物の構造を見極めて優先する命名法を選択しなければならない．

(1) 官能種類命名法（§4・7）

主特性基がエステル，酸ハロゲン化物，酸無水物などの場合には官能種類命名法を選択する．しかし，エステル基などが存在しても，より優先順位の高い特性基が存在し，エステル基などが主特性基にならない場合には該当しない．また，環状エステル，環状酸無水物については，母体が複素環化合物であると考え，これに置換命名法を適用する．

(2) 倍数命名法（§5・1・4）

倍数命名法は置換命名法の 1 種であるが，次の条件を満たす場合には倍数命名法が単純な置換命名法に優先する．

① 同一母体構造が，接尾語で表される特性基が付いていない鎖状炭化水素でないこと

② 同一母体構造上のすべての置換基が位置番号を含めて同じであること

③ 中心となる倍数置換基は対称的でも非対称的でも許されるが，それ以外の倍数置換基が対称的に配置されていること

④ 倍数置換基の中心となる置換基とそれに続く構造単位の連結（単結合または多重結合も含め）が同一であること

次に示す例のように，単純な左右対称でない構造でも倍数命名法が優先されるので注意する．

例：

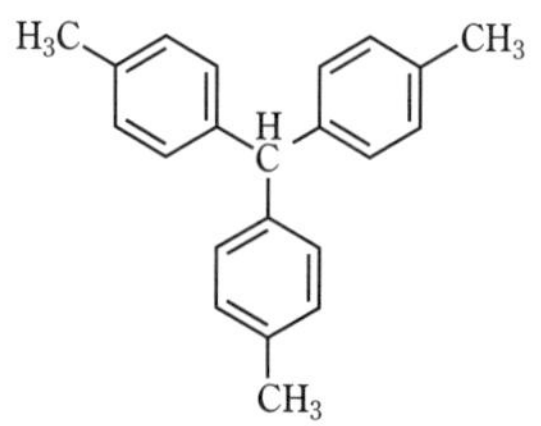

1,1′,1″-methanetriyltris(4-methylbenzene) 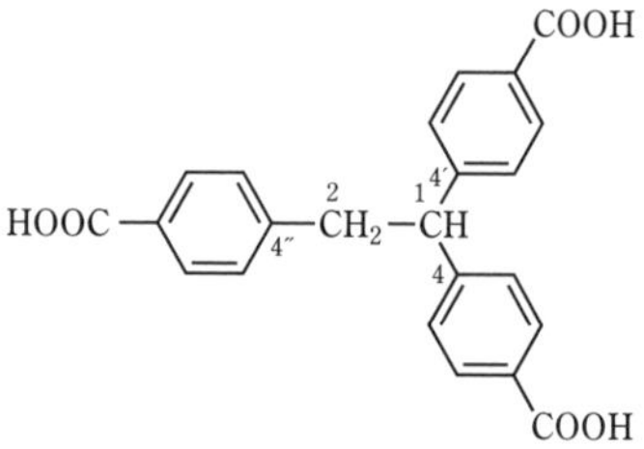　　4,4′,4″-(ethane-1,1,2-triyl)tribenzoic acid

倍数命名法の PIN では，より多い同一の母体構造を倍数表現で含むので 4,4′-[2-(4-carboxyphenyl)ethane-1,1-diyl]dibenzoic acid は間違い．

(3) 代置命名法（“ア”命名法）

§5・1・3 に示した条件（ポイントは四つ以上のヘテロ原子を含む直鎖状化合物または 11 員環より大きな複素単環化合物）を満たす場合には置換命名法に優先して選択される．

5・4・3 優先する母体構造の選定

優先する母体構造は §4・3・3(6)で説明した．主特性基となる特性基があれば，主特性基を最も多くもつ構造部分である．主特性基となる特性基がなければ環が鎖に優先するとの原則で選択する．また，§4・5・2 では環が存在しない炭化水素の主鎖の選択は，鎖の長いものを優先すること，不飽和結合はその次の選択肢とすること，多重結合においては二重結合を三重結合に優先することを説明した．

このほか優先する母体構造の選択には，環の間の優先順位（§5・4・4），鎖に関する優先順位（§5・4・5）が決められており，これらは項を改めて説明する．それでも決まらない場合には次の基準を順次適用して優先する母体構造を選択する．

優先する母体構造の選択は，具体的には二つの構造を酸素原子で連結した場合に，どちらの構造を置換基＋oxy と読み，どちらを母体と読むかという問題と考えるとわかりやすい．propanediol を例にすれば，次の図の化合物を命名する場合にどちらを母体とし，どちらを置換基とするかの選択になる．

例：

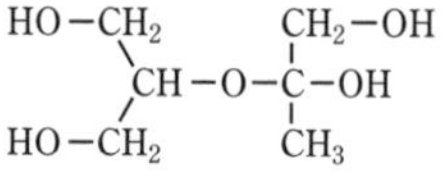

2-[(1,3-dihydroxypropan-2-yl)oxy]propane-1,2-diol

この場合，優先順位は次に示す基準(5)により propane-1,2-diol＞propane-1,3-diol なので前者が優先する母体構造になる．

【§5・4・4，§5・4・5 でも決まらない場合の環・鎖の優先順位を決める基準】

(1) より多くの多重結合をもつ．

例：　benzene ＞ cyclohexene ＞ cyclohexane

(2) より多くの二重結合をもつ．

例：　naphthalene ＞ 1,4-dihydronaphthalene ＞ 1,2,3,4-tetrahydronaphthalene

(3) 指示水素がより小さな位置番号をもつ．

例：　2*H*-pyran ＞ 4*H*-pyran

(4) 代置命名法で導入されたヘテロ原子の位置番号の組合わせがより小さい．

例：　1,4,6,10-tetraoxaspiro[4,5]decane ＞ 2,3,6,10-tetraoxaspiro[4,5]decane

(5) 接尾語で表される特性基がより小さい位置番号をもつ．

例：　pyridine-2(1*H*)-one ＞ pyridine-4(1*H*)-one

(6) 置換基としての連結点（遊離原子価）がより小さい位置番号をもつ．

例：　pyridine-2-yl ＞ pyridine-3-yl

5・4・4　環の間の優先順位

環の間では次の基準を順次適用して優先する母体構造を選択する．例に示した環状化合物の構造式は，図 4・3 および §5・2・1 を参照．

(1) すべての複素環は，すべての炭素環より優先

例：　quinoline ＞ anthracene

(2) 少なくとも 1 個の窒素原子をもつ環

例：　1*H*-pyrrole ＞ 2*H*-1-benzopyran

(3) 窒素原子がない場合，少なくとも 1 個のヘテロ原子が次の順序で先に現れる環

O ＞ S ＞ Se ＞ P ＞ As ＞ Sb ＞ Bi ＞ Si ＞ Ge ＞ Sn ＞ Pb ＞ B ＞ Al

例：　furan ＞ thiophene ＞ 1*H*-phosphole（1*H*-pyrrole の窒素がリンに置換した複素環）

(4) より多くの環をもつ環

例：　quinoline ＞ 1*H*-pyrrole

(5) より多くの骨格原子をもつ環

例：　acridine ＞ 9*H*-carbazole ＞ quinoline ＞ 1*H*-indole

(6) 種類によらずより多くのヘテロ原子をもつ環

例：　7*H*-purine ＞ 1*H*-indole

(7) (3)に示した順序で先にあるヘテロ原子をより多くもつ環

例：2,6,8-trioxa-7-thiaspiro[3.5]nonane ＞ 2-oxa-6,7,8-trithiaspiro[3.5]nonane

ヘテロ原子数同じ，O，S も同じであるものの，O 3 個 ＞ O 1 個

(8) (1)～(7)でも決まらない場合，多環系は次の順で優先する．

スピロ環系＞環状ファン系＞縮合環系＞ポリシクロ環系＞鎖状ファン系＞環集合

5・4・5　鎖に関する優先順位

鎖に関する優先順位の基準はすでに§5・4・3で説明した．この基準を，ヘテロ原子を含む場合まで拡張すると主鎖の選択は次の基準になる．

(1) 種類によらずより多くのヘテロ原子をもつ鎖

例：2,5,8,11,14-pentaoxapentadecane　>　2,5,8,11-tetraoxapentadecane

骨格原子数は15個で同じであるが，ヘテロ原子数が5個と4個．

(2) より多くの骨格原子をもつ鎖

例：pentane　>　butene　　鎖の長いものを優先，不飽和結合はその次の選択肢．

(3) §5・4・4(3)で示した順序で先にあるヘテロ原子をより多くもつ鎖

例：disiloxane $SiH_3-O-SiH_3$　>　trisilane $SiH_3-SiH_2-SiH_3$　(O>Si のため)

5・4・6　優先母体構造のさらなる選択基準

§5・4・2〜§5・4・5に従っても優先母体構造に基づく名称が二つ以上できることがある．たとえば次の図のような構造の化合物ではどちらのベンゼン環を優先する母体とみるかに応じて二つの名前が可能である．

例：　CH_3O—⬡—NH—⬡　4-methoxy-*N*-phenylaniline

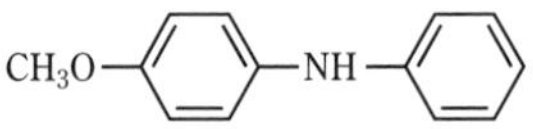

右の環を母体構造とみれば，*N*-(4-methoxyphenyl)aniline
左の環を母体構造とみれば，4-methoxy-*N*-phenylaniline

このように選択に迷う場合の優先母体構造は，次の基準を満たすものを選択する．

(1) 接頭語として表示される置換基（hydro，dehydro を除く）を最大数もつ．

上記の例では，4-methoxy-*N*-phenylaniline の接頭語として表示する置換基が二つに対して，*N*-(4-methoxyphenyl)aniline は複合置換基 methoxyphenyl が一つなので，左の環が母体構造である．

(2) 接頭語として表示される置換基（hydro，dehydro を除く）の位置番号の組合わせが最小となる．

例：　NH−CH_3　NH_2　O　CH_3　2-(2-amino-4-methylphenoxy)-*N*-methylaniline

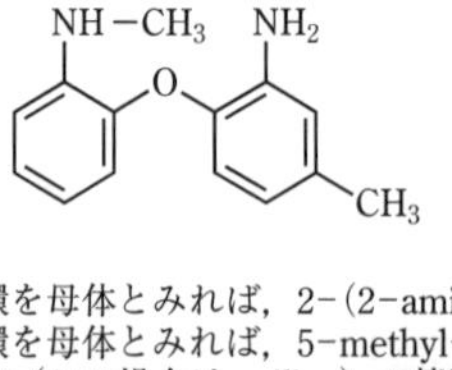

左の環を母体とみれば，2-(2-amino-4-methylphenoxy)-*N*-methylaniline
右の環を母体とみれば，5-methyl-2-[2-(methylamino)phenoxy]aniline
　母体（この場合は aniline）の接頭語として表示される置換基の数はどちらも2である．置換基の位置番号の組合わせは，前者は*N*と2，後者は2と5．よって前者が選択される．

(3) 名称中の置換基（hydro，dehydro を除く）が，表示順でより小さい位置番号をもつ．

例：

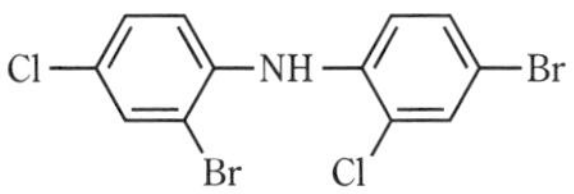

2-bromo-*N*-(4-bromo-2-chlorophenyl)-4-chloroaniline

右の環を母体とみれば，4-bromo-*N*-(2-bromo-4-chlorophenyl)-2-chloroaniline
左の環を母体とみれば，2-bromo-*N*-(4-bromo-2-chlorophenyl)-4-chloroaniline
　位置番号の組み合わせは，*N*,2,4 と同じであるが，名称の置換基が表示順で小さい位置番号であるのは 2,*N*,4 の組合わせなので，左の環が母体構造に選択される．

(4) (1)〜(3)でもなお決定されない場合にはアルファベット順で先に現れる名称を PIN とする．

例：

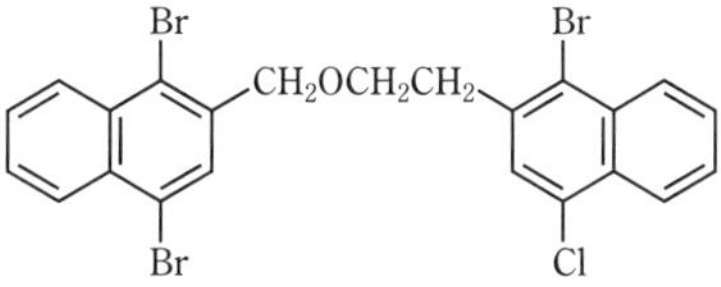

1-bromo-4-chloro-2-{2-[(1,4-dibromonaphthalen-2-yl)methoxy]ethyl}naphthalene

右の環を母体とみれば，
1-bromo-4-chloro-2-{2-[(1,4-dibromonaphthalen-2-yl)methoxy]ethyl}naphthalene
左の環を母体とみれば，
1,4-dibromo-2-{2-[(1-bromo-4-chloronaphthalen-2-yl)ethoxy]methyl}naphthalene
　接頭語として表示される置換基数（上記(1)の基準）はどちらも 3 個，位置番号の組合わせ〔上記(2)の基準〕はどちらも 1,4,2，名称中の置換基の表示順〔上記(3)の基準〕も 1,4,2 でまったく同じである．しかし bromo が dibromo よりもアルファベット順で前なので，右の環を母体とする名称が PIN になる．

5・4・7　接頭語の種類と並べる順序

本書では第 2 章の倍数接頭語をはじめとして多くの接頭語を紹介してきた．ここで接頭語の種類と並べる順序を整理して示す．

接頭語には，**分離不可接頭語**と**分離可能接頭語**の 2 種類および**倍数接頭語**がある．分離不可接頭語は，母体構造に構造上の変化をもたらして新しい母体構造をつくり出す接頭語であり，次の(1)〜(3)がある．母体構造の名称から常に離すことなく母体構造を操作する順序に従って付ける．

(1) 指示水素はすべての分離不可接頭語のどれよりも前に置く．

(2) 環をつくる cyclo，bicyclo，spiro など，縮合を示す benzo，naphtho などは，元の母体名称の直前に接頭語を置く．

(3) 骨格代置を行う“ア”接頭語 oxa，aza などは，元の母体名称の前に接頭語を置く（直前とは限らない）．

分離可能接頭語には，hydro 接頭語，dehydro 接頭語および置換を表す接頭語がある．

置換を表す接頭語は化合物名称のはじめにアルファベット順に並べる．hydro 接頭語，dehydro 接頭語は，置換を表す接頭語の後に並べる．

以上から，母体水素化物名称を基にした置換名の構成成分は図5・3のようになる．

倍数接頭語は，複数あることを示し，該当する接頭語，接尾語の前に置く．単数であることを強調する場合には倍数接頭語 mono を使うこともある．

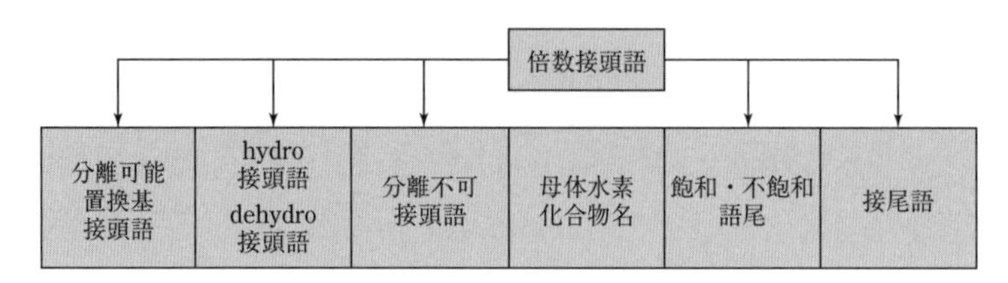

図5・3　置換名の構成成分の並び順

5・4・8　位置番号の付け方

位置番号の付け方は，すでに第4章，第5章で機会あるたびに説明してきたが整理して示す．次の優先順位に従って付ける．

(1) 環や鎖の系で，固定されている位置番号

例：　§4・4・3　複素単環化合物

§5・1・3(1)　代置命名法が適用される鎖状ヘテロ化合物

§5・2・1　縮合多環炭化水素・縮合複素多環化合物

§5・2・2　橋かけ環炭化水素

§5・2・3　スピロ炭化水素

§5・2・4　環 集 合

§5・2・5　ファン母体水素化物

なお，縮合多環炭化水素・縮合複素多環化合物の場合には，§5・2・1で benzopyran の例を示したように，縮合後に位置番号が規則に従って新たに付けられるので，縮合前の位置番号と異なる場合があるので注意する．また，代置命名法が適用される場合，ヘテロ原子は接尾語 (3) や不飽和語尾 (4) よりも優位性が高いことにも注意する．

(2) 指示水素の位置番号

例：

HOOC　O

2*H*-pyran-6-carboxylic acid

O

5*H*-indene-5-one

1　2　3

2,3-dihydro-1*H*-indene

主特性基であるカルボキシル基，ケトン基がついても，元の 2*H*-pyran，5*H*-indene の指示水素の位置番号は変わらない．

また，hydro 接頭語を使って不飽和の程度が修飾されている場合にも，指示水素に小さい位置番号が割り当てられる．上記の例で 1,3-dihydro-2*H*-indene，1,2-dihydro-3*H*-indene は間違い．

(3)　主特性基となる特性基および遊離原子価（いずれも接尾語）

位置番号を付けるうえで主特性基となる特性基が優先することは，§4・6 以下の例で示してきたが，(1)，(2)がある場合には特性基よりも優先することに注意する．また，側鎖内での位置番号を考える場合には次に示す例のように，特性基よりも遊離原子価が優先する．

例：

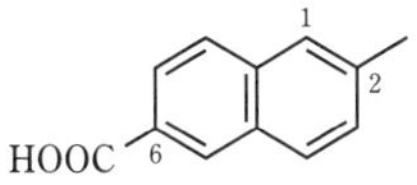

6-carboxynaphthalen-2-yl
(2-carboxynaphthalen-6-yl ではない)

(4)　hydro 接頭語，dehydro 接頭語と不飽和語尾

hydro 接頭語，dehydro 接頭語と不飽和語尾は，接頭語より優先順位が高い．

① 小さな位置番号は hydro，dehydro 接頭語および不飽和語尾 ene，yne に割り当てる．

② 小さな位置番号は，まず多重結合部分に付け，そのなかでも二重結合を優先する．

例：

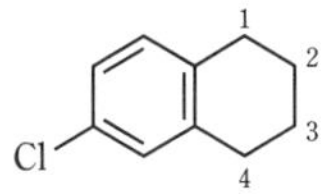

6-chloro-1,2,3,4-tetrahydronaphthalene 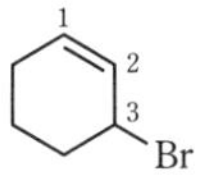　3-bromocyclohex-1-ene 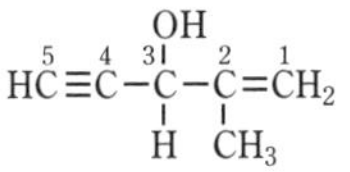　2-methylpent-1-en-4-yn-3-ol

(5)　接頭語の位置番号の組合わせがより小さい．

例：

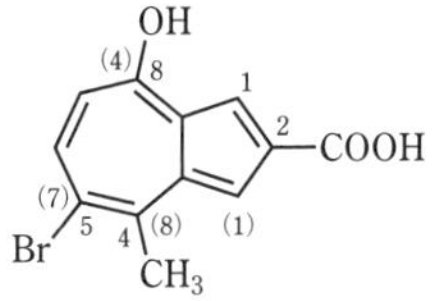

5-bromo-8-hydroxy-4-methylazulene-2-carboxylic acid
括弧付きで示すような，位置番号を逆に付けた場合の接頭語の組合わせは，4，7，8 と大きくなる

(6)　接頭語として最初に記載される置換基に最小の位置番号を付ける．

例：

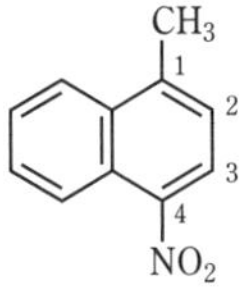

1-methyl-4-nitronaphthalene

練 習 問 題

5・1　次の化合物の構造式を書き，主要な位置番号を付けよ．

(1)　2-benzofuran-1,3-dione　(2)　6,7-dioxabicyclo[3.2.2]non-8-ene

(3)　1,8-diazacyclotetradecane-2,7-dione

(4)　3,4-dihydro-2*H*-1-benzopyran　(5)　anthracene-1,9,10(2*H*)-trione

(6) 11-amino-6-chloro-4-hydroxy-1-oxo-9-thiatrispiro[2.1.1.4^{7}.2^{5}.1^{3}]tetradecane-12-carbonitrile

(7) 2-acetyl-4-carbamoyl-6-carbonochloridoyl-5-cyano-7-formyl-8-(methoxycarbonyl)quinoline-3-carboxylic acid

(8) 2,2′-[ethane-1,2-diylbis(oxy)]diacetic acid

5・2 次の化合物を命名せよ.

(1) C=O

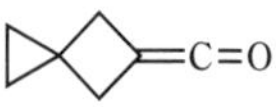

(2) $CH_3-CH_2-C(CH_2OH)=CH-CH_2OH$

(3) O　O　O　COOH

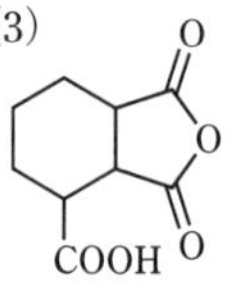

(4) O　O

(5) HN　O　O

(6) CO−O−O−CO

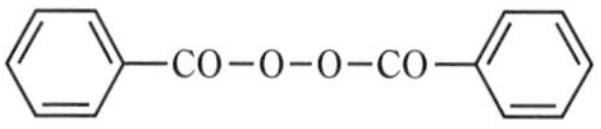

(7) O　O　O　HN

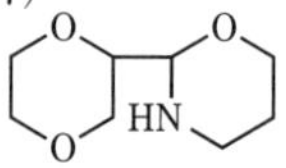

(10) CH_2　CH_2-C-CH_2　CH_2

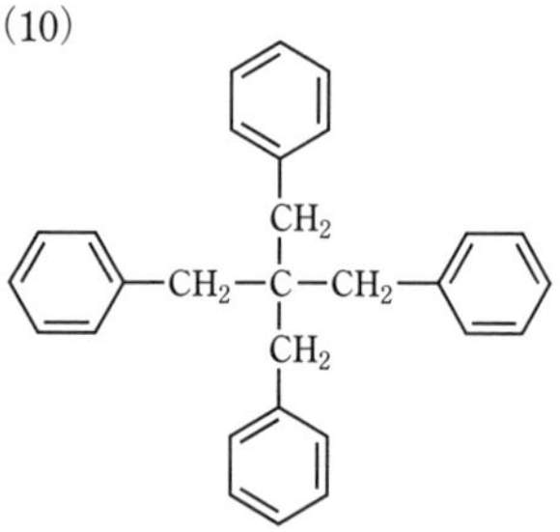

(8) H　N　N　N　HOOC　COOH　Cl

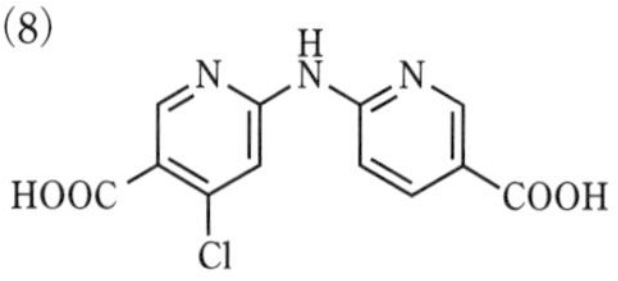

(9) OC　CO　O　O　CH_2-CH_2

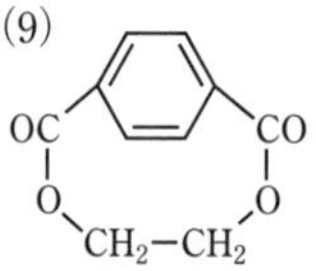

5・3 次の化合物を命名せよ.

(1) $CH_3-(CH_2)_7$　$(CH_2)_7-COOH$　H　H

(2) H　CH_2　CH_2-CH_2-CHO　H_3C　H　H　H

(3) CH_3　OH　H_3C　CH_3

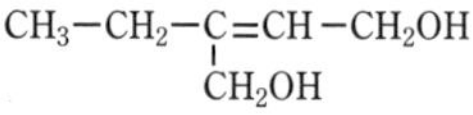

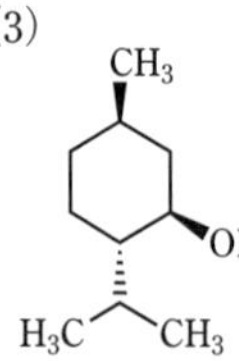

(4) H_2C　NH　H_2N　OH　O

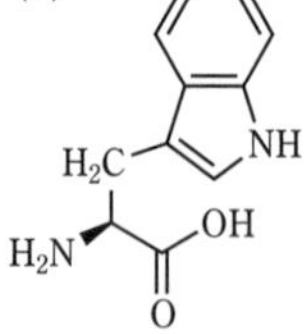

(5)

CHO
H−C−OH
HO−C−H
H−C−OH
H−C−OH
CH_2OH

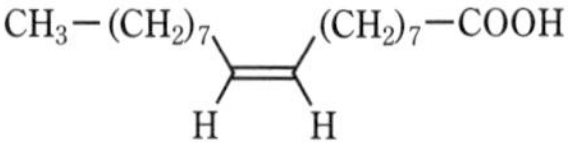

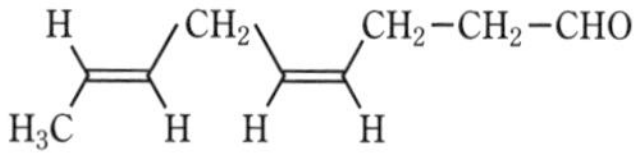

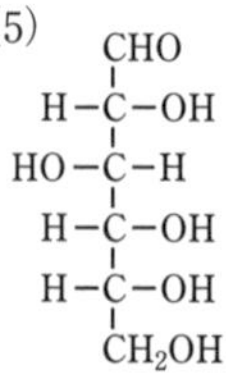

ある炭素原子に対して上下に隣接する炭素原子は紙面の裏側に，左右にある H，OH は紙面の表側にある前提で描いてある〔§10・2・3(1) Fischer 投影図参照〕.

(6) H_3C　CH_3　CH_3　O

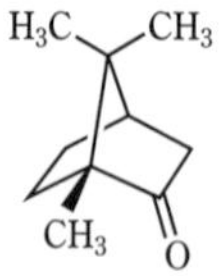

(7) OH　$NHCH_3$　CH_3

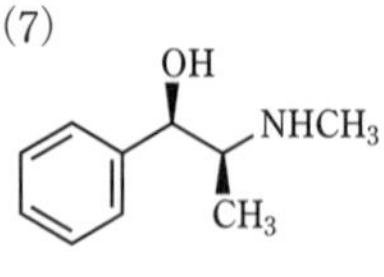

(8) COOH　CH_2NH_2

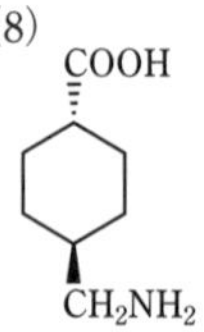

(9) N　O　CH_3　H　H　N　HO　H　H　$CH=CH_2$

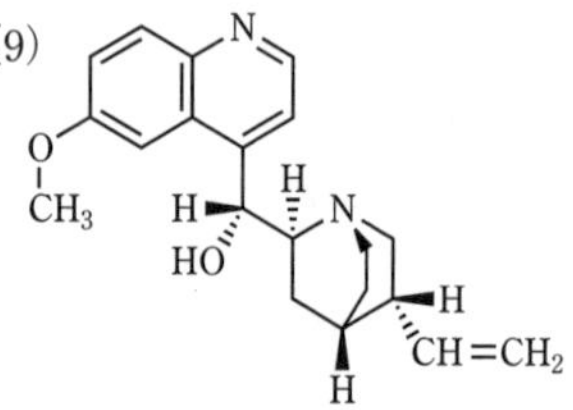

解　答

5・1

(1)

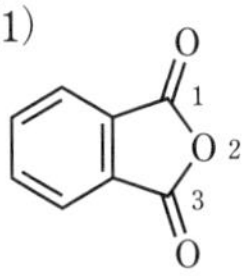

(2)

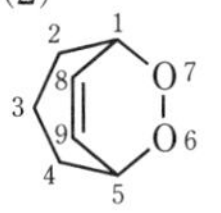

(3)

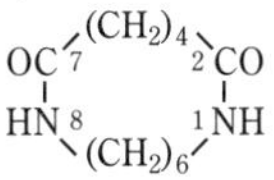

(4)

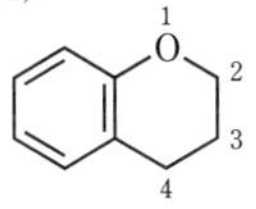

(5)

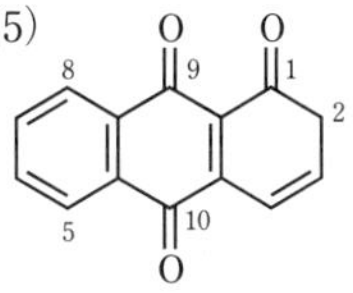

(6)

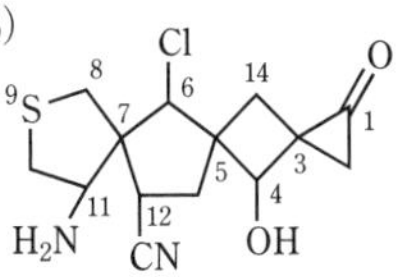

(7)

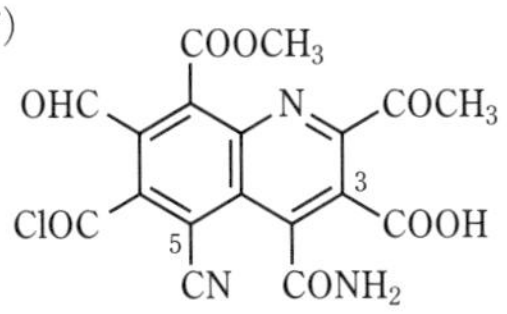

(8) HOOC−$\overset{2}{C}H_2$−O−CH_2−CH_2−O−$\overset{2'}{C}H_2$−COOH

(1) 慣用名は phthalic anhydride 無水フタル酸（GIN）である．環状酸無水物を複素環化合物と捉えることは第 4 章の練習問題 4・1(1) で扱った．この化合物は furan−2,5−dione〔maleic anhydride 無水マレイン酸（GIN）〕にベンゼン環が縮合した benzofuran が母体構造である．縮合環の位置番号は，元の単環複素化合物と変わることが多く，その付け方は難しい．しかし，benzene 環の縮合だけは §5・2・1 で説明したように簡単である．

(2) すべて炭素からなる構造式 bicyclo[3.2.2]nonene を書き，位置番号を付ける．bicyclo[3.2.2]non−6−ene となる．次にヘテロ原子に置き換え，ヘテロ原子が接続語や不飽和語尾より優位（§5・4・8）の基準によって位置番号を見直す．

(3) 慣用名 nylon66（GIN でもない）の仮想上のモノマーである．

(4) 2,3−dihydro−4*H*−1−benzopyran と読むこともできるが，指示水素に小さい位置番号を割り当てる基準により 3,4−dihydro−2*H*−1−benzopyran が正しい．

(5) 一対の主特性基を導入することによって母体環構造から二重結合を取除く形になる場合には付加指示水素は表示しない．このため 9，10 位には指示水素が表示されず，1 位だけに表示されている．練習問題 5・1(1) も同様である．1(2*H*)，9，10 でないことにも注意．

(6) まず 9−thiatrispiro[$2.1.1.4^7.2^5.1^3$]tetradecane の spiro 環骨格と位置番号をしっかり捉え，その後に特性基を付ける．

(7) 母体 quinoline を書き，位置番号を付ける．接尾語は carboxylic acid で容易であるが，あまり目にしない接頭語が紛らわしい．表 4・6 参照．

(8) 倍数命名法の練習である．複合置換基からなる倍数置換基の解読がポイント．

5・2

(1) (spiro[2.3]hexan−5−ylidene)methanone　　二重結合が二つ連続する構造およびスピロ環に目を奪われず，主特性基と主鎖を見極める．

(2) 2-ethylbut-2-ene-1,4-diol　最長の鎖を単純に主鎖と考えては間違い．主特性基OHが二つあるので，これを含む最長の鎖が主鎖となる．§4・3・3(6)の下線部参照.

(3) 1,3-dioxooctahydro-2-benzofuran-4-carboxylic acid　主特性基がCOOHである．母体構造は練習問題5・1(1)から，それに水素が付加した構造であることは容易にわかる．hydro接頭語を使えばよい．しかし，1,3-dioxo-2-benzofuran-4-carboxylic acidに対して水素が六つ付加したと考えがちである．練習問題5・1(5)で説明した付加指示水素が表示されない例に該当する．2-benzofuranの不飽和結合すべてに水素が付加して飽和してoctahydro-2-benzofuranが生成した．それに二つのケトン基が置換して1,3-dioxooctahydro-2-benzofuranになり，最後にCOOH基が一つ置換したと考えなければならない.

(4) 2,3-dioxabicyclo[2.2.2]octane　-O-O-の特性基に目を奪われて表4・5のalkylperoxy化合物と考えてしまいがちである．橋かけ環炭化水素にヘテロ原子が骨格代置した構造ととらえることが重要である．特性基にばかり目を奪われず，母体構造もよく見極める.

(5) 2,7-dioxa-6-azabicyclo[2.2.1]heptane　代置命名法（"ア"命名法）の元素の優先順位O>S>N>P>C>Siをしっかり覚えていれば簡単である.

(6) benzoic peroxyanhydride（安息香酸ペルオキシ無水物）　左右対称なので倍数命名法を考えがちであるが，倍数置換基に相当する部分の構造式が酸無水物-CO-O-CO-に似ていることに気づいたら正解．ペルオキシ無水物（§4・7・4）である．慣用名（GINにならない）benzoyl peroxide（過酸化ベンゾイル，略号BPO）でよばれる化合物で，高分子合成においてラジカル重合の開始剤としてしばしば使われる.

(7) 2-(1,4-dioxan-2-yl)-1,3-oxazianane　H-W命名法および母体構造を決める優先順位の問題である．決め手は窒素原子を含むか否かで，環の間の優先順位が決まる.

(8) 6-[(5-carboxypyridin-2-yl)amino]-4-chloropyridine-3-carboxylic acid　母体構造を決める優先順位の問題である．環の間の優先順位では決まらない．§5・4・6 (1) 接頭語で表される置換基の数で決まる.

(9) 3,6-dioxa-1(1,4)-benzenacycloheptaphane-2,7-dione　環状ファン系とポリシクロ環系で命名することが可能であるが，§5・4・4 (8) に示すように環状ファン系がポリシクロ環系に優先する．この化合物は，慣用名PET〔poly(ethylene terephthalate)〕の仮想上のモノマーである．ポリシクロ環系で命名すると，benzene環が解体された読み方になる．3,6-dioxabicyclo[6.2.2]dodeca-1(10),8,11-triene-2,7-dione．位置番号1に関わる不飽和結合が位置番号10との間にあることを明確に示すために1(10)という表現を使う.

(10) 1,1′-(2,2-dibenzylpropane-1,3-diyl)dibenzene　4個の遊離基をもつ倍数置換基neopentanetetraylは認められない．neopentaneという名前が認められないためである．またtolueneの置換体も認められない．したがって2個のbenzeneが対称的についた化合物として倍数命名法を適用する.

5・3

(1) (9*Z*)-octadec-9-enoic acid　oleic acid（GIN）として知られる不飽和脂肪酸である.

(2) (4*Z*,7*E*)-nona-4,7-dienal　　dien-1-al の 1 は不要.
(3) (1*R*,2*S*,5*R*)-5-methyl-2-(propan-2-yl)cyclohexan-1-ol　　L-(−)-menthol (GIN でない慣用名) として知られ，ハッカから得られる香料である．天然物の構造式では自明の炭素原子，水素原子を省略して表記することが多いので，命名にあたっては自分で補う．まず主特性基を見定めて位置番号を付け，立体異性を考慮しないで命名する．次にステレオジェン単位を見つけて CIP 方式による順位付けを行って *R/S* の判定を行う．
(4) (2*S*)-2-amino-3-(1*H*-indol-3-yl)propanoic acid　L-tryptophan とよばれる α-アミノ酸 (§10・2・1) の一つである．ステレオジェン単位の炭素原子，水素原子を補って考える．
(5) (2*R*,3*S*,4*R*,5*R*)-2,3,4,5,6-pentahydroxyhexanal　　D-glucose の Fischer 投影図である (§10・2・4).
(6) (1*R*,4*R*)-1,7,7-trimethylbicyclo[2.2.1]heptan-2-one　　分子模型を組立てないとわかりにくい．4 位の水素を明記していないので見落しがちであるが，4 位もキラル中心である．慣用名 (GIN でない) *d*-camphor カンフル (カンファー，樟脳) である．クスノキから得られ，昔はセルロイドの可塑剤，防虫剤として使われた．
(7) (1*R*,2*S*)-2-(methylamino)-1-phenylpropan-1-ol　　主特性基が OH であり，$NHCH_3$ は接頭語として読む．慣用名 (GIN でない) ephedrine である．明治前半に長井長義が漢方で利用される麻黄から単離した．気管支拡張・鎮咳剤として使われている．
(8) *trans*-4-(aminomethyl)cyclohexane-1-carboxylic acid　　図では水素原子が表示されていないので自分で補う必要がある．慣用名 (GIN でない) tranexamic acid (トラネキサム酸) であり，止血剤，抗炎症剤として使われる．擬不斉中心を表す (1*r*,4*r*) が PIN となる立体表示であるが，本書の範囲を超えるので GIN の *trans* 表示に止める．
(9) (*R*)-[(1*S*,2*S*,4*S*,5*R*)-5-ethenyl-1-azabicyclo[2.2.2]octan-2-yl](6-methoxyquinolin-4-yl)methanol　　quinoline と窒素原子を含むビシクロ環に目が行きがちであるが，主特性基は OH 基であり，主鎖は炭素一つの methane である．quinoline 環，ビシクロ環，OH 基が methane の水素原子に置換している．methane 原子がキラリティー中心であるが，ビシクロ環基にも四つのキラリティー中心がある．2 位，5 位のキラリティー中心はわかりやすいが，1 位，4 位は通常，図のように明確に示していないことが多いので見落としがちである．このような複雑な構造の場合には，ビシクロ環とメタノール周辺だけの部分的な分子模型を作成してみるとわかりやすい．マラリアの特効薬として有名な慣用名 quinine キニーネである．

6 無機化学命名法 初級編

6・1 元　素

無機化学命名法の入門にあたり，元素に関してしっかり押さえて置くべきことは，(1) 元素の族，(2) 元素名と語幹，(3) 元素の電気陰性度順位の 3 点である．なお，同位体，固体および結晶多形同素体，無限構造をもつと認知されている同素体については本書では扱わないので必要な場合にはまえがきの文献 2 を参照．

6・1・1 元素の族

IUPAC では図 1・1 に示した長周期型周期表により元素の族番号が決められている．1 族，2 族および 13 族～18 族を**主要族元素**，3 族～12 族を**遷移族元素**とよぶ．族の最初の元素の名前で族名をよぶこともある．たとえば，4 族をチタン族，13 族をホウ素族，16 族を酸素族とよぶ．また 1 族の Li，Na，K，Rb，Cs，Fr を**アルカリ金属**，2 族の Be，Mg，Ca，Sr，Ba，Ra を**アルカリ土類金属**，17 族の F，Cl，Br，I，At を**ハロゲン**と総称することも許容されている．

6・1・2 元素名と語幹

無機化合物の体系的命名法では元素名がその基盤として重要である．主要な元素名を表 3・1 に示したが，元素名は語幹と語尾からなっており，表 6・1 に語尾別に整理した主要な元素の語幹，語尾を示す．

同種原子陽イオンの名前（§6・5・1），定比組成命名法における電気的陽性成分の名前（§6・6），付加命名法における中心原子の名前（§7・4・1）などは元素名そのものが使われる．一方，同種原子陰イオンの名前（§6・5・2），定比組成命名法における電気的陰性成分の名前（§6・6），付加命名法における陰イオン性配位子の名前（§7・4・1）などは元素名の語幹に特定の接尾語を付けてつくられる．

体系的な陰イオン名の例（明確に示すため語幹に下線をつけてある）:

nitrogen → nitride　nitrate　　　zinc → zincide　zincate

chlorine → chloride　chlorate　　　phosphorus → phosphide　phosphate

表6・1　主要な元素の名前と語尾，語幹の整理

語　尾	主要な元素の名前，語幹，語尾†
ogen	hydr/ogen−，nitr-ogen
ygen	ox/ygen−
ine	fluor−ine，chlor−ine，brom−ine，iod−ine
on	carb/on−，bor−on，silic−on，(thi−on)
ur	sulf−ur
orus	phosph−orus
ium	alumin−ium，sod−ium，potass−ium，chrom−ium，pallad−ium，bar−ium，beryll−ium，cadm−ium，calc−ium，stront−ium，lith−ium，magnes−ium，titan−ium，selen−ium，neodym−ium，niob−ium，rhod−ium，rubid−ium，ruthen−ium，selen−ium，uran−ium，vanad−ium，germ/an−ium，tellur−ium
um	platin−um，molybd/en−um，(cupr−um)，(ferr−um)，(argent−um)，(aur−um)，(plumb−um)，(stann−um)
y	antimon−y，mercur−y
ene	tungst−en
ese	mangan−ese
ic	arsen−ic
な　し	cobalt−，bismuth−，nickel−，zinc−，xenon−，argon−

† ハイフンは語幹と語尾の切れ目を示す．スラッシュはハイフン以外の位置でも切れ目になることを示す．

次のような例外に注意する必要がある．

(1) 表6・1でスラッシュ (/) を付けたいくつかの元素名は，接尾語によって語幹が変わることがある．

例：hydr/ogen− → hydride　hydrogenate　ox/ygen− → oxide　oxygenate

carb/on− → carbide　carbonate　germ/an−ium → germide　germanate

molybd/en−um → molybdenide　molybdate

(2) 元素名が変化するときに，まったく違う元素名（ラテン名）を基礎にするものがある．

例：copper → cuprum → cupride　cuprate

iron → ferrum → ferride　ferrate

silver → argentum → argentide　argentate

gold → aurum → auride　aurate

lead → plumbum → plumbide　plumbate

tin → stannum → stannide　stannate

(3) 置換命名法の基礎となる母体水素化物の名前（§7・1・1），ヘテロ原子からなる母体水素化物の代置命名法（“ア”命名法）に使われる“ア”接頭語（§7・1・4）などは，上記の体系的な名前のものと，体系的でなく異なる語幹になるもの，異なる元素名を基礎にするものがある．体系的でない理由はH−W体系名（§4・4・3，§7・1・4）との重複を避

ける，有名な慣用名との重複を避けるなどさまざまである．

体系的な例：

carb/on- → carbane（methane） carba　　bor-on → borane bora

phosph-orus → phosphane phospha　　chrom-ium → chroma

germ/an-ium → germane germa　　gall-ium → gallane galla

platin-um → platina　　mercur-y → mercura　　nickel- → nickela

体系的でなく異なる語幹の例（括弧書きは体系名と同じ語幹を示す）：

ox/ygen- → oxidane （oxa）　　silic/on → silane sila

alumin-ium → almane （almina）　　arsen-ic → arsane arsa

bismuth- → （bismuthane） bisma

体系的でなく異なる元素名を基礎にする例：

nitrogen → azane aza　　sulf-ur → （sulfane） thia

copper → cupra　　iron → ferra　　silver → argenta

gold → aura　　lead → plumbane plumba

tin → stannane stanna　　antimon-y → stibane stiba

> 元素記号と元素名が大きく異なる主要な元素としては，Na/sodium，K/potassium，Fe/iron，Cu/copper，Ag/silver，Sn/tin，Sb/antimony，W/tungsten，Au/gold，Hg/mercury，Pb/lead がある．これらの元素名は英語に由来する．一方，元素記号 Fe，Cu，Ag，Sn，Au，Pb についてはラテン名に由来する．その他ラテン名に由来する元素記号は，Sb:stibium，Hg:hydragyrum，Na:natron（炭酸ナトリウム）である．K はアラビア語の植物の灰に，W はドイツ語の鉄マンガン重石 Wolfram に由来する．
>
> また，元素名とはまったく異なる用語が化合物名などに使われるものがある．窒素化合物（N/nitrogen）に対して，しばしば使われる aza はフランス語の窒素 azote に由来する．同様に硫黄化合物（S/sulfur）に対してしばしば使われる thio はギリシャ語の theion に由来する．

6・1・3 元素の電気陰性度順位

実際の電気陰性度とは少し異なる点があるが，陰性な元素から始まって，より陽性な元素へ向かう**元素の電気陰性度順位**が図 6・1 のように定められている．

この順位は，化学式（§6・3）において元素の並び方を決めたり，定比組成命名法（§6・6）において名前の並び方を決めたりする際に使われるなど非常に重要である．ほぼ元素周期表の順に並んでいるが，18 族（ヘリウム族）が 1 族より陽性に置かれている点と，水素が 16 族（酸素族）より陽性，15 族（窒素族）より陰性の位置に置かれていることに注意する必要がある．この点は H_2O と NH_3 の書き分け方の違い（§6・3・2）に反映すると覚えておくと忘れない．最も陰性な元素がフッ素，最も陽性な元素がラドンと決められている．

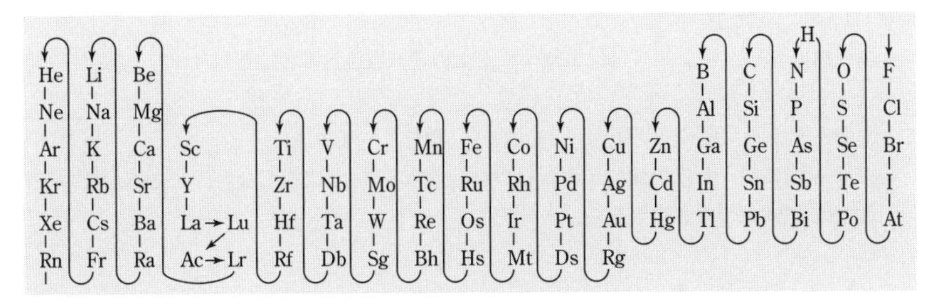

図6・1　元素の電気陰性度順位

6・2　無機化合物の種類と構造

化合物とは2種以上の元素からなる物質である．無機化合物とは有機化合物以外のすべての化合物である．1種類の元素だけからなる物質である単体や1種類の元素からなるイオンも含めて無機化合物とよぶことも多い．一方，金属原子を中心として有機化合物が結合している化合物も多数存在し，学問上も産業上も重要なものが多い．このように，有機化合物と無機化合物を厳密に区別することは困難である．

無機化合物は分子と塩に大きく分けることができる．分子は有機化合物ではなじみ深いが，無機化合物や単体にも分子はありふれている．無機化合物にも高分子がある．一方，塩にも単原子陽イオンと単原子陰イオンからなる簡単な構造の塩から，多原子イオンや錯体のイオンからなる複雑な構造の塩もある．

無機化学命名法のうえからは，無機化合物を，錯体や有機金属化合物とそれ以外の無機化合物に分類することが便利である．本書でも後者をおもに本章で扱い，前者をおもに第7章で扱う．

6・3　無機化合物の化学式

化学式には，実験式，分子式，構造式の3種類があり，この順に化学式が表す情報量が多くなる．

6・3・1　実　験　式

実験式は化合物の元素組成だけを示している．実験式は元素記号をアルファベット順に配列し，組成は下付き数字（整数）を付記して示す．同じ頭文字で始まる元素記号がある場合には，一文字の元素を先に並べる．ただし，炭素を含む化合物は例外で，1番目にC，2番目にH，それ以後に他の元素記号をアルファベット順に並べる．

例：ClHg　BrClFeI　H_2NNa　CNa_2O_3　$C_{10}H_{10}ClFe$　NO_2　O　S

6・3・2　二元化学種の式

2種類の元素からなる二元化学種は，元素の電気陰性度順位（§6・1・3）で陽性の元素から前に並べる．

例：NH_3　H_2O　O_2Cl　OCl^-　PH_4^+　$CuCl_2$

この原則に従うと水酸化物イオンは HO^- と書かなければならない．しかし OH^- が広く一般化しているので容認される．

6・3・3　分子式

分子式は物質が分子からなる場合に分子の組成を示す化学式である．同じ実験式で表されても，分子量が異なれば分子式は異なる．それだけ情報量が多い．高分子の場合は n を下付き文字で付ける．元素記号の配列は，原子の結合順がわかっていれば，その順序に従う．わかっていない場合には§6・3・2を援用することが多い．

例：NO_2　N_2O_4　O_2　O_3　S_8　S_n　ClNO または NOCl　HOCN　HNCO

6・3・4　塩の式

塩の式は，物質が塩からなる固体物質の場合にイオンの組成を示す化学式である．二成分化合物では元素の電気陰性度順位で陽性成分を前，陰性成分を後に書く．多成分化合物では陽性成分，陰性成分の順に書き，陽性・陰性のそれぞれの成分の中は元素記号のアルファベット順に書く．成分に原子団（OH^- や錯イオン）がある場合には原子団の中心原子の元素記号を，その原子団の元素記号とし，同じ元素記号の単原子の後に並べる．ただし NH_4 は単一の記号として扱われることが多い．

例：NaCl　$KMgCl_3$　MgCl(OH)　FeO(OH)　$H[AuCl_4]$　$Na(NH_4)SO_4$

6・3・5　構造式

構造式は分子中の原子の結合と空間的配列に関する情報を示す．直線式と展開式がある．**展開式**は有機化合物の構造式でおなじみの2次元で表した図である．

直線式は元素記号を並べた表現法で Cl–S–S–Cl のように文章の中に構造式を書くことが可能となる．この点が展開式に比べて便利である．原子団，繰返し単位，側鎖などがある場合には次のような異なる括弧で書き分ける．

(1) 鎖状化合物の繰返し単位は角括弧で囲む（有機化合物と異なる）．

　例：$SiH_3[SiH_2]_8SiH_3$

(2) 主鎖に対する側鎖は原則として丸括弧で囲む（有機化合物と同じ）．

　例：$SiH_3SiH_2SiH(SiH_3)SiH_2SiH_3$

(3) 高分子の繰返し単位を示す場合には，その単位を丸括弧で囲み，結合を示すダッシュを丸括弧に重ねる（高分子と同じ）.

例：-(S)-_n

(4) 下付き数字が付く成分が倍数になる場合には，(1)の繰返し単位を除き丸括弧または波括弧で囲む（有機化合物と同じ）.

例：$Ca_3(PO_4)_2$

(5) 1分子単位を示す式は括弧（丸括弧，波括弧，丸括弧の順）で囲む．錯体など式全体を囲む場合には角括弧で囲む.

例：$[Co(NH_3)_6]_2(SO_4)_3$　　$[\{Rh(\mu\text{-}Cl)(CO)_2\}_2]$

NH_3，CO は1分子単位なので丸括弧で囲む．$Co(NH_3)_6$ は錯イオン，$\{Rh(\mu\text{-}Cl)(CO)_2\}_2$ は錯体分子なので，式全体を角括弧で囲む.

6・3・6 イオンの式

イオン電荷は A^{n+}，A^{n-} のように電荷数を先に書き，その後にプラス，マイナス記号を付け，全体を元素記号の右肩に付ける．1価の場合には電荷数1を省略する.

例：Cu^+　Cu^{2+}　$[Al(OH_2)_6]^{3+}$　$[Fe(CN)_6]^{4-}$　CN^-　NO_3^-

6・4 無機化合物の命名法

有機化合物の体系的命名法が，少数の例外を除いて置換命名法を主体とするのに対して，無機化合物の命名法には次のような三つの方法があり（図6・2），1個の無機化合物に複数の体系的な名前が可能となることがしばしばある.

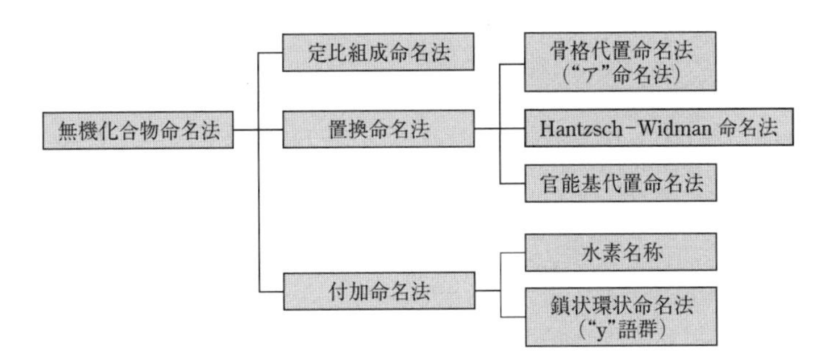

図6・2 無機化合物のさまざまな命名法

有機化合物命名法に比べて体系化が進んでいない理由は，無機化合物の場合には物質に対してわかっている情報量に大きなばらつきがあるためである.

定比組成命名法（§6・6）は物質の組成比だけを示しており，§6・3で述べた実験式，分子式，塩の式に相当する.

置換命名法（§7・3）は有機化合物の命名における置換命名法と同じく無機化合物を母体水素化物の水素を置換した誘導体とみなして命名する方法である．組成情報ばかりでなく，物質がもつさまざまな構造情報を表すことができる．母体水素化物が13族（ホウ素族）から17族（フッ素族）に限られるので，この命名法の対象は共有結合性の水素化物誘導体に限られる．

付加命名法（§7・4）は中心原子に他の原子や原子団が付加しているとみなして命名する方法である．もともとは配位化合物（錯体）の命名から始まり，オキソ酸（§7・4・4）などの命名にも適用され拡張された．組成情報ばかりでなく，さまざまな構造情報を表すことができる．

なお，本書では水素名称と鎖状環状命名法の説明は省略する．必要な場合にはまえがきの文献2を参照．

6・5 イオンの命名法

イオンの体系的な命名法を説明する．置換命名法，付加命名法による命名法の場合には(置)や(付)を付記する．本節および第7章，有機化合物のイオンも含めたイオン命名法を整理して表6・2に示す．

表6・2 イオン命名法の整理†

イオンの生成過程	陽イオン	陰イオン
単原子Xから電子 n 個の付加 / 除去	X(n+)	Xide(n−)
同種多原子 X_m から電子 n 個の付加 / 除去	mX(n+)	mXide(n−)
異種多原子から		
(付) XYmから電子 n 個の付加 / 除去	mYidoX(n+)	mYidoXate(n−)
酸およびヒドロキシ化合物のOH基などからヒドロン H^+ の除去	−	～ate，～ite ～olate，～thiolate
(置) RHからヒドロン H^+ の付加 / 除去	RHium	RHide
(置) RHからヒドリド H^- の除去 / 付加	RHylium	RHuide

† Xは元素名，Xideは元素名語幹に語尾ideを付けることを表す．XYmは中心原子Xに配位子Yが m 個配位した化合物を表す．RHは水素化物の名称，RHideなどは水素化物名に語尾ideなどを付けることを表す．母音連続により末尾eの欠落などがある．また，一部の水素化物には不規則な変化がある（§7・2・2参照）．

6・5・1 陽イオン

(1) 単原子陽イオン

元素名に続いて丸括弧内に電荷数を，数字を先に，プラス，マイナス記号を後に書いて並べる．

例：Na^+ sodium(1+) ナトリウム(1+)

Cu^{2+} copper(2+) 銅(2+)

H^+ hydrogen(1+) 水素(1+)

水素(1+)は，従来，一般にプロトンとよばれてきた．水素には3種類の同位体（原子番号が同じで質量数＝陽子数＋中性子数が異なる物質）がある．質量数1（陽子1個のみ）のprotiumプロチウム，質量数2（陽子1個＋中性子1個）のdeuteriumジュウテリウム，質量数3（陽子1個＋中性子2個）で放射性のtritiumトリチウムである．protiumの電荷数1の陽イオンをprotonプロトンとよぶ．天然に存在する同位体組成のままの混合物である水素の電荷数1の陽イオンはhydrogen(1+)またはhydronヒドロンとよぶ．

(2) 同種多原子陽イオン

倍数接頭語を付けた元素名に，丸括弧内に電荷数，プラス記号を続ける．

例：Hg_2^{2+}　dimercury(2+)　二水銀(2+)

(3) 異種多原子陽イオン

定比組成命名法では命名できないので，母体水素化物の置換命名法（§7・2・2）または付加命名法（§7・4）による．複数の名前が可能となることが多い．付加命名法では中心原子の元素名がそのまま使われ，電荷数とプラス記号を丸括弧書きで付記する．置換命名法では母体水素化物の語尾がium，diium（母体水素化物にH^+が付加して生成する陽イオン），ylium（母体水素化物からH^-が除かれて生成する陽イオン）などに変化する．この語尾変化が電荷数を示すので，電荷数を明記する必要はない．

以下の例で，置換命名法による名前には(置)，付加命名法による名前には(付)を付ける．

例：NH_4^+　azanium（置）　アザニウム
　tetrahydridonitrogen(1+)（付）　テトラヒドリド窒素(1+)
　非体系的名称ammoniumアンモニウムも許容される．

H_3O^+　oxidanium（置）　オキシダニウム
　trihydridooxygen(1+)（付）　トリヒドリド酸素(1+)
　非体系的名称oxoniumも許容される．hydroniumは許容されない．

PH_4^+　phosphanium（置）　ホスファニウム
　tetrahydridophosphorus(1+)（付）　テトラヒドリドリン(1+)
　phosphoniumは許容されない．

PH_2^+　phosphanylium（置）　ホスファニリウム
　dihydridophosphorus(1+)（付）　ジヒドリドリン(1+)

SiH_3^+　silylium（置）　シリリウム
　trihydridosilicon(1+)（付）　トリヒドリドケイ素(1+)

H_4O^{2+}　oxidanediium（置）　オキシダンジイウム
　tetrahydridooxygen(2+)（付）　テトラヒドリド酸素(2+)

SbF_4^+　tetrafluorostibanium（置）　テトラフルオロスチバニウム
　tetrafluoridoantimony(1+)（付）　テトラフルオリドアンチモン(1+)

$[N(CH_3)_4]^+$　tetramethylazanium（置）　テトラメチルアザニウム
　tetramethylnitrogen(1+)（付）　テトラメチル窒素(1+)
　有機化学命名法では*N*,*N*,*N*-trimethylmethanaminiumがPIN.

6・5・2 陰イオン

陽イオンに比べて陰イオンの命名は少し煩雑である．

(1) 単原子陰イオン

元素名語幹にideを付け，さらに丸括弧付き電荷数を加える．日本語表記では～化物（電荷数）イオンとすることに注意が必要である．塩素イオン，酸素イオンと日本語で表現すれば陽イオンの Cl^{+} や O^{+} になり，Cl^{-} や O^{2-} にならないことに注意する．

例：Cl^{-}　chloride(1−)　塩化物(1−)イオン
　　　chloride　塩化物イオンでも許される．
　H^{-}　hydride(1−)　水素化物(1−)イオン
　　　hydride　水素化物イオンでも許される．
　O^{2-}　oxide(2−)　酸化物(2−)イオン
　　　oxide　酸化物イオンでも許される．
　Ge^{4-}　germide(4−)　ゲルマニウム化物(4−)イオン
　Ag^{-}　argentide(1−)　銀化物(1−)イオン

(2) 同種多原子陰イオン

元素名語幹の前に倍数接頭語，後にideと丸括弧付き電荷数を付ける．

例：O_2^{2-}　dioxide(2−)　二酸化物(2−)イオン
　　　dioxidanediide（置）　ジオキシダンジイドイオン
　O_3^{-}　trioxide(1−)　三酸化物(1−)イオン
　I_3^{-}　triiodide(1−)　三ヨウ化物(1−)イオン
　C_2^{2-}　dicarbide(2−)　二炭化物(2−)イオン
　　　有機化学命名法ではethynediideがPIN，acetylideがGIN.
　N_3^{-}　trinitride(1−)　三窒化物(1−)イオン
　S_2^{2-}　disulfide(2−)　二硫化物(2−)イオン
　　　disulfanediide（置）　ジスルファンジイドイオン

(3) 異種多原子陰イオン

異種多原子陽イオンと同様に置換命名法（§7・2・3）か付加命名法（§7・4）による．母体水素化物からの置換命名法では母体水素化物の語尾をideやdiide（母体水素化物から H^{+} が除去されて生成する陰イオン）に，uideやdiuide（母体水素化物に H^{-} が付加して生成する陰イオン）に変える．日本語表記では字訳し最後にイオンを付ける．語尾に電荷数の意味を含んでいるので電荷数は付けない．

付加命名法では中心原子の元素名語幹にateを付けて最後に電荷数を丸括弧で囲んで付ける．日本語表記は元素名＋酸(電荷数)イオンとする．ヒ酸，ホウ酸，炭酸，ケイ酸，硝酸，硫酸の名前は例外である．また，体系名でないが，許容されている酸（ic acid）や亜酸（ous acid）の名前（§7・4・4）に由来する陰イオン名は，語尾をそれぞれate，iteに変えて使うことが許される．日本語表記は～酸イオン，亜～酸イオンとする．

例:		
NH_2^-	azanide（置）	アザニドイオン
	dihydridonitrate(1−)（付）	ジヒドリド硝酸(1−)イオン
	非体系的名称 amide アミドイオンも許容される.	
OH^-	hydroxide（慣）	水酸化物イオン
HS^-	sulfanide（置）	スルファニドイオン
	hydridosulfate(1−)（付）	ヒドリド硫酸(1−)イオン
$[BH_4]^-$	boranuide（置）	ボラヌイドイオン
	tetrahydridoborate(1−)（付）	テトラヒドリドホウ酸(1−)イオン
OCl^-	chloridooxygenate(1−)（付）	クロリド酸素酸(1−)イオン
	非体系的名称 hypochlorite 次亜塩素酸イオンも許容される.	
ClO_3^-	trioxydochlorate(1−)（付）	トリオキシド塩素酸(1−)イオン
	非体系的名称 chlorate 塩素酸イオンも許容される.	
ClO_2^-	dioxydochlorate(1−)（付）	ジオキシド塩素酸(1−)イオン
	非体系的名称 chlorite 亜塩素酸イオンも許容される.	
GeH_3^-	germanide（置）	ゲルマニドイオン
	trihydridogermanate(1−)	トリヒドリドゲルマン酸(1−)イオン

germanium（元素記号 Ge）から導かれる Ge^{4-} は germide ゲルマニウム化物イオンである. 一方, germanide は germanium の水素化物 germane から導かれる陰イオン GeH_3^- の名称である. 非常に紛らわしい. 窒素酸, 硫黄酸, ホウ素酸としない点も注意する.

6・5・3 許容される主要な慣用無機イオン名

すでにいくつか出てきたが, ここで非体系的名称であるけれども, 使用が許容されている主要なイオン名を表6・3に整理して示す. この他にも多数ある. 有機化合物命名法に比べて無機化合物命名法では許容されている慣用名が非常に多い. なお, 体系名は第7章を読んだ後に, その復習も兼ねて読み直して欲しい.

6・6 定比組成命名法

6・6・1 定比組成命名法の基本手順

(1) 分子式が明確な同素体

分子式が明確な同素体は, 元素名に分子を構成する原子数の倍数接頭語を付ける. 倍数接頭語 mono モノは, その元素が通常は単原子状態で存在しない場合だけに用いる. 分子を構成する原子数が大きくかつ不定の場合には, 接頭語 poly ポリを用いてよい.

例:

Ar	argon	アルゴン	O_2	dioxygen	二酸素
H	monohydrogen	一水素		oxygen	酸素（許容）
H_2	dihydrogen	二水素	O_3	trioxygen	三酸素
	hydrogen	水素（許容）		ozone	オゾン（許容）

S_6	hexasulfur	六硫黄	P_4	tetraphosphorus	四リン
S_8	*cyclo*-octasulfur	*cyclo*-八硫黄	C_{60}	hexacontacarbon	六十炭素
S_n	polysulfur	ポリ硫黄		[60]fullerene	[60]フラーレン(許容)
	plastic sulfur	ゴム状硫黄（許容）			

(2) 二元化合物

元素の電気陰性度順位（§6・1・3）にしたがって，より陽性な成分を電気的陽性成分，他方を電気的陰性成分と決め，分子化合物であってもイオン性化学種とみなして陽イオ

表6・3　主要な許容慣用無機イオン名の整理

化学式	慣用イオン名	日本語表記	体系名
H^+	hydron	ヒドロン	hydrogen(1+)
NH_4^+	ammonium	アンモニウム	azanium（置）
H_3O^+	oxonium	オキソニウム	oxidanium（置）
OH^-	hydroxide	水酸化物イオン	oxidanide（置） hydridooxygenate(1−)（付）
O_2^{2-}	peroxide	過酸化物イオン	dioxidanediide（置） dioxide(2−)
O_3^-	ozonide	オゾン化物イオン	trioxide(1−)
C_2^{2-}	acetylide	アセチレン化物イオン	dicarbide(2−)
CO_3^{2-}	carbonate	炭酸イオン	trioxidocarbonate(2−)（付）
HCO_3^-	hydrogencarbonate	炭酸水素イオン	hydroxidodioxidocarbonate(1−)
CN^-	cyanide	シアン化物イオン	nitridocarbonate(1−)（付）
OCN^-	cyanate	シアン酸イオン	nitridooxidocarbonate(1−)（付）
N_3^-	azide	アジ化物イオン	trinitride(1−)
N^{3-}	nitride	窒化物イオン	nitride(3−) azanetriide（置）
NH_2^-	amide	アミドイオン	azanide（置） dihydridonitrate(1−)（付）
NH^{2-}	imide	イミドイオン	azanediide（置） hydridonitrate(2−)（付）
NO_2^-	nitrite	亜硝酸イオン	dioxidonitrate(1−)（付）
NO_3^-	nitrate	硝酸イオン	trioxidonitrate(1−)（付）
OCl^-	hypochlorite	次亜塩素酸イオン	chloridooxygenate(1−)（付）
ClO_2^-	chlorite	亜塩素酸イオン	dioxidochlorate(1−)（付）
ClO_3^-	chlorate	塩素酸イオン	trioxidochlorate(1−)（付）
ClO_4^-	perchlorate	過塩素酸イオン	tetraoxidochlorate(1−)（付）
SO_3^{2-}	sulfite	亜硫酸イオン	trioxidosulfate(2−)（付）
SO_4^{2-}	sulfate	硫酸イオン	tetraoxidosulfate(2−)（付）
PO_3^{3-}	phosphite	亜リン酸イオン	trioxidophosphate(3−)（付）
PO_4^{3-}	phosphate	リン酸イオン	tetraoxidophosphate(3−)（付）
$H_2PO_4^-$	dihydorogenphosphate	リン酸二水素イオン	dihydroxidodioxidophosphate (1−)（付）

ン，陰イオンの順にイオン名を，ブランクを入れて並べる．組成比は倍数接頭語を付けて示す．日本語表記は，電気的陰性成分名，電気的陽性成分名の順にスペースなしの一語で表記する（§3・4・3）．

例：HCl　hydrogen chloride　塩化水素
　　　　chlorane　クロラン（母体水素化物名）
　　CO　carbon oxide，carbon monoxide　一酸化炭素
　　CO_2　carbon dioxide　二酸化炭素
　　　　dioxidocarbon　ジオキシド炭素（付）
　　NO　nitrogen oxide，nitrogen monoxide　一酸化窒素
　　N_2O　dinitrogen oxide　酸化二窒素
　　NO_2　nitrogen dioxide　二酸化窒素
　　Ca_3P_2　tricalcium diphosphide　二リン化三カルシウム

(3) 3種以上の元素を含む化合物

二元化合物と同様に，電気的陽性成分と陰性成分に分け，陽イオン名，陰イオン名の順に並べる．陽性成分内または陰性成分内の並び順は，倍数接頭語を無視した英語名のアルファベット順であり，元素記号のアルファベット順に並べる化学式とは順序が変わることがある．

また，水素を陽性成分とした場合には，水素は陽性成分の最後に置く．

電気的陽性成分，陰性成分の区別に任意性があるために名前が一つにならない場合もある．実際上，あまり問題にはならない．

例：PBrClI　phosphorus bromide chloride iodide　臭化塩化ヨウ化リン
　　$KMgCl_3$　magnesium potassium trichloride　三塩化マグネシウムカリウム
　　　　化学式の並び順と名前の並び順が異なる例である．
　　OClF　chlorine oxygen fluoride　フッ化塩素酸素
　　　　oxygen chloride fluoride　塩化フッ化酸素
　　　　前者はFだけを陰性成分とし，後者はClとFを陰性成分とした．定比組成命名法では，どちらも可能である．実際の構造FClOを反映した名前では，
　　　　fluoro-λ^3-chloranone（置）（§7・3・1）　フルオロ-λ^3-クロラノン
　　　　fluoridooxidochlorine（付）（§7・4・2）　フルオリドオキシド塩素
　　　　となる．
　　ArFH　argon hydrogen fluoride　フッ化アルゴン水素
　　　　argon fluoride hydride　フッ化水素化アルゴン
　　　　前者はFだけを陰性成分，後者はFとHを陰性成分とした．実際の構造FArHを反映した名前は
　　　　fluoridohydridoargon（付）（§7・4・2）　フルオリドヒドリドアルゴンとなる．

(4) 多原子イオンが含まれる化合物

多原子イオンが含まれることがわかっている化合物は，定比組成命名法でも多少の構造

情報が示される．

例：$NaNH_4[HPO_4]$　ammonium sodium hydrogenphosphate
　　リン酸水素アンモニウムナトリウム

Na_2CO_3　sodium carbonate　炭酸ナトリウム

$Ca(HCO_3)_2$　calcium bis(hydrogencarbonate)　ビス(炭酸水素)カルシウム

ammonium，hydrogenphosphate，carbonate，hydrogencarbonate は多原子イオン名であり，構造情報を含んでいる．

(5) 電荷数・酸化数の利用

イオンからなる化合物で特定のイオンの電荷数を明示したい場合には，イオンの名前の後に丸括弧付きで電荷数を付ける．

例：$FeSO_4$　iron(2+) sulfate　硫酸鉄(2+)

$Fe_2(SO_4)_3$　iron(3+) sulfate　硫酸鉄(3+)

$K_4[Fe(CN)_6]$　potassium hexacyanidoferrate(4−)
　　ヘキサシアニド鉄酸(4−)カリウム

$Fe_4[Fe(CN)_6]_3$　iron(3+) hexacyanidoferrate(4−)
　　ヘキサシアニド鉄酸(4−)鉄(3+)

$Na_2[Fe(CO)_4]$　sodium tetracarbonylferrate(2−)
　　テトラカルボニル鉄酸(2−)ナトリウム

錯体イオン，多原子イオンの名前の後に付けた電荷数は，錯体イオン，多原子イオンの電荷数を示しており，中心原子の電荷数を示すものでない．

命名においては電荷数の利用が酸化数より優先するが，酸化数が明確な場合には利用できる．酸化数は元素名の直後に丸括弧で囲んだローマ数字を付ける．酸化数は負のときのみマイナス符号を付け，正では何も付けない．

例：MnO_4　manganese(Ⅳ) oxide　酸化マンガン(Ⅳ)

$K_4[Fe(CN)_6]$　potassium hexacyanidoferrate(Ⅱ)
　　ヘキサシアニド鉄(Ⅱ)酸カリウム

$Na_2[Fe(CO)_4]$　sodium tetracarbonylferrate(−Ⅱ)
　　テトラカルボニル鉄(−Ⅱ)酸ナトリウム

6・6・2 付加化合物の名前

水和物 hydrate に代表される付加化合物や，**包接化合物**・多重塩（**複塩**）など形式上付加化合物と扱われる化合物は，個々の成分の化合物名を全角ダッシュで連結して並べ，その後にアラビア数字と斜線からなる組成記号を丸括弧に囲んで付けることにより，各成分の組成比を示す．なお，water，ammonia という慣用名が許容され，また水和物に限って hydrate（日本語表記で水和物）という名称も許容されている．hydrate には付加化合物の意味が含まれているので全角ダッシュは使わない．付加化合物と §7・4 の付加命名法を混同しないように注意する．

例：$Na_2SO_4 \cdot 10H_2O$　　sodium sulfate—water(1/10)
硫酸ナトリウム—水(1/10)
sodium sulfate decahydrate
硫酸ナトリウム十水和物

$CaCl_2 \cdot 8NH_3$　　calcium chloride—ammonia(1/8)
塩化カルシウム—アンモニア(1/8)

$AlCl_3 \cdot 4C_2H_5OH$　　aluminum chloride—ethanol(1/4)
塩化アルミニウム—エタノール(1/4)

$Al_2(SO_4)_3 \cdot K_2SO_4 \cdot 24H_2O$
aluminum sulfate—potassium sulfate—water(1/1/24)
硫酸アルミニウム—硫酸カリウム—水(1/1/24)

$AlK(SO_4)_2 \cdot 12H_2O$　　aluminum potassium bis(sulfate) dodecahydrate
ビス(硫酸)アルミニウムカリウム十二水和物

6・7　許容される主要な慣用無機分子名，無機置換基名

無機分子および無機置換基の慣用名（非体系名）で許容される主要例を表6・4，表6・5に示す．許容されるとはいっても母体化合物名のように語尾を変化させて使うなど，あらゆる場合に使えるものではないことに注意する必要がある．hydroxylamine，hydrazineは有機化合物誘導体の母体名としてのみ許容されている．なお，体系名は第7章を読んだ後で読み直して欲しい．

表6・4　主要な許容慣用無機分子名

化学式	慣用名[†1]	日本語表記	体系名[†2]
H_2O	water	水	oxidane（水） dihydrogen oxide（定）
H_2O_2	hydrogen peroxide	過酸化水素	dioxidane（水）
H_2S	hydrogen sulfide	硫化水素	sulfane（水）， dihydrogen sulfide（定）
NH_3	ammonia	アンモニア	azane（水） trihydridonitrogen（付）
NH_2NH_2	hydrazine	ヒドラジン	diazane（水）
NH_2OH	hydroxylamine	ヒドロキシルアミン	dihydridohydroxidonitrogen（付）
O_2	oxygen	酸素	dioxygen（定）
O_3	ozone	オゾン	trioxygen（定）
P_4	white phosphorus	白リン	tetraphosphorus（定）
C_{60}	[60]fullerene	[60]フラーレン	hexacontacarbon（定）

†1　このほか多数のオキソ酸の慣用名が許容されている（§7・4・4参照）．
†2　(水)は母体水素化物名，(定)は定比組成命名法，(付)は付加命名法．

表6・5　主要な許容慣用無機置換基名（接頭語）

化学式	慣用名	日本語表記	体系名
-O-	oxy	オキシ	
=O	oxo	オキソ	
-OH	hydroxy	ヒドロキシ	oxidanyl（置）
-OOH	hydroperoxy	ヒドロペルオキシ	dioxidanyl（置）
-OO-	peroxy	ペルオキシ	dioxidanediyl（置）
-C(O)-	carbonyl	カルボニル	
-CN	cyano	シアノ	
$-NH_2$	amino	アミノ	azanyl（置）
-NHNH-	hydrazine-1,2-diyl	ヒドラジン-1,2-ジイル	diazane-1,2-diyl（置）
=NH	imino	イミノ	azanylidene（置）
>N-	nitrilo	ニトリロ	azanetriyl（置）
-NO	nitroso	ニトロソ	oxoazanyl（置）
$-NO_2$	nitro	ニトロ	
-N=N-	azo	アゾ	diazene-1,2-diyl（置）
-S(O)-	sulfinyl	スルフィニル	oxo-λ^4-sulfanediyl（置）
$-S(O)_2-$†	sulfonyl sulfuryl	スルホニル スルフリル	dioxo-λ^6-sulfanediyl（置）
-S(O)(OH)	sulfino (hydroxysulfinyl)	スルフィノ (ヒドロキシスルフィニル)	hydroxyoxo-λ^4-sulfanyl（置）
$-S(O)_2(OH)$	sulfo (hydroxysulfonyl)	スルホ (ヒドロキシスルホニル)	hydroxydioxo-λ^6-sulfanyl（置）
>P(O)-	phosphoryl	ホスホリル	oxo-λ^5-phosphanetriyl（置）
>P(S)-	phosphorothioyl (thiophosphoryl)	ホスホロチオイル (チオホスホリル)	sulfanylidene-λ^5-phosphanetriyl（置）

† sulfonyl は有機化合物に，sulfuryl は無機化合物に使うことが多いが，sulfonyl を勧める．

練習問題

6・1　次のイオン名を英語，日本語で示せ．

(1) H^+　(2) H^-　(3) N^+　(4) N^{3-}　(5) I_3^-　(6) HS^-

6・2　次の式を定比組成命名法により英語，日本語で命名せよ．

(1) S_2Cl_2　(2) N_2O_4　(3) NOCl　(4) $POCl_3$　(5) $Na[Mn(CO)_5]$

(6) $[Co(NH_3)_6]Cl(SO_4)$　(7) NH_4NO_2　(8) O_2Cl　(9) SiC

6・3　次の名称の化合物やイオンを化学式で書け．

(1) manganese dioxide　(2) sulfinyl dichloride

(3) potassium tetraoxidomanganate または potassium permanganate

(4) heptaoxidodichromate(2−)　(5) tetraoxidochromate(2−)

(6) chromium(Ⅵ) oxide　(7) chromium(Ⅲ) oxide

解　答

6・1 (1) hydrogen(1+)　水素(1+)　　または　　hydron　ヒドロン

(2) hydride(1−)　水素化物(1−)イオン　　または　　hydride　水素化物イオン

日本語でヒドリドは間違い．ヒドリドは配位子名（§7・4・1）または1，2族有機金属の金属原子についた水素原子（§7・8・2）の接頭語 hydrido の日本語としてのみ使う．

(3) nitrogen(1+)　窒素(1+)

(4) nitride(3−)　窒化物(3−)イオン　　または　　nitride　窒化物イオン

(5) triiodide(1−)　三ヨウ化物(1−)イオン

(6) sulfanide　スルファニドイオン　　または

hydridosulfate(1−)　ヒドリド硫酸(1−)イオン

6・2 (1) disulfur dichloride　二塩化二硫黄

(2) dinitrogen tetraoxide　四酸化二窒素

(3) nitrogen chloride oxide　塩化酸化窒素　　または

nitroso chloride　ニトロソクロリド

O=N−Cl 構造の分子なのでよく使われる慣用名 nitrosyl chloride は間違い．nitrosyl は配位子（窒素原子が結合）またはラジカルに使う名称である．

(4) phosphorus trichloride oxide　三塩化酸化リン　　または

phosphoryl trichloride　ホスホリルトリクロリド

まえがきの文献2無機化学命名法によれば三塩化ホスホリルである．一方，文献1有機化学命名法の酸ハロゲン化物の命名法（§4・7・3）によればホスホリルトリクロリドである．後者を勧めたい．

(5) sodium pentacarbonylmanganate(1−)　ペンタカルボニルマンガン酸(1−)ナトリウム

(6) hexaamminecobalt(3+)chloride sulfate　ヘキサアンミンコバルト(3+)塩化物硫酸塩

(7) azanium nitrite　亜硝酸アザニウム　　または

ammonium nitrite　亜硝酸アンモニウム

(8) dioxygen chloride　塩化二酸素

しばしば二酸化塩素とよばれるが間違った名称である．元素の電気陰性度順位から塩素が陰性，酸素が陽性として命名しなければならない．

(9) silicon carbide　炭化ケイ素

元素の電気陰性度順位において炭素が陰性，ケイ素が陽性

6・3 (1) MnO_2　　(2) $SOCl_2$　thionyl dichloride は旧名で間違いではないが勧められない（非許容）．SO_2Cl_2 は sulfonyl dichloride を勧めるが，sulfuryl dichloride，または sulfuryl chloride も認められる．

(3) $KMnO_4$　　(4) $Cr_2O_7^{2-}$　　(5) CrO_4^{2-}　　(6) CrO_3　　(7) Cr_2O_3

7

無機化学命名法 中級編

7・1 無機化合物の母体水素化物

7・1・1 母体水素化物

有機化合物の母体水素化物が炭素の骨格構造に水素が結合した化合物であるように，無機化合物の母体水素化物は母体となる元素の原子の骨格構造に水素が結合した化合物である．13 族から 17 族元素の**単核母体水素化物**とその名前を表 7・1 に示す．

表 7・1 単核母体水素化物

13 族	14 族	15 族	16 族	17 族
BH_3 borane ボラン	CH_4 methane メタン	NH_3 azane アザン	H_2O oxidane オキシダン	HF fluorane フルオラン
AlH_3 alumane アルマン	SiH_4 silane シラン	PH_3 phosphane ホスファン	H_2S sulfane スルファン	HCl chlorane クロラン
GaH_3 gallane ガラン	GeH_4 germane ゲルマン	AsH_3 arsane アルサン	H_2Se selane セラン	HBr bromane ブロマン
InH_3 indigane インジガン	SnH_4 stannane スタンナン	SbH_3 stibane スチバン	H_2Te tellane テラン	HI iodane ヨーダン
TlH_3 thallane タラン	PbH_4 plumbane プルンバン	BiH_3 bismuthane ビスムタン	H_2Po polane ポラン	HAt astatane アスタタン

methane メタンの体系的名称は carbane カルバンであるが，methane が一般に使われている．一方，以前使われていた phosphine，arsine，stibine，bismuthine はすべて認められなくなり，phosphane，arsane，stibane，bismuthane になっていることに注意する．

7・1・2 標準結合数と λ 方式

有機化合物の中心原子となる炭素の結合数は 4 であり，標準結合数と異なる有機化合物は少ない．炭素以外の元素については，表 7・1 に示す単核母体水素化物の水素の数が**標**

準結合数である．無機化合物には標準結合数でない化合物がしばしば現れる．そのような場合には**λ**（ラムダ）**方式**によって示す．非標準結合数の元素名の語幹の前にギリシャ文字λを置き，**非標準結合数**を**右上付き数字**で加え，ハイフンでつなぐ．

例：PH_5　λ^5-phosphane　　PH　λ^1-phosphane　　SH_6　λ^6-sulfane

7・1・3　同種鎖状多核母体水素化物

すべての骨格原子が標準結合数をとる同種原子の鎖状多核母体水素化物の名前は単核母体水素化物の名前の前に倍数接頭語 di，tri などを付ける．非標準結合数の骨格原子がある場合には，その位置番号とλ方式を名前の前に付ける．異なる原子価状態がある場合には，(1)非標準結合数をとる原子に，(2)結合数の大きい原子に小さい位置番号を付ける．

O，S，N などの母体水素化物の末端にそれぞれ -OH，-SH，$-NH_2$ などの置換基（§7・2・1）に該当するものがある場合には，置換命名法（§7・3）は適用せず，同種鎖状多核母体水素化物とみて命名する．

母体水素化物骨格に不飽和結合がある場合には，炭化水素の命名法と同様に飽和鎖状水素化物の語尾 ane を ene，diene，yne などに置き換え，その語尾の前に不飽和結合の位置番号をハイフン付きで付ける．

なお，炭素の水素化物は有機化学命名法（§4・4）で述べている．ホウ素の水素化物は構造が複雑なものがあり，本書の範囲を超えるので必要な場合には文献 2，15 を参照．

例）HOOH　　dioxidane（許容慣用名：hydrogen peroxide）
H_2NNH_2　　diazane（許容慣用名：hydrazine）
$H_3SiSiH_2SiH_2SiH_3$　　tetrasilane
$HSSH_4SH_4SH_2SH$　　$2\lambda^6,3\lambda^6,4\lambda^4$-pentasulfane（$2\lambda^4$，$3\lambda^6$，$4\lambda^6$ ではない）
HPbPbPbH　　$1\lambda^2,2\lambda^2,3\lambda^2$-triplumbane
HN＝NH　　diazene
$H_2NN{=}NNHNH_2$　　pentaaz-2-ene

7・1・4　同種環状母体水素化物

同種原子からなる単環水素化物の母体名称には次の 3 種類があり，優先度は決められていない．1 物質 1 名称が未整理な点である．

(1) Hantzsch-Widman（H-W）命名法

有機化合物の複素単環化合物（§4・4・3）で紹介した Hantzsch-Widman（H-W）命名法を無機化合物の単環母体水素化物の命名にも拡張して適用する．環の大きさと水素化状態を表す語幹（表 4・4）にヘテロ原子の名前を接頭語として付ける．ヘテロ原子の名前は表 4・3 を拡張した **“ア”接頭語**（**“a”語群**）を使う．母体水素化物において代表的な “ア”接頭語を表 7・2 に示す．“ア”接頭語（“a”語群）は 1 族から 18 族すべてに定められており，platinum なら platina，copper なら cupra である〔§6・1・2(3)〕．

§4・4・3の表4・4に示す環の水素化状態を示す“不飽和”はベンゼン環のような最多非集積二重結合環に限られる．中間的な水素化物は§5・1・1で説明した**hydro 接頭語**を使って命名する．しかし，その場合には母体水素化物とはならず，置換名をつくることができないことに注意する．また，互変異性があって**指示水素**（§4・4・3）が必要な場合には必ず明記する．

表7・2　代表的な“ア”接頭語†

13族	14族	15族	16族	17族
B bora ボ　ラ	C carba カルバ	N aza ア　ザ	O oxa オキサ	F fluora フルオラ
Al alumina アルミナ	Si sila シ　ラ	P phospha ホスファ	S thia チ　ア	Cl chlora クロラ
Ga galla ガ　ラ	Ge germa ゲルマ	As arsa アルサ	Se selena セレナ	Br broma ブロマ
In inda インダ	Sn stanna スタンナ	Sb stiba スチバ	Te tellura テルラ	I ioda ヨーダ
Tl thalla タ　ラ	Pb plumba プルンバ	Bi bisma ビスマ	Po polona ポロナ	At astata アスタタ

†　表7・1の母体水素化物と異なり，“ア”接頭語は13族から17族に限られず，すべての元素に決められている．§6・1・2(2)にいくつかの例を示す．

(2) 代置命名法

§5・1・3(2)で有機化合物については11員環より大きな複素単環化合物に代置命名法（“ア”命名法または“a”命名法）を適用することを説明したが，無機母体水素化物については環の大きさに関係なく代置命名法を適用できる．

(3) 接頭語シクロ法

飽和単環炭化水素の命名法（§4・5・3）と同じく，環の原子数に対応する直鎖水素化物の名称に接頭語 cyclo シクロを付ける方法である．

例：

```
HN — NH
 /     \
HN      NH
  \   /
    N
    H
```

(1) pentaazolidine　(penta＋aza＋olidine)
(2) pentaazacyclopentane　(penta＋aza＋cyclopentane)
(3) cyclopentaazane　(cyclo＋pentaazane)

```
  N = N
 /     \
HN      N
  \   //
    N
```

(1) 1*H*-pentaazole　(penta＋aza＋ole)
(2) pentaazacyclopenta-1,3-diene　(penta＋aza＋cyclopenta-1,3-diene)
(3) cyclopentaaza-1,3-diene　(cyclo＋pentaaza-1,3-diene)
位置番号が(1)と(2), (3)で異なることに注意（§5・4・8から考えよ）.

同種原子からなる多環水素化物の母体名称にも次の3種類があり，優先度は決められていない．

(1) Hantzsch-Widman（H-W）命名法による単環の縮合名

(2) 代置命名法

(3) 複素橋かけ環化合物命名法〔§5・2・2(3)〕

例：

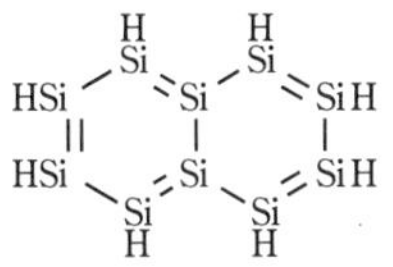

(1) hexasilinohexasiline
（単環は hexa＋sila＋ine から hexasiline，§5・2・1から縮合付随名は hexasilino）

(2) decasilanaphthalene　(deca＋sila＋naphthalene)

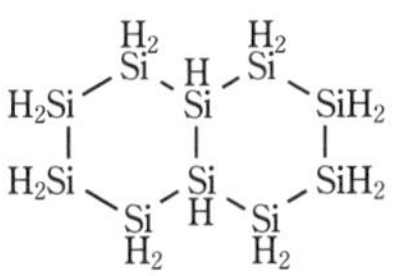

(1) decahydrohexasilinohexasiline
（hexasilinohexasiline の decahydro 体）

(2) decasiladecahydronaphthalene（deca＋sila＋decahydronaphthalene）

(3) bicyclo[4.4.0]decasilane　(decasilane を橋かけ構造に)

7・1・5　異種原子からなる鎖状母体水素化物

(1) 代置命名法（“ア”命名法または“a”命名法）

§5・1・3の有機化学命名法で説明した鎖状化合物に対する代置命名法と基本的には同じである．枝分かれのない鎖状の母体水素化物で，少なくとも四つの炭素原子がヘテロ原子（炭素原子以外の原子）で代置され，末端の炭素原子が残っているか，または15族のP，As，Sb，Bi，14族のSi，Ge，Sn，Pb，13族のB，Al，Ga，In，Tlで代置されている場合のみ，代置命名法を使うことができる．逆に末端が$-NH_2$，16族の-OH，-SHなどの有機化学命名法でおなじみの置換基でない場合と考えるとわかりやすい．

命名の手順は次の通りである．

① 代置命名法の使用条件を満たしているか否かを検討する．

② すべて炭素原子とみなして炭化水素として命名する．

③ 鎖中のヘテロ原子を“ア”接頭語（“a”接頭語ともよばれる）に置き換える．

④ “ア”接頭語は元素の電気陰性度順位（§6・1・3）の陰性のものを先にした順に並べる．

⑤ “ア”接頭語の位置番号は，番号の組合わせが小さくなるように骨格原子に番号を付けて決める．それでも同じなら不飽和部位が小さくなるようにする．

例1：$CH_3OCH_2OCH_2OSiH_2CH_2SCH_3$　　5,7,9-trioxa-2-thia-4-siladecane

鎖状母体水素化物，ヘテロ原子が5個，末端原子が炭素なので条件を満たす．ヘテロ原子を炭素原子に置き換えると炭素10なので母体炭化水素名はdecane．ヘテロ原子は陰性順にO＞S＞Siなので名前の並び方が決まる．左から番号を付けるとヘテロ原子の位置番号は2,4,6,7,9，右から番号を付けると同様に2,4,5,7,9なので，右からの番号付けと決まる．

例 2：$GeH_3CH_2OSiH_2OSiH_2GeH_3$　　3,5-dioxa-2,4-disila-1,7-germaheptane

鎖状，ヘテロ原子 6 個，末端が Ge で条件を満たす．陰性順に O>Si>Ge.

(2) 繰返し単位の鎖からなる水素化物の命名法

いずれも炭素，窒素でない原子で，元素の電気陰性度順位において A が陽，E が陰の場合に，A と E が交互に骨格を形成して$(AE)_nA$となる水素化物は次のように命名する．

① 元素 A の原子数（$n+1$）の倍数接頭語を決める．

② 元素 A と E の“ア”接頭語を，この順に並べる．E の名前が a か o で始まる場合には，A の名前の語尾 a は省略する．並べ方が(1)と逆なので注意する．

③ 全体の語尾 ne を付ける．

例：$SiH_2OSiH_2OSiH_2OSiH_3$　　tetrasiloxane

骨格構造は$(SiO)_3Si$で，O が Si より陰性．tetra + sila + oxa + ne から．

SiH_3SHSiH_3　　disilathiane

骨格構造は(SiS)Si で，S が Si より陰性．di + sila + thia + ne から．

7・1・6　異種原子からなる環状母体水素化物

(1) Hantzsch-Widman（H-W）命名法

§7・1・4 と同じであるが，複数のヘテロ原子の名前の順番は元素の電気陰性度順位（§6・1・3）の陰性のものを先にする．位置番号は，最も陰性の原子を 1 番とし，位置番号全体が小さくなるように環を回って付ける．

例：1)　（H_2Ge, H_2Si, SiH_2 の三員環）

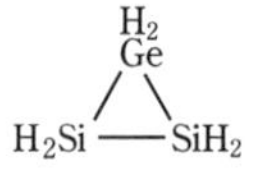

disilagermirane
（陰性度で Si>Ge から di+sila+germa+irane）

2)　（3 GeH_2, 1 HSi=2 SiH の三員環）

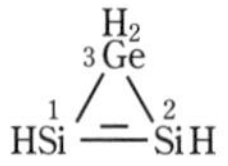

3*H*-1,2,3-disilagermirene
（陰性度で Si>Ge から di+sila+germa+irene）
（位置番号は陰性の Si から始めて Ge は 3 なので指示水素は 3H）

3)　（3 GeH=2 HSi, 1 SiH_2 の三員環）

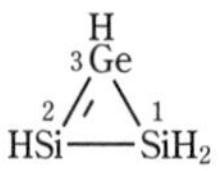

1*H*-1,2,3-disilagermirene
（指示水素が上記と異なることで不飽和結合位置が示される）

4)　（1 NH, 2 BH, 3 NH, 4 BH, 5 HN, 6 HB の六員環）

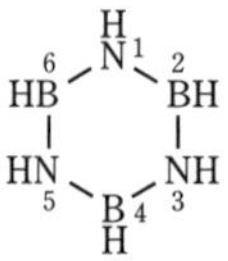

1,3,5,2,4,6-triazatriborinane
（陰性度で N>B，tri+aza+tri+bora+inane）

5)　（1 N, 2 PH_2, 3 N, 4 PH_2, 5 N, 6 H_2P の六員環）

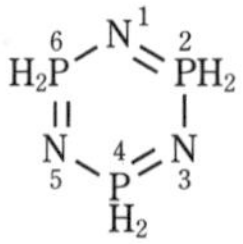

1,3,5,$2\lambda^5$,$4\lambda^5$,$6\lambda^5$-triazatriphosphinine
（陰性度で N>P，tri+aza+tri+phospha+inine）

(2) 代置命名法

§7・1・4と同じである．有機化学命名法に慣れた人にはわかりやすい命名法である．

(1)に示した例の代置命名法による名前を示すと次の例のようになる．

例：　1) disilagermacyclopropane　　2) disilagermacycloprop-1-ene

3) disilagermacycloprop-2-ene

陰性度でSi＞GeからSiが1,2,Geが3は自明であり，2-eneでSiとGe間に二重結合があることを示している

4) 1,3,5-triaza-2,4,6-triboracyclohexane

5) 1,3,5-triaza-2λ^5,4λ^5,6λ^5-triphosphacyclohexa-1,3,5-triene

(3) 繰返し単位からなる飽和環状水素化物の命名法

§7・1・5(2)では繰返し単位の鎖からなる鎖状水素化物の命名法を説明したが，飽和環状水素化物についても似た命名法がある．接頭語cycloシクロの後に繰返しの倍数接頭語，さらに“ア”接頭語でヘテロ原子名を並べ，語尾にaneを付ける．ヘテロ原子の並び順は，(1)，(2)と逆に元素の電気陰性度順位の陽性のものを先にする．

(1)の例4はcyclotriborazaneと命名できる．

陰性度でN＞B，BNの単位が3回繰返してcyclo + tri + bora + aza + ane.

7・2　母体水素化物から誘導される原子団，イオン

7・2・1　原子団（置換基）

炭化水素から誘導されるアルキル基と同様に，母体水素化物から水素原子が1個除かれてできる原子団の名前は，母体水素化物の名前の語尾eを除いてylを付ける．ただし，14族silane, germane, stannane, plumbaneは語尾aneを除いてylを付ける（methane → methylと同じ）．同様に母体水素化物の別々の骨格原子から水素原子が複数個除かれてできる2価，3価などの原子団は母体水素化物の名前にdiyl，triylなどを付ける．同一の骨格原子から水素が2個，3個除かれて，二重結合，三重結合が暗示される原子団は母体水素化物の名前の語尾eを除いてylidene，ylidyneを付ける．

例：NH_2-　azanyl（許容慣用名：amino）

-NH-　azanediyl

-N＜　azanetriyl（許容慣用名：nitrilo）

-N=　azanylylidene

N≡　azanylidyne

H_2NNH-　diazanyl

（許容慣用名：hydrazinyl）

-HNNH-　diazane-1,2-diyl

（許容慣用名：hydrazine-1,2-diyl）

-SH　sulfanyl（× thio）

-S-　sulfanediyl

=S　sulfanylidene

（許容慣用名：thioxo）

-SS-　disulfanediyl

PH_2-　phosphanyl

PH＜　phosphanediyl

HP=　phosphanylidene

P≡　phosphanylidyne

−OH　oxidanyl（許容慣用名：hydroxy）

−O−　許容慣用名：oxy（oxidanediyl は使わない）

O＝　許容慣用名：oxo（oxidanylidene は使わない）

7・2・2 陽イオン

母体水素化物に hydron（§6・5・1）を付加させて形式的に生成する陽イオンの名前は，母体水素化物の名前の語尾 e を除いて ium を付ける．ポリ陽イオンは母体水素化物の名前に diium などを付ける．

例：NH_4^+　azanium（許容慣用名：ammonium）

$N_2H_5^+$　diazanium（許容慣用名：hydrazinium）

$N_2H_6^{2+}$　diazanedium（許容慣用名：hydrazinedium）

H_3O^+　oxidanium（許容慣用名：oxonium）

CH_5^+　methanium

PH_4^+　phosphanium

SH_3^+　sulfanium

母体水素化物から hydride（§6・5・2）が失われて形式的に生成する陽イオンの名前は，母体水素化物の名前の語尾 e を除いて ylium を付ける．ただし，14 族の単核母体水素化物 silane，germane，stannane，plumbane は語尾 ane を除いて ylium をつける．しかし，これらの複核母体水素化物からの陽イオンは原則どおりなので注意する．

例：NH_2^+　azanylium アザニリウム　　PH_2^+　phosphanylium ホスファニリウム

SiH_3^+　silylium シリリウム　　$Si_2H_5^+$　disilanylium ジシラニリウム

7・2・3 陰イオン

(1) hydron が除かれて形式的に生成する陰イオン名は，母体水素化物名の語尾 e を除いて ide を付ける．日本語表記では字訳にイオンを付けること（§6・5・2）に注意．

例：NH_2^-　azanide アザニドイオン（許容慣用名：amide アミドイオン）

NH^{2-}　azanediide アザンジイドイオン（許容慣用名：imide イミドイオン）

H_2NNH^-　diazanide（許容慣用名：hydrazinide）

$^-HNNH^-$　diazane-1,2-diide（許容慣用名：hydrazine-1,2-diide）

SiH_3^-　silanide　　SH^-　sulfanide　　CH_3^-　methanide

OH^-　oxidanide オキシダニドイオン（許容慣用名：hydroxide 水酸化物イオン）

(2) hydride が付加して形式的に生成する陰イオン名は，母体水素化物名の語尾 e を除いて uide を付ける．

例：$[BH_4]^-$　boranuide ボラヌイドイオン

$[PH_4]^-$　phosphanuide　　$[PH_6]^-$　λ^5-phosphanuide

7・3 置換命名法

7・3・1 置換命名法の基本手順

置換命名法は有機化合物の命名法の基軸として用いられている方法である．無機化合物においても，母体水素化物の語幹に，母体水素化物の水素を置換する原子団（置換基）の名前を接頭語や接尾語にして命名する方法として用いられる．定比組成命名法（§6・6）に比べて，はるかに多くの構造情報を示すことが可能である．

しかし，母体水素化物は13族から17族の元素にだけ定められているので，無機化合物で置換命名法が適用できるのは，その範囲に限られる．§7・8・4で説明するが，13族から16族の有機金属化合物には置換命名法が適用される．

置換基は有機化学命名法の特性基と同様の接尾語（ol，thiol，one，carboxylic acid，amineなど）や接頭語（chloro，nitro，cyano，isocyano，amino，R-oxyなど）である．有機化学命名法の炭化水素基（methyl，phenylなど）や母体水素化物から誘導される置換基（§7・2・1）も使われる．枝分れした構造の命名は，有機化学命名法と同じく最も長い鎖を母体水素化物とし，それより短い鎖を置換基とする．構造によっては倍数命名法（§5・1・4）など有機化学命名法で説明した方法も使われる．

例：$Si(OH)_4$　silanetetraol

母体水素化物 SiH_4 silane の水素四つが OH 基に置換として命名．

ClOCl　dichlorooxidane

母体水素化物 H_2O oxidane の水素二つが Cl 基に置換したとして命名．

FClO　fluoro-λ^3-chloranone

構造が複雑な化合物であるが，母体水素化物は H_3Cl で λ^3-chlorane である．この水素原子にFと=Oが置換した．Fは接頭語，=Oは接尾語として命名．

$[Ga\{OS(O)CH_3\}_3]$　tris（methanesulfinyloxy）gallane

母体水素化物は GaH_3 gallane で，$CH_3S(O)O$ 基は $CH_3S(O)$ 基（methanesulfinyl）とO基（oxy）の複合置換基（§4・6・5）になる．

$Al(C_2H_5)_3$　triethylalumane　　$Al(C_2H_5)_2Cl$　chloro(diethyl)alumane

いずれもチーグラー・ナッタ触媒原料として有名

$Pb(C_2H_5)_4$　tetraethylplumbane

1920年代に発明され，1980年代頃まで使われたガソリンオクタン価向上剤

異種のヘテロ原子からなり，母体水素化物の選択に迷う場合には，次の優先順位により先にある元素の水素化物に基づいて名称を決め，他は置換基とする．この優先順位は§4・1・2の表4・1の表注に示した“化合物の種類における元素の優先順位”と基本的には同じ（炭素の後にハロゲン元素が続く点を追加）である．

15族（N＞P＞As＞Sb＞Bi）＞炭素以外の14族（Si＞Ge＞Sn＞Pb）＞13族（B＞Al＞Ga＞In＞Tl）＞16族（O＞S＞Se＞Te）＞炭素C＞17族（F＞Cl＞Br＞I）

なお，次の2点には注意する．

(1) この優先順位は複素環同士の母体優先順位の選択基準（§5・4・4）とも，電気陰性度順位（§6・1・3）とも異なる．

(2) NH_2 が主特性基（§4・6・2）となる場合には母体ではなく接尾語 amine として表示する．

例：$GeH(SCH_3)_3$　tris(methylsulfanyl)germane（Ge>S>C による）

$GeCl_3SiCl_3$　trichloro(trichlorogermyl)silane（Si>Ge>Cl による）

$CH_3P(H)SiH_3$　methyl(silyl)phosphane（P>Si>C による）

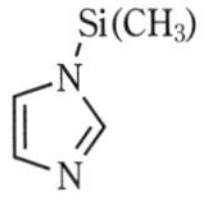

1-(trimethylsilyl)-1*H*-imidazole（N>Si>C による）

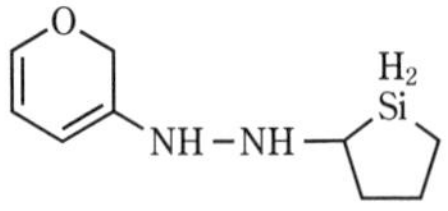

1-(2*H*-pyran-3-yl)-2-(silolan-2-yl)hydrazine（N>Si>O>C による）
置換基はアルファベット順に並べ，位置番号もその順．

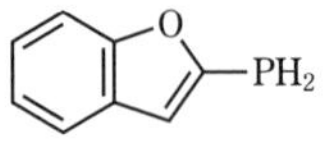

(1-benzofuran-2-yl)phosphane（P>O>C による）

SiH_3NH_2　silanamine（NH_2 を接尾語と考え，methanamine と同様に命名する．N>Si だからといって silylazane としない．

$(CH_3)_2SiNH_2$　1,1,1-trimethylsilanamine

$TlH_2OOOTlH_2$　trioxidanediylbis(thallane)（倍数命名法による）

$(CH_3)_3SiSeSi(CH_3)_3$　selanediylbis(trimethylsilane)（倍数命名法による）

7・3・2 置換イオン

母体水素化物から誘導されるイオンの水素に置換基が置き換わった置換イオンの名前は，母体水素化物から誘導されるイオン名（§7・2）に適当な置換接頭語を付ける．

例：$[NF_4]^+$　tetrafluoroazanium（許容慣用名：tetrafluoroammonium）
azanium または ammonium の四つの水素がフッ素基に置換．

$[CH_3OH_2]^+$　methyloxidanium（許容慣用名：methyloxonium）
oxidanium または oxonium の水素一つが methyl 基に置換．

$[ClPHPH_3]^+$　2-chlorodiphosphan-1-ium
diphosphanium$PH_2PH_3^+$の 2 位のリン原子につく水素が一つ塩素基に置換．

$SnCl_3^-$　trichlorostannanide〔trichlorostannate(1−)（付)〕

$[BH_3CN]^-$　cyanoboranuide〔cyanidotrihydridoborate(1−)（付)〕
boranuide $[BH_4]^-$の水素一つが CN 基に置換．

$[PF_6]^-$　hexafluoro-λ^5-phosphanuide〔hexafluoridophosphate(1−)（付)〕

CH_3PH^- methylphosphanide

CH_3NH^- methylazanide（許容慣用名：methylamide）

azanide または amide NH_2^-の水素一つが methyl 基に置換．有機化学命名法では炭素を骨格原子と捉え，methanamine（PIN）から hydron が除かれたと考えるので methanaminide となる．

7・3・3 置換基から誘導される置換基（複合置換基）

置換基（§6・7，§7・2・1）にさらに置換基が導入された置換原子団は複合置換基として命名する．

例：HONH− hydroxyamino

NH_2O− aminooxy

−NHCl chloroamino

$-OS(O)_2(OH)$ sulfooxy または hydoxysulfonyloxy

−NHSSeH (selanylsulfanyl)amino

$-SiH_2-SiH_2-CH_2-SiH_2-SiH_2-$ methylenebis(disilane-2,1-diyl)

7・4 付加命名法

§6・4で述べたように付加命名法は，化合物を**配位化合物**（**錯体**）とみなし，**中心原子**に他の原子や原子団（これらを**配位子**とよぶ）が付加している構造からなると考えて命名する方法である．置換命名法と同様に多くの構造情報を示すことが可能である．しかも置換命名法と異なり，すべての族の元素を対象にすることができる．以下，§7・4から§7・7のすべておよび§7・8の大部分は付加命名法に関する説明である．

7・4・1 付加命名法の基本手順

(1) 命名手順の概要

付加命名法は，中心原子の名前の前に，接頭語として配位子の名前をアルファベット順に並べる．同じ配位子が複数ある場合には倍数接頭語を付けるが，倍数接頭語は配位子のアルファベット順に影響しない．単純な配位子を除き，原則として配位子を表す接頭語は括弧で囲んで明確に示す．

(2) 中心原子

配位化合物が中性または陽イオンの場合，中心原子の名称は元素名を使う．配位化合物が陰イオンの場合，中心原子の名前の語尾を ate とする．

中心原子は水素原子を対象にしない．金属原子がある場合には，これを選択する．一義的に決まらない場合には，元素の電気陰性度順位（§6・1・3）の最も陽性の元素を選ぶ．中心原子が2個以上あると考えられる場合には**複核**または**多核化合物**として命名する．

(3) 配位子

配位子には中性，陽イオン性，陰イオン性のものがあるが，通常は陰イオン性として扱い，陰イオンを表す語尾 ide イド，ate（ア）ート（§6・5・2）を ido イド，ato アトに置き換える．

例：H^- hydrido　Cl^- chlorido　O^{2-} oxido　S^{2-} sulfido
N^{3-} nitrido　P^{3-} phosphido　OH^- hydroxido　CN^- cyanido
NO_2^- nitrito ニトリト または dioxidonitrato(1−) ジオキシドニトラト(−1)
$[CH_3COCHCOCH_3]^-$ acethylacetonato（慣）アセチルアセトナト（略号 acac）

有機配位子を含め，中性および陽イオン性配位子の名前は次の例外を除いて，元の中性分子，陽イオンの名前と同じである．炭化水素基〔methyl（略号 Me），ethyl（略号 Et），cyclohexyl（略号 Cy），phenyl（略号 Ph），cyclopentadienyl（略号 Cp）など〕は中性とみなして yl で終わる置換名称のまま使われる．決められている配位子の略号は化学式の中で使うことが可能である．多くの略号は小文字であるが，炭化水素基など一部に大文字を併用するものがあるので注意する．

例外：水 H_2O aqua アクア　アンモニア NH_3 ammine アンミン
炭素によって中心原子に結合する一酸化炭素 CO carbonyl
窒素によって中心原子に結合する一酸化窒素 NO nitrosyl

例：CH_3NH_2 methanamine
$H_2NCH_2CH_2NH_2$ ethane-1,2-diamine（略号 en）
C_5H_5N pyridine（略号 py）
$P(C_6H_5)_3$ triphenylphosphane

(4) 電荷数，酸化数

配位化合物全体の電荷は，配位化合物の名前の後（配位化合物名の最後に中心原子名が来るので，その後）に丸括弧付きで電荷数とプラスマイナス記号を付ける．

酸化数は，中心原子の酸化状態が明確に定義できるときにのみ使う．中心原子の名前の後または陰イオンの場合は中心原子の酸名（ate）の後に丸括弧付きで酸化数をローマ数字で付ける（§7・4・2 の最後の例参照）．酸化数がマイナスならローマ数字の前に負符号を付け，酸化数ゼロならアラビア数字のゼロを書く．

7・4・2 単核化合物

§7・4・1 で述べた手順によって単核化合物は次の例に示すように簡単に付加命名法で命名できる．最初の 5 例は，§7・3・1“置換命名法の基本手順”で例示した化合物である．

例：$Si(OH)_4$ tetrahydroxidosilicone（付）テトラヒドロキシドケイ素
silanetetraol（置）シランテトラオール

中心原子 Si に四つの OH^- が付加していると考え，許容慣用名の hydroxide から hydroxido が導かれる．

$ClOCl$ dichloridooxygen（付）ジクロリド酸素

dichlorooxidane（置）ジクロロオキシダン

O が Cl より陽性なので中心原子を O とし，二つの Cl が付加したと考える．

$FClO$ fluoridooxidochlorine（付）フルオリドオキシド塩素

fluoro-λ^3-chloranone（置）フルオロ-λ^3-クロラノン

O が F，Cl より陽性であるが，分子構造から中心原子を Cl とし，F と O が配位していることを表す．

$[Ga\{OS(O)CH_3\}_3]$ tris(methanesulfinato)gallium（付）

トリス(メタンスルフィナト)ガリウム

tris(methanesulfinyloxy)gallane（置）

トリス(メタンスルフィニルオキシ)ガラン

中心原子は Ga，$CH_3S(O)OH$ が methanesulfinic acid なので陰イオン名は methanesulfinate であり，これから配位子名 methanesulfinato が導かれる．

$CH_3P(H)SiH_3$ trihydrido(methylphosphanido)silicon（付）

トリヒドリド(メチルホスファニド)ケイ素

methyl(silyl)phosphane（置）

メチル(シリル)ホスファン

Si が P より陽性なので中心原子を Si とし，PH_3 phosphane から誘導された陰イオン名 methylphosphanide（§7・3・4）から配位子名が導かれる．付加命名法の中心原子と置換命名法の母体水素化物の捉え方の違いに注意．

$[Al(OH_2)_6]^{3+}$ hexaaquaaluminium(3+)（付）

ヘキサアクアアルミニウム(3+)

水が配位子で，陽イオンと電荷数を示す例．

$[Sb(OH)_6]^-$ hexahydroxidoantimonate(1−)（付）

ヘキサヒドロキシドアンチモン酸(1−)イオン

hexahydroxidoanimonate(V)（付）

ヘキサヒドロキシドアンチモン(V)酸イオン

hexahydroxy-λ^5-stibanuide（置）

ヘキサヒドロキシ-λ^5-スチバヌイドイオン

陰イオンと電荷数または酸化数を示す例．

7・4・3 多核化合物

中心原子が複数存在する多核化合物で，中心原子間に結合がある場合の付加命名法は単核化合物の名称に加えて**中心原子間の結合**を示す記号を付け加える．すなわち中心原子の名前に適当な倍数接頭語を付けるとともに，その後に丸括弧付きで中心原子の元素記号をイタリック体で並べ，全角ダッシュで結ぶ．中心原子間の同種の結合が複数ある場合には全角ダッシュで結ぶイタリック体の元素記号の前にアラビア数字+1文字分のスペースを加える．

例：$[(CH_3)_3PbPb(CH_3)_3]$　hexamethyldilead(*Pb*－*Pb*)（付）
ヘキサメチル二鉛(*Pb*－*Pb*)
hexamethyldiplumbane（置）
ヘキサメチルジプルンバン

NCCN　dinitoridodicarbon(*C*－*C*)（付）ジニトリド二炭素(*C*－*C*)
bis(nitridocarbon)(*C*－*C*)（付）ビス(ニトリド炭素)(*C*－*C*)
oxalonitrile（有機化学命名法 PIN）　ethanedinitrile（GIN）
dicyan（慣用名）　cyanogen（慣用名）

有機化学命名法で oxalic acid（PIN の保存名）から oxalonitrile が PIN になる．

$Cl_3SiSiCl_2SiCl_2SiCl_3$　decachloridotetrasilicon(3 *Si*－*Si*)（付）
デカクロリド四ケイ素(3 *Si*－*Si*)
decachlorotetrasilane（置）デカクロロテトラシラン

複雑な多核化合物はκ方式（§7・5・2），μ方式（§7・6・1）を使って表すことができる．ここでは例を示すに止め，説明を省略する．なお，中心原子が異なる場合には最も陽性（§6・1・3）の中心原子に番号1を与える．

例：$FMe_2SiSiBrMeSiMe_3$　bromido-2κ*Br*-fluorido-1κ*F*-hexamethyltrisilicon(2 *Si*—*Si*)

$[O_3\overset{1}{P}O\overset{2}{S}O_3]^{2-}$　μ-oxido-hexaoxido-1κ^3*O*,2κ^3*O*-(phosphorussulfur)ate(2－)

（構造式：$(CH_3)_3$Sn（1）–チオフェン–Bi（2）(Et)(CH_3)）　ethyl-2κ*C*-tetramethyl-1κ^3*C*,2κ*C*-μ-thiophene-2,5-diyl-tinbismuth

$Me_3SiSeSiMe_3$　μ-selenido-bis(trimethylsilicon)　または
hexamethyl-1κ^3*C*,2κ^3*C*-disiliconselenium(2 *Si*－*Si*)

7・4・4 無　機　酸

無機酸は古くから知られ，利用されてきた無機化合物である．数次にわたる IUPAC 命名法の改訂によって多くの慣用名（ピロリン酸，重炭酸など）が整理，廃止されてきたが，それでも多くの慣用名が今なお許容されている．

無機酸の分類にはさまざまな意見があり正確なものではないが，オキソ酸（酸素酸，中心原子に酸化物イオン O^{2-} や水酸化物イオン OH^- が配位と考えられる酸），水素酸，オキソ酸の O^{2-} を S^{2-} で置換したチオ酸，オキソ酸の OH^- を F^-，Cl^- などで置換したハロゲノ酸，NH_2^- で置換したアミド酸，CN^- で置換したシアノ酸，オキソ酸などが縮合した形のポリ酸などに整理されてきた．

たとえば水素酸には HCl，HCN がある．チオ酸には H_2CS_3 すなわち $C(S)(SH)_2$，$H_2S_2O_3$ すなわち $S(O)(S)(OH)_2$，ハロゲノ酸には $H[PF_6]$，$P(O)Cl_3$，$S(O)_2Cl_2$，アミド酸には $P(O)(OH)_2(NH_2)$，$N(O)_2(NH_2)$，シアノ酸には $H_4[Fe(CN)_6]$ などがある．

表7・3　主要なオキソ酸の構造と名前

化学式	構造式	許容慣用名	体系的付加名
H_2SO_4	$SO_2(OH)_2$	sulfuric acid　硫酸	dihydroxidodioxidosulfur
H_2SO_3	$SO(OH)_2$	sulfurous acid　亜硫酸	dihydroxidooxidosulfur
H_2SO_3	$HSO_2(OH)$ †1	sulfonic acid　スルホン酸	hydridohydroxidodioxidosulfur
H_2SO_2	$HSO(OH)$ †1	sulfinic acid　スルフィン酸	hydridohydroxidooxidosulfur
$H_2S_2O_7$	$(HO)S(O)_2OS(O)_2(OH)$	disulfuric acid　二硫酸	μ-oxido-bis(hydroxidodioxidosulfur)
$H_2S_2O_6$	$(HO)(O)_2SS(O)_2(OH)$	dithionic acid　ジチオン酸	bis(hydroxidodioxidosulfur)(*S*−*S*)
HNO_3	$NO_2(OH)$	nitric acid　硝酸	hydroxidodioxidonitrogen
HNO_2	$NO(OH)$	nitrous acid　亜硝酸	hydroxidooxidonitrogen
H_3PO_4	$PO(OH)_3$	phosphoric acid　リン酸	trihydroxidooxidophosphorus
H_3PO_3	$P(OH)_3$	phosphorous acid　亜リン酸	trihydroxidophosphorus
H_2PHO_3	$HPO(OH)_2$ †1	phosphonic acid　ホスホン酸	hydridodihydroxidooxidophosphorus
H_2PHO_2	$HP(OH)_2$ †1	phosphonous acid　亜ホスホン酸	hydridodihydroxidophosphorus
HPH_2O_2	$H_2PO(OH)$ †1	phosphinic acid　ホスフィン酸	dihydridohydroxidooxidophosphorus
HPH_2O	$H_2P(OH)$ †1	phosphinous acid　亜ホスフィン酸	dihydridohydroxidophosphorus
$H_4P_2O_7$	$(HO)_2P(O)OP(O)(OH)_2$	diphosphoric acid　二リン酸	μ-oxido-bis(dihydroxidooxidophosphorus)
$(HPO_3)_n$	$-(-P(O)(OH)O-)_n-$	metaphosphoric acid　メタリン酸	*catena*-poly[hydroxidooxidophosphorus-μ-oxido] †2
$H_4P_2O_6$	$(HO)_2P(O)P(O)(OH)_2$	hypodiphosphoric acid　次二リン酸	bis(dihydroxidooxidophosphorus)(*P*−*P*)
H_2CO_3	$CO(OH)_2$	carbonic acid　炭酸	dihydroxidooxidocarbon
HOCN	C(N)OH	cyanic acid　シアン酸	hydroxidonitridocarbon
HNCO	C(NH)O	isocyanic acid　イソシアン酸	(azanediido)oxidocarbon
$HClO_3$	$ClO_2(OH)$	chloric acid　塩素酸	hydroxidodioxidochlorine
$HClO_4$	$ClO_3(OH)$	perchloric acid　過塩素酸	hydroxidotrioxidochlorine
$HClO_2$	ClO(OH)	chlorous acid　亜塩素酸	hydroxidooxidochlorine
HClO	O(H)Cl	hypochlorous acid　次亜塩素酸	chloridohydridooxygen
$HBrO_3$	$BrO_2(OH)$	bromic acid　臭素酸	hydroxidodioxidobromine
HIO_3	$IO_2(OH)$	iodic acid　ヨウ素酸	hydroxidodioxidoiodine
H_3BO_3	$B(OH)_3$	boric acid　ホウ酸	trihydroxidoboron
H_4SiO_4	$Si(OH)_4$	silicic acid　ケイ酸	tetrahydroxidosilicon

†1　構造式でスルホン酸，ホスホン酸などSやPの前に書かれた水素は陰性で炭化水素基などに置換して有機酸をつくる．
†2　*catena* は直鎖状を表す接頭語．

オキソ酸のうち最も古くから知られてきたものに-ic acid（～酸）の名前を与え，それより酸化数の低いものに-ous acid（亜～酸），hypo- -ous acid（次亜～酸）を，酸化数の高いものにper- -ic acid（過～酸）の名前を付けるという体系化が行われてきた．慣用陰イオン名（表6・3）に-ate（～酸イオン），-ite（亜～酸イオン）の名前があるのも，この体系化に由来している．しかし，無機酸の名前は非常に煩雑であり，名前から構造を考えることは難しい．

付加命名法は無機酸，特にオキソ酸に対して構造に対応した体系的名称を与えることができる．代表的な無機酸の体系的付加名称を表7・3に示す．現状ではまだ付加命名法による無機酸の体系的な名前が使われることは少ないが，煩雑な無機酸の名前を整理する可能性を秘めた方法である．

オキソ酸の=O または-OH を置換したチオ酸，ハロゲノ酸，アミド酸，シアノ酸は，表7・4に示す官能基代置命名法によって慣用名をつくることができる．代表的なオキソ酸誘導体について表7・5に許容慣用名，官能基代置名（許容慣用名），体系的付加名を示す．

表7・4　オキソ酸置換誘導体の官能基代置名をつくる挿入語，接頭語

代置操作	接頭語	挿入語
O† → OO	peroxy	peroxo
O† → S	thio	thio
O† → Se	seleno	seleno
O† → Te	telluro	telluro
OH → F	fluoro	fluorid(o)
OH → Cl	chloro	chlorid(o)
OH → Br	bromo	bromid(o)
OH → I	iodo	iodid(o)
OH → NH_2	amid(o)	amid(o)
OH → CN	cyano	cyanid(o)

†　O はオキソ酸の=O または-OH の O.

7・5　簡単な構造の錯体の付加命名法

付加命名法は錯体の命名法から発展し，複雑な構造まで表現できるほどになった．§7・5～§7・8は錯体を中心に説明する．§7・9では有機金属化合物にも付加命名法が有用であることを説明する．

7・5・1　単核錯体の化学式と付加名称

(1) 錯体の化学式

錯体の化学式は次の順序で示し，錯体全体を電荷の有無にかかわらず角括弧 [ ] で囲む．

表７・５　主要なオキソ酸とその誘導体の構造と名前

化学式	構造式	慣用名または組成名	官能基代置名	体系的付加名
HNO_3	$NO_2(OH)$	nitric acid　硝酸		hydroxidodioxidonitrogen
HNO_4	$NO_2(OOH)$	peroxynitric acid ペルオキシ硝酸	peroxynitric acid	(dioxidanido)dioxidonitrogen
NO_2NH_2	$NO_2(NH_2)$	nitoroamine（非許容），nitramide	nitric amide 硝酸アミド	amidodioxidonitrogen
HNO_2	$NO(OH)$	nitrous acid　亜硝酸		hydroxidooxidonitrogen
$NONH_2$	$NO(NH_2)$	nitrosamine（非許容）ニトロソアミン	nitrous amide	amidooxidonitrogen
H_3PO_4	$PO(OH)_3$	phosphoric acid　リン酸		trihydroxidooxidophosphorus
$POCl_3$	$POCl_3$	phosphoryl chloride（非許容） phosphorus oxychloride（非許容）	phosphoryl trichloride[†1] ホスホリルトリクロリド	trichloridooxidophosphorus
H_2SO_4	$SO_2(OH)_2$	sulfuric acid　硫酸		dihydroxidodioxidosulfur
$H_2S_2O_3$	$SO(OH)_2S$	thiosulfuric acid チオ硫酸	sulfurothioic *O*−acid	dihydroxidooxidosulfidosulfur
$H_2S_2O_3$	$SO_2(OH)(SH)$	thiosulfuric acid チオ硫酸	sulfurothioic *S*−acid	hydroxidodioxidosulfanidosulfur
HSO_4Cl	$SO_2(OH)Cl$	chlorosulfuric acid	chlorosulfuric acid	chloridohydroxidodioxidosulfur
SO_2Cl_2	SO_2Cl_2	sulfuryl chloride（非許容）	sulfuryl dichloride[†1]	dichloridodioxidosulfur
HSO_3NH_2	$SO_2(NH_2)(OH)$	sulfamic acid スルファミン酸	sulfuramidic acid	amidohydroxidodioxidosulfur
$SO_2(NH_2)_2$	$SO_2(NH_2)_2$	sulfamide（非許容）スルファミド	sulfuric diamide	diamidodioxidosulfur
H_2SO_3	$SO(OH)_2$	sulfurous acid　亜硫酸		dihydroxidooxidosulfur
$SOCl_2$	$SOCl_2$	sulfur dichloride oxide thionyl chloride（非許容）塩化チオニル	sulfurous dichloride[†2] 亜硫酸ジクロリド	dichloridooxidosulfur
HOCN	NC−OH	cyanic acid　シアン酸		hydroxidonitridocarbon
HSCN	NC−SH	thiocyanic acid チオシアン酸	thiocyanic acid	nitridosulfanidocarbon
HNCO	C(NH)O	isocyanic acid　イソシアン酸		(azanediido)oxidocarbon
HNCS	C(NH)S	isothiocyanic acid	isothiocyanic acid	(azanediido)sulfidocarbon

†１　官能基代置名でなく，酸ハロゲン化物の官能種類名（§4・7・3）.

†２　有機化学命名法の酸ハロゲン化物の方法なら sulfinyl dichloride スルフィニルジクロリド.

1）中心原子の元素記号
2）配位子の記号（化学式，略号または頭字語）をアルファベット順に並べる．1文字からなる元素記号は2文字からなる元素記号より優先されるので，COとClが並ぶ場合にはアルファベット1文字のCが2文字のClより優先され，COがClより先になる．炭化水素基のmethyl基はMe，ethyl基はEt，アシル基のacetylはAc，ピリジンはpyなど名前からわかりやすい略号が使われる（§7・4・1(3)）．
3）配位子のうち，直接に中心原子に結合している原子を**配位原子**（または**供与原子**）とよぶ．配位原子（供与原子）が中心原子に近くなるように表記する．たとえばOH_2のように書く．
4）電荷をもつ錯体は角括弧の外側右上に数字とプラスマイナス記号を付ける．中心原子の酸化数を示す場合はローマ数字を中心原子の元素記号の右上に付ける．

例：	
$Na[PtBrCl(NH_3)(NO_2)]$	配位子記号をアルファベット順に並べる．
$[Co(edta)(OH_2)]^-$	配位子略号も含めてアルファベット順に．
$[CuCl_2[O{=}C(NH_2)_2]_2]$	尿素の酸素原子が配位原子．
$[PtCl_6]^{2-}$　$[Pt^{IV}Cl_6]^{2-}$	イオンの電荷，中心原子の酸化数を明記する例．
$[Cr^{III}Cl_3(OH_2)_3]$	電荷ゼロの錯体の例．
$[Fe^{-II}(CO)_4]^{2-}$	珍しい負の酸化数の中心原子をもつ錯体の例．

(2) 多座配位子

多座配位子は複数の潜在的な配位原子をもつ配位子で，配位原子の数により2座，3座などとよばれる．多座配位子が中心原子に配位することによって形成される環構造をキレート環とよび，このような配位を**キレート配位**という．キレート（chelate）の本来の意味はカニのはさみである．多座配位子は必ずキレート環を形成するわけではなく，**単座配位**となることや，複数の金属原子に単座配位して架橋する**架橋配位**になることもある．

主要な多座配位子の略号と体系名を表7・6に示す．有機化合物命名法の練習のために体系名から構造式を書いてみるとよい．配位子の数は多く，すべてを示すことは不可能なので文献2の付表Ⅶを参照．文献2の付表Ⅷには構造式（展開式）も示されている．また新しい略号をつくる際のルールについては文献2のIR-4.4.4を参照．

(3) 単核錯体の名称

単核錯体は§7・4で説明した付加命名法により命名できる．配位子の名前の順序はアルファベット順なので，化学式の順序と異なることがある．化学式と違って名前を角括弧で囲む必要はない．

例：$[CoCl(NH_3)_5]Cl_2$　　pentaamminechloridocobalt(2+) chloride
　　　　　　　　　　ペンタアンミンクロリドコバルト(2+)塩化物

$K_4[Fe^{II}(CN)_6]$ potassium hexacyanidoferrate(Ⅱ)
ヘキサシアニド鉄(Ⅱ)酸カリウム

$K_4[Fe(CN)_6]$ potassium hexacyanidoferrate(4−)
tetrapotassium hexacyanidoferrate

錯体の中心原子の酸化数を示す名前，錯体全体の電荷数を示す名前，イオンの数をすべて明記する名前がありうる．1物質1名称からはほど遠い．

$[PtCl_6]^{2-}$ hexachloridoplatinate(2−)
ヘキサクロリド白金酸イオン(2−)

表7・6 主要な多座配位子の略号

略　号	体 系 名	略号の由来の慣用名
acac	2,4-dioxopentan-3-ido	acetylacetonato
ala	2-aminopropanoato	alaninato
ama	2-aminopropanedioate	aminomalonato
[14]aneN_4	1,4,8,11-tetraazacyclotetradecane	
[12]aneS_4	1,4,7,10-tetrathiacyclododecane	
binap	(1,1′-binaphthalene-2,2′-diyl) bis (diphenylphosphane)	
bn	butane-2,3-diamine	
bpy	2,2′-bipyridine	
cod	cycloocta-1,5-diene	
Cp	cyclopentadienyl	
18-crown-6	1,4,7,10,13,16-hexaoxacyclooctadecane	
dien	*N*-(2-aminoethyl)ethane-1,2-diamine	diethylenetriamine
dppe	ethane-1,2-diylbis(diphenylphosphane)	1,2-bis(diphenylphosphino)ethane
edta	2,2′,2′′,2′′′-(ethane-1,2-diyldinitrilo) tetraacetato	ethylenediaminetetraacetato
male	(*Z*)-butenedioato	maleato
malo	propanedioato	malonato
pc	phthalocyanine-29,31-diido	
tren	*N*,*N*-bis(2-aminoethyl)ethane-1,2-diamine	tris(2-aminoethyl)amine
trien	*N*,*N*′-bis(2-aminoethyl)ethane-1,2-diamine	triethylenetetramine

7・5・2 κ 方 式

中心原子に一つの原子でしか結合できない配位子は問題ないが，複数の原子からなる配位子では，どの原子が中心原子と結合しているのか，すなわち配位原子になっているのかを明示する必要が生じる．このような場合，化学式では直線式（§6・3・5）で構造を示すことは不可能であり，展開式（§6・3・5）で示すことになる．一方，命名法は **κ**（カッパ）**方式**で示すことができる．配位子名の中で配位原子が見いだされる環，鎖，置換基の名前の後にハイフン＋ギリシャ文字 κ を置き，その後に配位原子の元素記号をイタリック体で示す．二つ以上の同一の配位子あるいは多座配位子の複数部分が中心原子に結合する場合には κ に**右上付き数字**を付けて配位原子の数を示す．ただし bis 表示で複数であることが示される場合には右上付き数字が不要になるので注意する．

例 1:

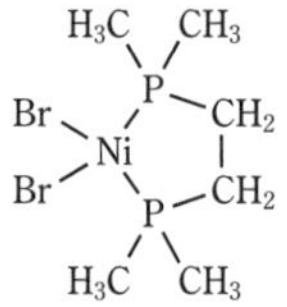

H_3C　CH_3
P　CH_2
Br　Ni
Br　P　CH_2
H_3C　CH_3

dibromido[ethane-1,2-diylbis(dimethylphosphane-*κP*)]nickel

中心原子 2 価のニッケルに臭素陰イオン 2 個と中性分子の P 原子 2 個の合計 4 個が配位している。κ*P* が bis の中に入っていることに注意

例 2:

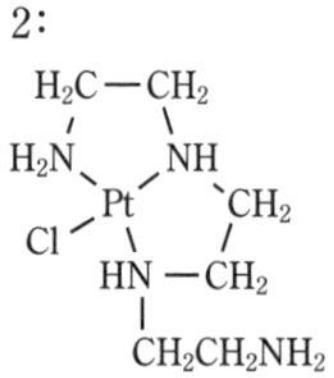

H_2C — CH_2
H_2N　NH
Pt　CH_2
Cl　HN — CH_2
$CH_2CH_2NH_2$

[*N*-(2-amino-κ*N*-ethyl)-*N*′-(2-aminoethyl)ethane-1,2-diamine-κ^2*N*,*N*′]chloridoplatinum

ethane-1,2-diamine の両末端のアミノ基の水素が 2-aminoethyl に一つずつ置換されているので配位子は *N*,*N*′-bis(2-aminoethyl)ethane-1,2-diamine と命名される．中心原子の白金原子に配位する N 原子は，ethane-1,2-diamine の両末端の N 原子と，N 置換 2-aminoethyl 基の 1 個の N 原子だけなので，配位原子 N が入っている置換基 amine の名前の後に κ*N* と κ^2*N*,*N*′を置いている．*N*′-(2-aminoethyl)の N 原子は配位していないので書き分けて *κ* を置いていない．この書き分けのため，配位子を倍数命名法で表示していない点にも注目．

例 3:

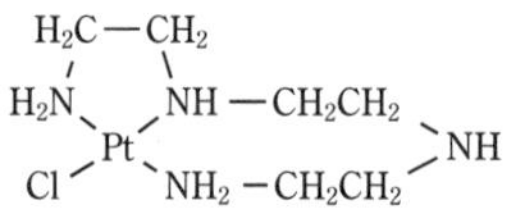

H_2C — CH_2
H_2N　NH — CH_2CH_2
Pt　NH
Cl　NH_2 — CH_2CH_2

[*N*,*N*′-bis(2-amino-κ*N*-ethyl)ethane-1,2-diamine-κ*N*]chloridoplatinum

前記の例と同じ配位子であるが，N 置換 2-aminoethyl 基の 2 個の N 原子が配位する一方，ethane-1,2-diamine 部分の N 原子 1 個だけが配位していることを書き分けている．

例 4:

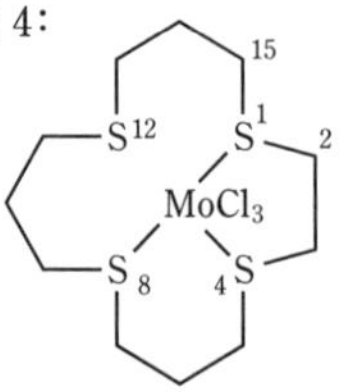

15
S^{12}　S^1　2
$MoCl_3$
S_8　$_4S$

trichlorido(1,4,8,12-tetrathiacyclopentadecane-κ^{3}S^1,S^4,S^8)molybdenum

κ^3 で四つの S 原子のうち三つが配位していることを示し，S^1,S^4,S^8 で，どの S 原子か指定している．S^{1,4,8} と書くことも可能である

7・6　複雑な構造の錯体の付加命名法

中心原子が複数の錯体を**多核錯体**といい，中心原子の数によって**複核錯体**，3 核錯体などとよぶ．

7・6・1　架橋錯体と μ 方式

2 個以上の別々の中心原子に配位子が同時に結合している錯体を**架橋錯体**といい，そのような配位子を**架橋配位子**とよぶ．

架橋錯体の化学式と命名法は **μ**（ミュー）**方式**による．化学式（構造式）を展開式

(§6・3・5) で書けば問題なく表示できるが，直線式 (§6・3・5) でも表示できる．架橋配位子の前にギリシャ文字 μ とハイフンを置き丸括弧で囲む．同じ種類の非架橋配位子がある場合には，非架橋配位子を書いた後に架橋配位子を書く．構造を明確に示したい場合には適宜工夫してもよい．

架橋配位子によって連結された中心原子の数を**架橋指数**または**架橋多重度**という．架橋指数 3 以上の場合，架橋指数 μ_n のように**右下付き数字**で示す (§7・6・3 の例 3 を参照)．

例 1: $[Cr_2O_6(\mu\text{-}O)]^{2-}$ $[Cr_2O_7]^{2-}$ であるが $CrO_3\text{-}O\text{-}CrO_3$ の構造を示している．

例 2: $[O_3S(\mu\text{-}O_2)SO_3]$ $O_3S\text{-}O\text{-}O\text{-}SO_3$ の構造を示す．

例 3: $[Al_2Cl_4(\mu\text{-}Cl)_2]$

$[Cl_2Al(\mu\text{-}Cl)_2AlCl_2]$ と書けば構造をよりわかりやすく示すことができる．Al-Cl-Al の Cl 架橋が二つある．したがって二つの Al と二つの Cl で環状構造になる．Cl は通常結合できる手が一つであるが，このように複数の場合もある．

命名法は，化学式の書き方とは逆に架橋配位子を同じ種類の非架橋配位子より前に置き，架橋配位子名の前に μ を付けハイフンでつなぐ．

例 1:【構造のない表記】

$[Cr_2O_7]^{2-}$ heptaoxidodichromate(2−)

【架橋構造表記】

$[Cr_2O_6(\mu\text{-}O)]^{2-}$ μ-oxido-hexaoxidodichromate(2−)

$O_3Cr\text{-}O\text{-}CrO_3$ の架橋構造の錯体であることを示す．

例 2:【構造のない表記】

$[S_2O_8]^{2-}$ octaoxidodisulfate(2−)

【架橋構造表記】

$[O_3S(\mu\text{-}O_2)SO_3]^{2-}$ μ-peroxido-1κO, 2κO′-bis(trioxidosulfate)(2−)

-OO-が架橋配位子である．一方の O が 1 位の中心原子 S に配位し，もう片方の O が 2 位の S に配位していることを示すため，O と O′ を使った κ 方式も併用する．

例 3:【構造のない表記】

$[Al_2Cl_6]$ hexachloridodialuminium

【架橋構造表記】

$[Al_2Cl_4(\mu\text{-}Cl)_2]$ di-μ-chlorido-tetrachlorido-1κ^{2}Cl, 2κ^{2}Cl-dialuminium

Al-Cl-Al の Cl 架橋が二つあることを di-μ-chlorido で表わす．架橋でない 4 つの Cl は，1κ^{2}Cl，2κ^{2}Cl により，二つずつ Al 原子に結合していることを示す．この結果，二つの Cl 架橋と二つの Al によって四角形の結合ができていることになる．di-μ-chlorido-dis(dichloridoaluminum)でもよい．

7・6・2 中心原子間の結合がある錯体

金属-金属結合など中心原子間の結合がある錯体は，§7・4・3 で説明した中心原子間に結合がある多核化合物と同様に命名できる．中心原子の名前を列記した後に，丸括弧で囲んで中心原子の元素記号をイタリック体で全角ダッシュ（—）を付けて並べる．必要な場合には，その後に電荷を付ける．中心原子が異なる場合には元素の電気陰性度順位（§6・1・3）の陽性の元素を先に書く．

例：$[Cl_4ReReCl_4]^{2-}$　　octachlorido-1κ^4*Cl*,2κ^4*Cl*-dirhenate(*Re*−*Re*)(2−)

二つの Re 同士が結合し，1 位，2 位の Re それぞれに四つの Cl が配位する．

$[(OC)_5ReCo(CO)_4]$　　nonacarbonyl-1κ^5*C*,2κ^4*C*-rheniumcobalt(*Re*−*Co*)

電気陰性度が Co>Re なので Re を先に書く．1 位の Re に 5 個，2 位の Co に 4 個の CO が C 原子を配位原子として配位する．

7・6・3 中心構造単位 CSU

多核錯体には中心原子の配置（例 4 に示すように中心原子間に結合がない場合も含む）が直線でない複雑な多面体構造をもつものがある．このような構造を表すために錯体の場合には**中心構造単位 CSU** という概念が用いられる．*triangulo* 三角形，*quadro* 四辺形，*tetrahedro* 四面体，*octahedro* 八面体，*hexahedro*（または *cube*）六面体（立方体）などの記号を，多面体構造をつくる金属元素名の前に付ける．これらは記号なので日本語表記においても，イタリック体の英語表記のまま記す．また，必要な場合には §7・6・2 で述べた中心原子間の結合の表示も併用する．

なお，CSU よりも包括的な記号と番号付けの体系をもった CEP 体系が開発され使われるようになっている．その詳細は文献 2 を参照．

例 1：$[Re_3Cl_{12}]^{3-}$

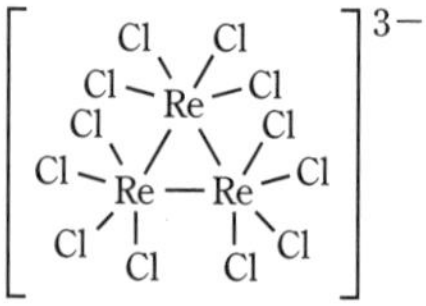

dodecachloride-*triangulo*-trirhenate(3 *Re*−*Re*)(3−)
ドデカクロリド-*triangulo*-三レニウム酸 (3 *Re*−*Re*)(3−)イオン

例 2：

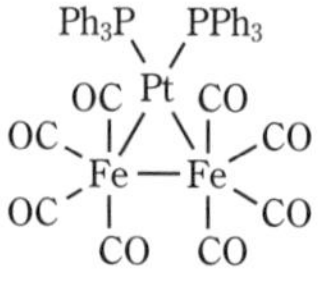

octacarbonyl-1κ^4*C*, 2κ^4*C*-bis(triphenylphosphane-3κ*P*)-*triangulo*-diironplatinum(*Fe*−*Fe*)(2 *Fe*−*Pt*)
オクタカルボニル-1κ^4*C*, 2κ^4*C*-ビス（トリフェニルホスファン-3κ*P*)-*triangulo*-二鉄白金(*Fe*−*Fe*)(2 *Fe*−*Pt*)

中心原子の Fe2 個と Pt1 個で三角形をつくっているので，*triangulo* を前に置く．金属-金属結合も明記する．Fe が Pt より陽性なので Pt の位置番号が 3 になる．carbonyl の C，phosphane の P がどの中心原子にいくつ結合しているかをカッパ方式で明示する．

例 3：

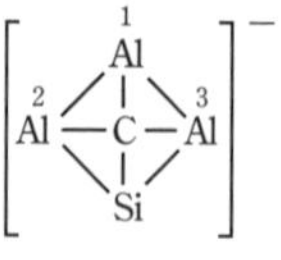

μ_4-carbido-*quadro*-(trialuminiumsilicon)ate
(*Al*[1]−*Al*[2])(*Al*[1]−*Al*[3])(*Al*[2]−*Si*)(*Al*[3]−*Si*)(1−)
μ_4-カルビド-*quadro*-(三アルミニウムケイ素)酸
(*Al*[1]−*Al*[2])(*Al*[1]−*Al*[3])(*Al*[2]−*Si*)(*Al*[3]−*Si*)(1−) イオン

炭素原子が架橋指数 4 の架橋配位子である．中心原子 Al 3 個と Si1 個が直接結合して四角形となることを *quadro* が示す．Al が Si より陽性なので位置番号は 1～3 が Al，4 が Si となる．C^{4-} は carbon→carbide，これの配位子名が carbido.

例 4:

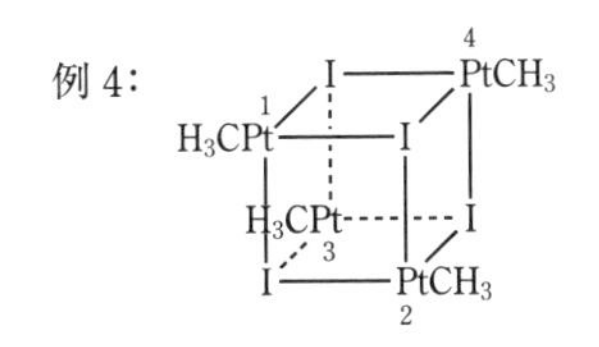

tetra-μ_3-iodido-1:2:3κ^3I,1:2:4κ^3I,1:3:4κ^3I,2:3:4κ^3I,-dodecamethyl-1κ^3C,2κ^3C,3κ^3C,4κ^3C-*tetrahedro*-tetraplatinum(Ⅳ)

四つの中心原子 Pt の配置は四面体であるが，Pt 間に直接の結合はない．四つの I がそれぞれ架橋指数 3（μ_3）で四つの Pt に結合している．架橋される中心原子とそれに対する供与原子をそれぞれ明示するためにκ方式が併用され，"1:2:3κ^3I" などが記される．

7・7　錯体の立体配置と命名法

7・7・1　錯体の全体構造の表示法（多面体記号）

錯体は中心原子に対して配位子（多座配位子を考慮すれば配位原子の方がより正確）がどのような空間配置をとるかによって，全体としてさまざまな分子構造をつくる．この形を示すために**多面体記号**が定められている．代表的な構造と多面体記号を図 7・1 に示す．多面体記号の文字はイタリック体で，多面体記号の最後についているアラビア数字は配位数を示す．

なお，§7・6・3 で述べた多面体構造は複核錯体の中心原子の配置構造である．ここで述べている錯体の配位子を含めた全体構造と誤解しないように注意する．たとえば §7・6・3 例 4 の中心構造単位は tetrahedro であるが，錯体の全体構造は立方体 *CU*-8 である．

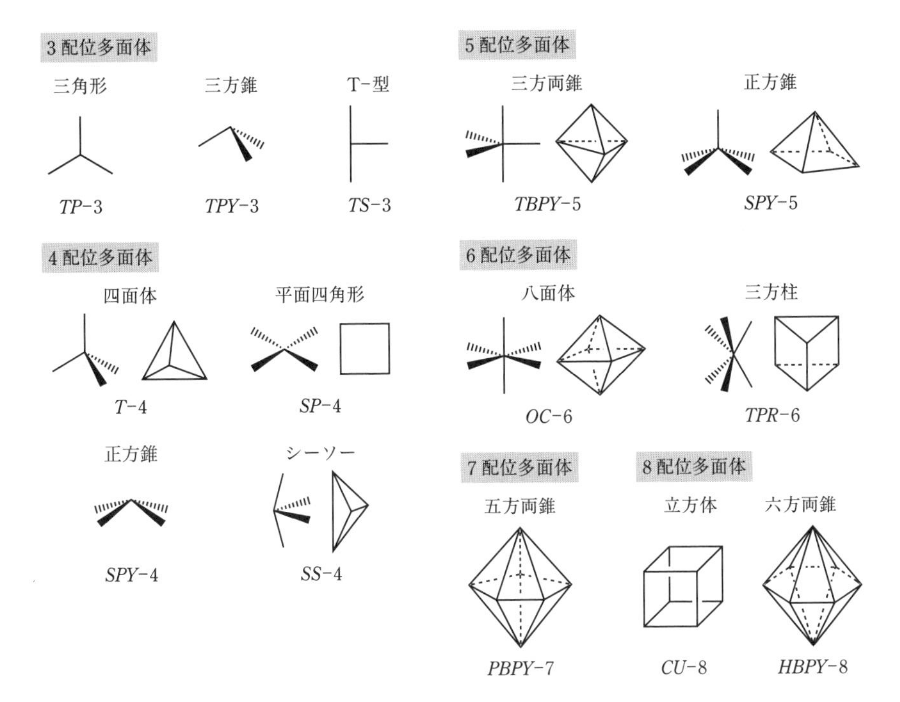

図 7・1　錯体の代表的な構造と多面体記号

7・7・2　配位子の相対配置の表示法（配置指数）

錯体では同じ分子式でも配位子の相対位置によって異性体が存在する．**立体異性体**（§5・3・1）である．錯体は有機化合物よりも分子全体の構造が多種類であるため，多くの種類の立体異性体がある．これを区別して表示するために，多面体記号とともに**配置指数**が使われる．配置指数はCIP方式（§5・3・2）による配位原子の優先順位数を使ってつくられる．その一例を示す．

例:

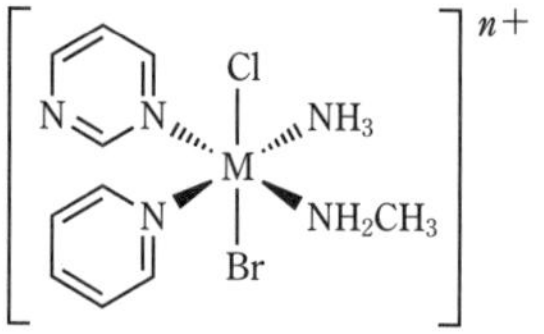

原子番号から Br>Cl>N までの順位は簡単．N を含む四つの配位子のなかで N の隣の原子から NH_2CH_3>NH_3 も簡単．pyridine, pyrimidine, NH_2CH_3 を比較検討する．複製原子を含めて考えると pyridine と pyrimidine の N の隣は CC(C), NH_2CH_3 の N の隣は CHH なので，NH_2CH_3 が三つのうち最劣位である。さらにその隣の C 原子を考えると pyridine が C(N)H と C(C)H に対して pyrimidine は N(N)H と C(N)H なので pyrimidine が優位である．したがって Br>Cl>pyrimidine>pyridine>NH_2CH_3>NH_3 とすべての優先順位が決まる．

多面体の種類ごとに配置指数の決め方が異なる．錯体の代表的な形である八面体 *OC*-6，正方錐 *SPY*-4，*SPY*-5，平面四角形 *SP*-4 についてのみ述べる．他の形については文献 2 を参照.

(1)　八面体 *OC*-6 錯体

OC-6 の配置指数は 2 個のアラビア数字からなる．上記配位子の優先順位の例を使って説明する．優先順位 1 位の配位原子（例では Br）の真向かい（トランス）の位置にある配位原子（例では Cl）の優先順位 x（例では 2）を選ぶ．優先順位 1 位から中心原子を見る軸を基準軸とすると，これに垂直な平面内にある四つの配位原子のうち最高順位の配位原子（例では pyrimidine の N）のトランスの位置にある配位原子（例では NH_2CH_3 の N）の優先順位 y（例では 5）を選び，xy を配置指数とする．多面体記号と配置指数は，錯体の名前の前に（*OC*-6-xy）のように置く．なお，優先順位 1 位が 2 個以上ある場合には，トランスの位置の配位原子の優先順位 x が最大の数値になるような優先順位 1 位から始

例 1:

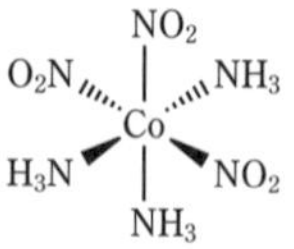

(*OC*-6-21)-triamminetrinitrito-κ^3N-cobalt(Ⅲ)

例 2:

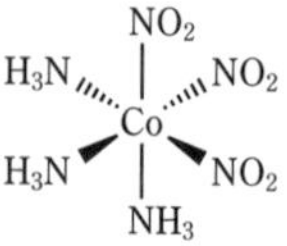

(*OC*-6-22)-triamminetrinitrito-κ^3N-cobalt(Ⅲ)

優先順位は NO_2>NH_3 である．優先順位 1 位の NO_2 が三つあるがトランス位置の配位原子の優先順位の数値が最大になるのはトランス位置に NH_3 がある場合なので，例 1 の図では垂直軸の上にある NO_2 から始めて x は 2．次に基準軸に垂直な平面内で最高順位は NO_2 でそのトランス位置も NO_2 なので y は 1 である．例 2 では x が 2 となるのが 3 組ある．どれを選んでもよいが，図の垂直軸を基準軸に選ぶ．それに垂直な平面内での最高順位は NO_2 でそのトランス位置が NH_3 となるのが 2 組ある．いずれを選んでも y は 2 である．

める．同様にyを選ぶ際もyが最大の数値になるように選択する．

中心原子の名前をMnameとして上述の例を命名すると

(*OC*−6−25)−amminebromidochlorido(methanamine)(pyridine)pyrimidineMname(*n*+)

(2) 正方錐 *SPY*−5 錯体，*SPY*−4 錯体

SPY−5 錯体の配置指数も2個のアラビア数字xyからなる．*SPY*−5 錯体のxは正方錐の垂直な基準軸上にある配位原子の優先順位数である．yはピラミッド底面内で最高優先順位の配位原子に対してトランス位置にある配位原子の優先順位数である．最高優先順位が2個以上ある場合にはyが最大の数値になるものを選ぶ．錯体の名前の前に（*SPY*−5−xy）を置く．

SPY−4 錯体の配置指数は，*SPY*−5 錯体の2番目の数字と同じやり方で選ぶyのみである．次に述べる *SP*−4 錯体と同じ方法になる．錯体の名前の前に（*SPY*−4−y）を置く．

(3) 平面四角形 *SP*−4 錯体

SP−4 錯体の配置指数は1個のアラビア数字のみである．*SPY*−5 錯体でxがなく，yだけを選ぶことに相当する．四つの配位子のうち最高順位の配位原子のトランス位置にある配位原子の優先順位数である．錯体の名前の前に（*SP*−4−y)を置く．

(4) 限られた構造の錯体にだけ適用できる古くからの表示法

$[MA_2B_2]$型 *SP*−4 錯体と［MXYA$_4$］型 *OC*−6 錯体については，図のように *cis*，*trans* 表記が使われることがある．また［MXYZA$_3$］型 *OC*−6 錯体については，図のように *fac*，*mer* 表記が使われることがある．*fac*（ファク）はfacialの略でXYZが八面体の同一面の3頂点を占めることを示す．*mer*（メル）はmeridionalの略でXYZが八面体の子午線上に並ぶことを示す．日本語表記では *cis*，*trans*，*fac*，*mer* いずれも記号なので，イタリック体の英語表記のまま記す．

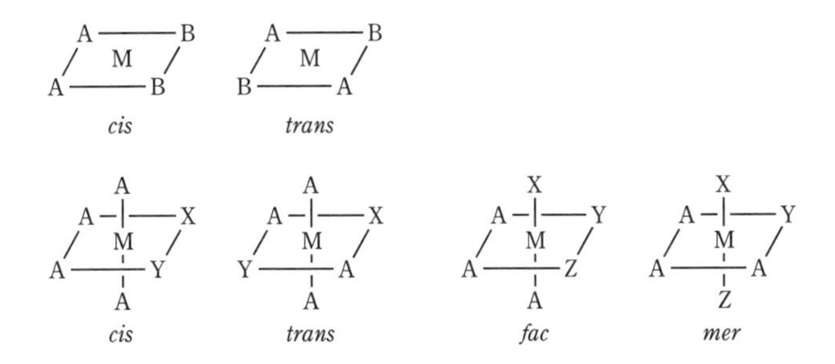

7・7・3　配位子の絶対配置の表示法

錯体で鏡像異性体が存在する場合には有機化合物と同じ方式が適用できる．四面体 *T*−4 錯体，三方錐 *TPY*−3 錯体には *R*/*S* 表示法が使われ，その他の多面体には *C*/*A* 表示法が使われる．なお，二座配位子錯体などに対しては，従来からΔ（デルタ)/Λ（ラムダ)

表示法，最近は斜交直線方式（らせんの右巻き/左巻き）が使われる．これらの詳細は文献 2 を参照.

(1) 四面体 *T*−4 錯体，三方錐 *TPY*−3 錯体

T−4 錯体については §5・3・3 で述べた ***R/S* 表示法**がそのまま適用される．最低優先順位の配位原子を最も奥に見る位置に四面体を置いた場合に，残りの三つの配位原子の優先順位が時計回りに並ぶなら *R* として（*T*−4−*R*）を錯体名の前に付ける．反時計回りなら *S* とする．*R*，*S* はイタリック体で表示する．

TPY−3 錯体については三方錐の上方に最低順位の幽霊原子を仮定して *T*−4 錯体と同じ操作を行う．表示法も同様である．

(2) *T*−4 錯体，*TPY*−3 錯体以外の錯体

最高優先順位の配位原子から中心原子をみるベクトル軸（基準軸）に垂直な平面内において，その平面内の最高順位の配位原子から始めて，次に優先順位が高い配位原子に向かう方向が時計回り（clockwise）なら *C*，反時計回り（anticlockwise）なら *A* とする．表示法は多面体記号−配置指数の後にハイフン *C* または *A* をイタリック体で示し，全体を丸括弧で囲んで錯体名の前に置く．これを ***C/A* 表示法**（C/A convention）とよぶ.

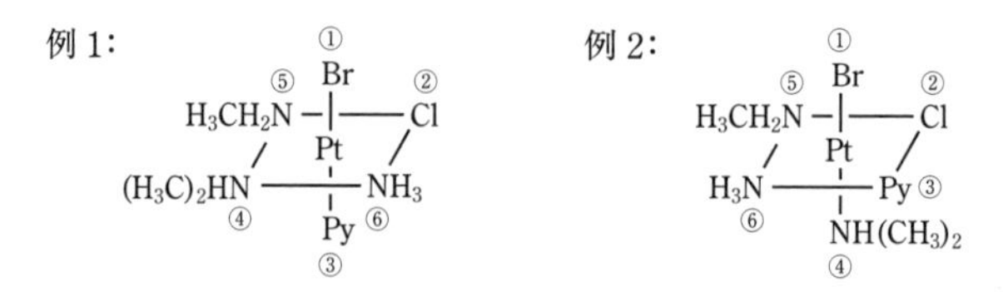

立体配置記号をつけない化合物名は次のとおりどちらも同じとなる.

amminebromidochlorido(methanamine)(*N*−methylmethanamine)pyridineplatinum

この名称の前に次の多面体記号，配置指数，絶対配置記号を付けてハイフンでつなぐ.

例 1：　(*OC*−6−34−*A*)　　　　例 2：　(*OC*−6−46−*C*)

優先順位は化学式に数字で示してある．優先順位 1 位の Br から中心原子 Pt を見た時に垂直な平面内で例 1 の回る方向は 2 位 Cl→5 位 CH_3NH_2 なので反時計回り，例 2 の回る方向は 2 位の Cl→3 位の py なので時計回りとなる.

7・8 有機金属化合物

7・8・1 二分された命名法

有機金属化合物は金属原子と炭素原子の間に少なくとも一つの結合をもつ化合物である.

ただし，§7・4 “付加命名法” 以降で説明してきた単核化合物，多核化合物，錯体のなかに CN や CO のように炭素原子が中心原子（金属原子）に結合する化合物があったが，これらは有機金属化合物には含めない.

有機金属化合物は，有機化合物と無機化合物の中間に位置する化合物といえる．命名法も一本化されておらず，1族から12族には無機化学命名法で発展してきた付加命名法（§7・4）が適用され，13族から16族には有機化学命名法で発展してきた置換命名法（§7・3）が適用される．ただし，金属原子には伝統的な金属のほかにホウ素，ケイ素，ヒ素，セレンなども含めることが多い．2個以上の中心原子をもつ有機金属化合物で，中心原子に1族から12族と13族から16族の両方を含む場合には1〜12族を中心原子とみなし，13族から16族の原子は配位子（置換基名のつくり方は§7・8・4）とみなして付加命名法を適用する．

7・8・2　1，2族の有機金属化合物

1，2族の有機金属化合物が配位化合物（錯体）であるか否かは別にして，付加命名法で命名する．金属名の前に有機置換基や他の配位子の名前を接頭語として付ける．これら接頭語には付加命名法の配位子語尾 ido などを付けるが，炭化水素基は語尾を置換名称である yl などのままで使うことも許される．水素原子は常に hydrido を使う．

例：$BeEt_2$　diethylberylium または diethanidoberylium

[BeEtH]　ethylhydridoberylium または ethanidohydridoberylium

$Na(CHCH_2)$　ethenylsodium または ethenidosodium

EtMgBr　bromido(ethyl)magnesium または bromido(ethanido)magnesium

有機化学史上で有名なグリニャール試薬である．

7・8・3　3族から12族の有機金属化合物と η 方式

3族から12族の遷移元素の有機金属は錯体とみて付加命名法を適用する．配位原子を明記する κ 方式，架橋配位を表す μ 方式，金属間結合の表示など§7・4〜§7・7で説明した方法はすべて適用できる．

例1（メチル基の炭素が1価銅イオンに配位する例）：

$Li[CuMe_2]$　lithium dimethylcuprate(1−)

例2（キレート配位となる例）：

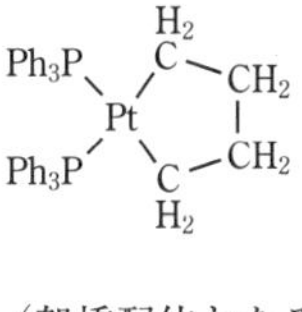

$(Ph_3P)_2Pt(CH_2CH_2CH_2CH_2)$（Pt, CH_2–CH_2–CH_2–CH_2 の環）　(butane-1,4-diyl)bis(triphenylphosphane)platinum

例3（架橋配位となる例）：

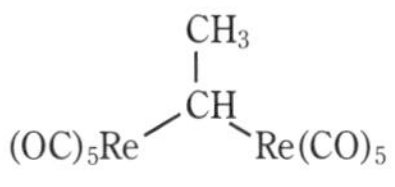

$(OC)_5Re$–$CH(CH_3)$–$Re(CO)_5$　(μ-ethane-1,1-diyl)bis(pentacarbonylrhenium)

例 4（phenyl 基の炭素による σ 結合を明示する κ 方式を使う例）：

tetracarbonyl[(2−phenyldiazenyl−κN^2)phenyl−κC^1]manganese

左側のベンゼン環の 1 位の炭素が Mn に σ 結合していることを κC^1 で示す．その 2 位に右側のベンゼン環を含む phenyldiazenyl 基が置換している．phenyldiazenyl 基の 2 位の窒素が Mn に配位していることを κN^2 で示す．同じ位置番号 2 であっても，内容がまったく異なることに注意．アゾ化合物の命名法は §4・6・4 (5) を参照．

例 5（金属間結合，中心構造単位，架橋指数のついた架橋配位を表す例）：

(μ_3−ethane−1,1,1−triyl)−*triangulo*−tris(tricarbonylcobalt)(3 *Co*−*Co*)

§7・4〜7・7 で説明してきた化合物の中心原子と配位原子の結合は σ 結合であったが，有機金属では多重結合（不飽和結合）をもつ配位子の π 電子を介して中心原子に結合することもある．たとえば ethene $CH_2=CH_2$ は 2 座配位子，prop−2−en−1−yl $CH_2=CH-CH_2-$ は 3 座配位子，butadiene $CH_2=CH-CH=CH_2$ は 4 座配位子，cyclopenta−2,4−dien−1−yl C_5H_5- や 1*H*−pyrrolyl C_4H_4N- は 5 座配位子，benzene C_6H_6 や pyridine C_5H_5N は 6 座配位子と考えられるような結合をする．このような結合を示す方法に **η（イータ）方式**がある．**ハプト命名法**（hapto nomenclature）ともよばれる．

配位子の中で π 電子を介して中心原子への結合に関与する配位原子数が *n* 個あるとすると，配位子中の π 電子に関与する部分の名称の前にハイフン付き**右上付き数字**を付けて η^n を置く．不飽和結合をもつ配位子のなかで，部分的に 2 個以上連続した炭素原子上に広がった配位（たとえば炭素 1,2,3 位だけに広がった配位）は（1−3−η）と書く．この場合には右上付き数字が不要である．η^5−cyclopenta−2,4−dien−1−yl はよく使われるので，まぎらわしくない場合には短縮形の η^5−cyclopentadienyl が許容される．

例 6：$K[PtCl_3(C_2H_4)]\cdot H_2O$　　potassium trichloro(η^2−ethene)platinate−water(1/1)

ツァイゼ塩 Zeise's salt として 19 世紀前半に合成された．20 世紀半ばに X 線回折法によって構造が明らかにされた．π 電子配位による記念碑的な有機金属化合物である．水和物 hydrate の表記法は §6・6・2 を参照．

例 7（benzene の 6 個ずつの π 電子が配位したサンドイッチ状有機金属）：

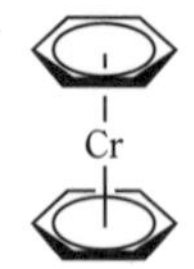

bis(η^6−benzene)chromium

例 8:

η^2-5-ethenylcyclopenta-1,3-diene

例 9:

1-ethenyl-η^5-cyclopenta-2,4-dien-1-yl

例 8 は ethenyl 基の π 電子が配位し，例 9 は cyclopentadienyl 基の π 電子が配位していることを η によって書き分けている．

例 10:

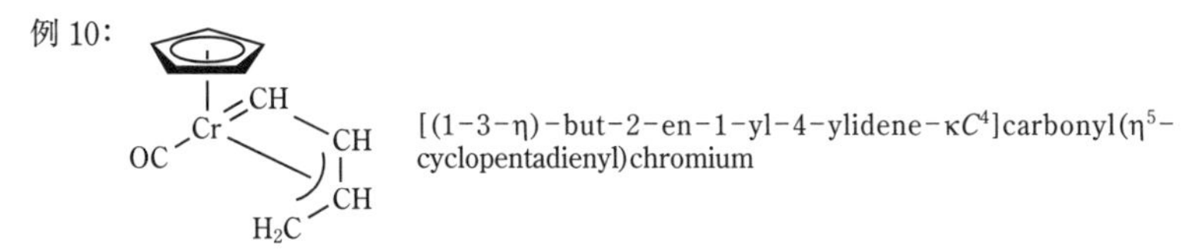

[(1-3-η)-but-2-en-1-yl-4-ylidene-κC^4]carbonyl(η^5-cyclopentadienyl)chromium

ブタ-2-エンから誘導された配位子の炭素 1,2,3 上に広がった π 電子が中心原子に配位していることを (1-3-η) で示す．それとともにブタ-2-エンの炭素 4 が水素原子二つを失って中心原子に σ 結合で配位していることを 4-ylidene-κC^4 で示す．

多重結合をもつ配位子の多重結合がすべて共役的に配位するわけでなく，部分的に π 結合したり，σ 結合したりすることがあるので注意する．κ 方式，η 方式を必要に応じて一緒に使い書き分ける．

例 11:

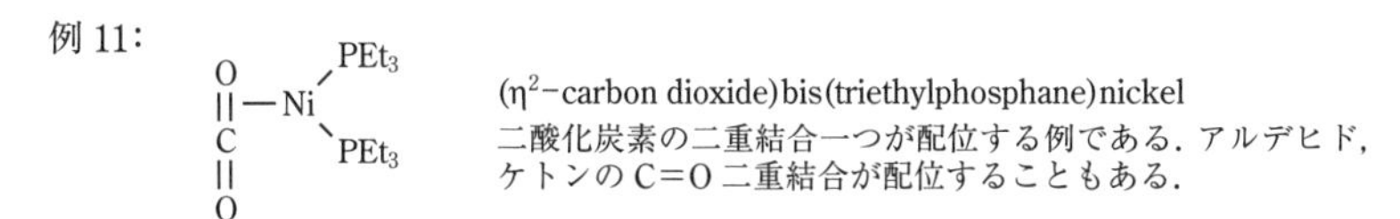

(η^2-carbon dioxide)bis(triethylphosphane)nickel
二酸化炭素の二重結合一つが配位する例である．アルデヒド，ケトンの C=O 二重結合が配位することもある．

7・8・4 13 族から 16 族の有機金属化合物

母体水素化物を使った置換命名法によって命名する．接頭語は置換基型（chloro, methyl, sulfanylidene など）を使い，付加命名法の配位子型（chlorido, methanido, sulfido など）を使わないように注意する．

例: AlH_2Me　methylalumane　　$AlEt_3$　triethylalumane
　PhSb=SbPh　diphenyldistibene　　$SbMe_5$　pentamethyl-λ^5-stibane

有機金属が置換基となる場合には，語尾を ane から anyl（14 族は yl），anediyl などに変化させる．13 族から 16 族だけからなる 2 個以上の中心原子をもつ有機金属化合物は，§7・3・1 に示した“化合物の種類における元素の優先順位”（§4・1・2 の表 4・1 の注）に従い，優先順位の高い元素を母体水素化物とする．ただし，COOH，OH，NH_2 など主基が存在する場合には，それが置換している部分が母体である．また，代置命名法（§7・1・5，§7・1・6）が適用できる場合には活用する．

例: $(EtO)_3GeCH_2CH_2COOMe$　methyl 3-(triethoxygermyl)propanoate

炭素鎖 3 のカルボン酸エステル methyl propanoate が母体である．エステルの位置番号 3 の炭素原子の水素原子に $(EtO)_3Ge$ 基が置換した．

H_3Sn–C_6H_4–AsH_2　　(4-stannylphenyl)arsane

中心原子の優先順位が As>Sn なので AsH_3 が母体で，置換基 phenyl 基の 4 位に stannyl 基が置換とみる.

$MeSiH_2OP(H)OCH_2Me$　　3,5-dioxa-4-phospha-2-silaheptane

鎖状有機金属への代置命名法（“ア”命名法）の活用例である.

19 世紀中頃まで無機化合物の構造は，二元化学種の式（§6・3・2）または塩の式（§6・3・4）に示されるような電気化学二元論が支配的であった．しかし，遷移金属のアンモニア化合物のような説明できない化合物がつぎつぎと知られるようになり錯塩とよばれた．1869 年にスウェーデンの Blomstrand が有機化合物に倣って鎖状構造を提唱し，デンマークの Jorgensen がそれを改良した．これに対して，1893 年にスイスの Werner が配位構造を提唱し，Jorgensen との間に大論争が起こった．Werner は配位構造によってジアステレオマーやエナンチオマーの存在を予測し，実際にそれらの分離，分割に成功したことによって配位構造説を確立した.

一方，イギリスの Frankland がジエチル亜鉛の研究などから 1852 年に原子価理論を提唱し，1900 年にグリニャール試薬が発明されるなど，有機金属も長い歴史をもつが，その実体がなかなか解明されなかった．錯体の配位構造理論から σ 結合による有機金属が考えられた．ところが 1827 年に合成されたツァイゼ塩 Zeise’s salt（§7・8・3）が 20 世紀半ばに π 結合有機金属であることが明らかにされたことから 1951 年のフェロセン ferrocene（鉄の cyclopentadienyl 錯体）の合成，1953 年のチーグラー触媒など有機金属の化学とその応用が急速に発展するようになった.

〔化学史学会編，“化学史事典”，化学同人（2017）‘錯体化学’，‘フランクランド’，‘ツィーグラー’，‘有機金属’ などの項を参考に作成〕

第 6 章，第 7 章については，IUPAC 委員によって文献 3 にコンパクトにまとめられているので参考にするとよい.

練習問題

7・1　次の式を［ ］内の指示に従い命名法せよ.

(1) $H_4PPHPH_3PH_2$［母体水素化物名］　(2) $H_3SiNHSiH_3$［母体名］

(3) SHOSH［母体名］

(4) 環状 GeH_2, HGe=GeH（三員環）［母体水素化物の H-W 名，代置名，シクロ名］

(5) $H_3CN{=}NNHCH_3$［置換名］　(6) $HOOCSiH_2SiH_2SiH_3$［置換名］

(7) $[ClPHPH_3]^+$［置換名］　(8) CH_3PH^-［置換名］

(9) $[PFO_3]^{2-}$［付加名（日本語表記も）］　(10) $[Cr^{III}Cl_3(OH_2)_3]$［付加名］

(11) $[Co(SCN)(NH_3)_5]Cl_2$［付加名（Co に SCN が N で結合の場合と S で結合の場合）］

(12)

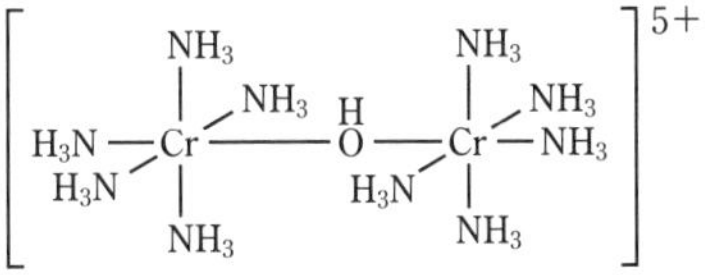

$$\left[(H_3N)_5Cr-\overset{H}{O}-Cr(NH_3)_5\right]^{5+}$$

(13)

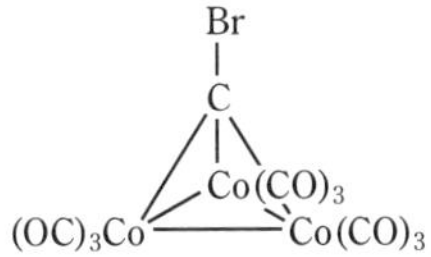

Br, C, Co(CO)$_3$, (OC)$_3$Co, Co(CO)$_3$

(14)［多面体記号，配置指数もつけて］

Br, H_3N, OH_2, Co^{III}, H_3N, NH_3, Br

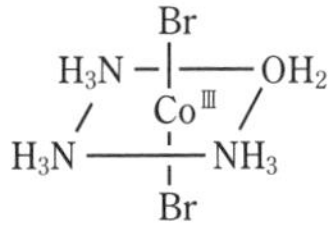

7・2 次の名称の化合物やイオンを化学式で書け

(1) tetrasulfan　(2) diphosphaselenane　(3) 1λ^5-diphosphoxane

(4) cyclotriphosphazene　(5) 1,3,5,2,4,6-triazatrisiline

(6) 4,4,4-tribromo-2λ^2-tetragermane

(7) 1,1,5,5-tetrachloro-2,4-bis(chlorosilyl)-2-dichlorosilylpentasilane

(8) tetraamminebis(hydrogensulfito)ruthenium

(9) carbonyl-1κ*C*-trichlorido-1κ^2*Cl*,2κ*Cl*-bis(triphenylphosphane-1κ*P*)iridiummercury (*Ir*−*Hg*)

(10) (*SPY*-5-12)-dibromidotris[di-*tert*-butyl(phenyl)phosphane]palladium

(11) [(1,2,5,6-η)cyclooctatetraene](η^5-cyclopentadienyl)cobalt

(12) (*T*-4-*S*)-carbonyl (η^5-cyclopentadienyl)iodidotriphenylphospaneiron
(η^5-cyclopentadienyl を優先順位が一番高い単座配位子として絶対配置を考える)

(13) (*SP*-4-2)-diamminedichloroplatinum　有名な抗がん剤シスプラチン

解　答

7・1 (1) 1λ^5,3λ^5-tetraphosphane（標準結合数は表示する必要がない）

(2) *N*-silylsilanamine〔§7・3・1 (2)による．disilazane としない〕

(3) dithioxane〔§7・1・5 (2)による．置換命名法 disulfanyloxidane でない〕

(4) H-W 名：1*H*-trigermirene，代置名：trigermacyclopropene，
シクロ名：cyclotrigermene

(5) 1,3-dimethyltriaz-1-ene　(6) trisilane-1-carboxylic acid

(7) 2-chlorodiphosphan-1-ium　(8) methylphosphanide

(9) fluoridotrioxidophosphate(2−)　フルオリドトリオキシドリン酸(2−)イオン

(10) triaquatrichloridochromium(Ⅲ)

(11) pentaammine(thiocyanato-κ*N*)cobalt] dichloride（Co に SCN が N で結合）
pentaammine(thiocyanato-κ*S*)cobalt] dichloride（Co に SCN が S で結合）

(12) μ-hydroxido-bis(pentaamminechromium)(5+)

(13) (μ$_3$-bromomethanetriido)nonacarbonyl-*triangulo*-tricobalt(3 *Co*−*Co*) または
(μ$_3$-bromomethanetriido)-*triangulo*-tris(tricarbonylcobalt)(3 *Co*−*Co*)

(14) (*OC*-6-13)-triammineaquadibromidocobalt(Ⅲ)（八面体なので *OC*-6 錯体．配位子優位順は Br＞OH_2＞NH_3，最高位 Br のトランス位は Br なので 1，垂直面内の最高位は OH_2 で，そのトランス位は NH_3 なので 3 と決まる．配位子名はアルファベッ

ト順）

7・2 (1) HS–S–S–SH　　(2) PH_2–Se–PH_2　　(3) PH_4–O–PH_2

(4) 下図参照．H-W 名：1,3,5,2,4,6-triazaphosphinine,
代置名：1,3,5-triaza-2,4,6-triphosphacyclohexa-1,3,5-triene

(5) 下図参照．代置名：1,3,5-triaza-2,4,6-trisilacyclohexa-1,3,5-triene

(6) $H_3GeGeGeH_2GeBr_3$（λ 記号位置番号が置換基位置番号より優先）

(7) $SiHCl_2Si(SiH_2Cl)(SiHCl_2)SiH_2Si(SiH_2Cl)SiHCl_2$

(8) $[Ru(HSO_3)_2(NH_3)_4]$〔$SO_2(OH)^-$は hydrogensulfite 亜硫酸水素イオンである．H_2SO_3 が sulfurous acid 亜硫酸，SO_3^{2-}が sulfite 亜硫酸イオン〕

(9) $[ClHgIr(CO)Cl_2(PPh_3)_2]$　Ir が Hg より陽性なので中心原子番号 1 となる．

(10) 下図参照．*SPY*-5 から正方錐，配位子は Br が二つ，$P(PhBu_2)$が三つ，優先順位は Br＞$P(PhBu_2)$．垂直軸上に最高順位の Br，それに垂直な平面の最高順位も Br で，そのトランス位が $P(PhBu_2)$で構造式（展開式）が描ける．

(11) 下図参照．

(12) 下図参照．*T*-4 なので四面体，配位子の優先順位 Cp＞I＞PPh_3＞CO により *S* 配置を考えて構造式を描く．

(13) 下図参照．*SP*-4 なので平面．配位子は NH_3 が二つと Cl が二つで，配置指数 2 から *cis* 体であることがわかる．非常に簡単な構造の白金錯体であるが，有名な制がん剤である．これをモデルにして多くの白金錯体による制がん剤が開発されている．

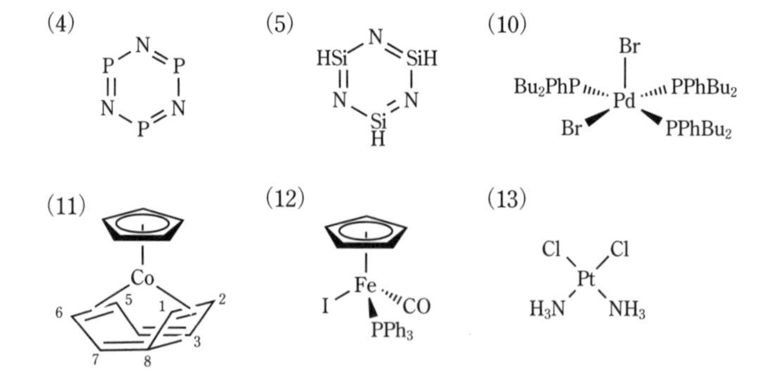

8

高分子命名法 初級編

8・1 高分子の種類と構造

8・1・1 高分子とは

高分子（polymer，**ポリマー**）は，分子量の小さい分子から実質的に，または概念的に得られる**構成単位**の多数回の繰返しで構成された構造をもつ分子量の大きい分子である．ここで概念的に得られる構成単位とは，vinyl alcohol（PIN：ethenol）が acetaldehyde（PIN）に異性化（互変異性，§4・4・3コラム参照）するために poly(vinyl alcohol) は vinyl alcohol を重合してつくることはできず，実際には poly(vinyl acetate) を加水分解してつくっていても，高分子の構成単位に vinyl alcohol に相当するものが認められるような場合をいう．分子量の大きさや多数回の繰返しに明確な定義はなく，通常はおおむね分子量 10000 以上を**ポリマー**とよび，分子量 1000～10000 程度を oligomer **オリゴマー**とよぶ．本書では特にオリゴマーと断らない限りは高分子とポリマーを同じ意味に使っている．高分子の構成単位となりうる分子を monomer **モノマー**という．

高分子はいくつかの種類に区分でき，それに応じて命名法が異なるので，最初に高分子の種類を説明する．

8・1・2 ホモポリマー，コポリマー

ただ1種のモノマーからつくられるポリマーを homopolymer **ホモポリマー**という．2種以上のモノマーからつくることを**共重合**，共重合でつくられるポリマーを copolymer **コポリマー**（**共重合体**）という．

ただし，この区別は意味のないこともある．ポリエステル繊維やペットボトルの原料になる poly(ethylene terephthalate)（後述する慣用名）は，ethylene glycol（PIN：ethane-1,2-diol）と terephthalic acid（PIN：benzene-1,4-dicarboxylic acid）を出発原料として得られるものならコポリマーである．しかし，出発原料が bis(2-hydroxyethyl)terephthalate（GIN）$HOCH_2CH_2OCOC_6H_4COOCH_2CH_2OH$（PIN：bis(2-hydroxyethyl) benzene-1,4-dicarboxylate）ならばホモポリマーである．

8・1・3 規則性高分子，不規則性高分子

ただ1種の構成単位が単一の連結法で繰返された構造をもつ高分子を規則性高分子とい

い，それ以外のすべての高分子を不規則性高分子とよぶ．規則性高分子や後述するブロックコポリマーの中の規則性をもつブロックを構成する構成単位を**構成繰返し単位**（**CRU**）とよぶ．

規則性高分子がただ1種のモノマーからつくられることに限定されるわけでないことに注意する必要がある．前述の poly(ethylene terephthalate)が2種のモノマーからつくられる場合でも構成単位と連結法が一つならば規則性高分子である．単一のモノマーからなる高分子でも，**頭–尾結合**だけでなく**頭–頭結合**が混じる場合には単一の連結法でないので規則性高分子でない．

8・1・4 線状高分子，非線状高分子

構成単位が線状に繰返される構造をもつ高分子を**線状高分子**といい，それ以外のすべての高分子を**非線状高分子**という．非線状高分子には，環状高分子，枝分かれのあるグラフト高分子，櫛（くし）型高分子，架橋や網目のある高分子，星型高分子などがある．

8・1・5 単条高分子，複条高分子

隣接した構成単位が2個の原子（それぞれの構成単位に1個ずつ）を通して互いに連結する高分子を**単条高分子**という．隣接した構成単位が3個または4個（構成単位の一方が2個で，他方が1個または2個）の原子を通して互いに連結する高分子を**複条高分子**とよぶ．スピロ高分子やはしご型高分子が複条高分子の例である．

8・1・6 コポリマーの種類

コポリマーでは構成単位でなく，**モノマー単位**の配列によっていくつかの種類に区分される．モノマー単位とはモノマー1分子に由来する最大の構成単位をいう．たとえば，polyethylene の構成単位は methylene であるが，モノマー単位は ethan-1,2-diyl である．

(1) **統計コポリマー**：モノマー単位の連鎖分布が一定の統計的規則に従うコポリマーをいう．

(2) **ランダムコポリマー**：統計コポリマーのなかでも連鎖分布がベルヌーイ統計になるコポリマーをいう．すなわちあるモノマー単位の存在確率が隣接するモノマー単位に依存しない．

(3) **交互コポリマー**：2種のモノマー単位が交互に連鎖するコポリマーをいう．

(4) **周期コポリマー**：交互コポリマー以外で，2種以上のモノマー単位が秩序をもった連鎖構造のコポリマーをいう．

(5) **ブロックコポリマー**：複数のポリマーのブロック単位が線状に配列したコポリマーをいう．

例：AAAAABBBBBABABAB

上記の例は2種のモノマー単位からなる三つのブロック単位が線状に配列したブロックコポリマーである．

(6) **グラフトコポリマー**: ポリマーの幹となる部分（主鎖）に，別のポリマーが枝状（側鎖）に結合したコポリマーをいう.

8・1・7 立体規則性高分子

高分子の主鎖の構成繰返し単位（CRU）の中に少なくとも1個の立体異性の場所をもつものを**配置基本単位**とよぶ．ただ1種の配置基本単位からなる高分子を isotactic polymer **イソタクチック高分子**という．互いに鏡像異性の関係にある配置基本単位が交互に配列する高分子を syndiotactic polymer **シンジオタクチック高分子**という．配列基本単位が無秩序に配列した高分子を atactic polymer **アタクチック高分子**という．イソタクチック高分子，シンジオタクチック高分子のように，配列基本単位の連続した組がただ1種の高分子を**立体規則性高分子**とよぶ.

8・2 高分子の構造式の書き方

規則性高分子の構成単位をAとすると，規則性高分子の構造式は，

$$-\!\!\left(\text{A}\right)\!\!-_{n}$$

と書く．構成単位の構造式を括弧でくくり，括弧を貫通するダッシュ—と右下に下付きイタリック体の $_n$ を付ける．文書作成ソフトの都合で括弧を貫通するダッシュが書けない場合は括弧の内外をハイフンで代用して$-(-\text{A}-)_n-$のように書いてもよい．構成単位の構造式の書き方は有機化合物命名法，無機化合物命名法による．高分子鎖を使い分けたい場合には下付き文字として n，m，p，r などを使う．オリゴマー鎖を表したい場合には下付き文字として a，b，c などを使う.

不規則性高分子の構成単位をA，Bなどとすると，不規則性高分子の構造式は貫通ダッシュを使わず，構成単位の構造式をスラッシュで区切って括弧内に並べ，$(-\text{A}-/-\text{B}-/\dots-)_n$ のように表記する．この方法で統計コポリマー，ランダムコポリマー，交互コポリマー，周期コポリマーは書けるが，構造式の上で区別はできない．配列順序がわかっている規則性ブロックからなるブロックコポリマーは，n ではなく p，q，r を用いて成分ブロックを表し，

$$-\!\!\left(\text{A}\right)\!\!-_{p}\!\!\left(\text{B}\right)\!\!-_{q}\!\!\left(\text{C}\right)\!\!-_{r}$$

のように書く．グラフトコポリマーは，側鎖のない構成単位と側鎖の付いた構成単位のコポリマーとして表記する.

$$\left[\begin{array}{l}-\text{A}-/-\text{A}'-\\ \qquad\qquad\ \ \llcorner\!\left(\text{B}\right)\!\!-_{p}\end{array}\right]_n$$

8・3 高分子命名法の概要

高分子命名法には図8・1に示すように2系統ある．structure-based name **構造基礎名**

と source-based name **原料基礎名**である．それに加えて一般用途向けに多くの traditional name が retained name **保存名**として認められている．

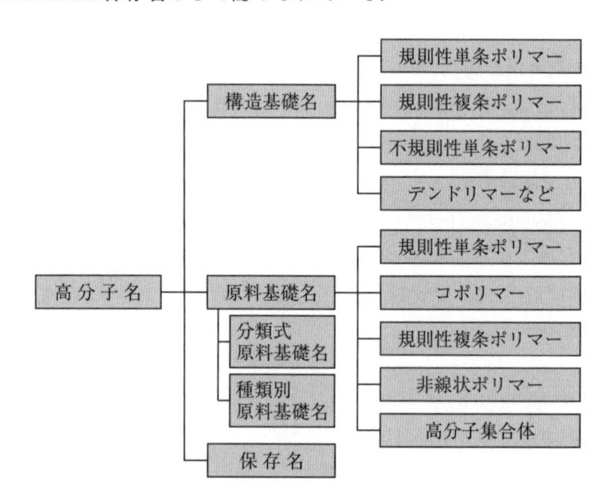

図8・1 高分子命名法と適用しやすい高分子の種類

構造基礎名は，高分子の化学構造が十分に解明されている場合に，有機化合物命名法や無機化合物命名法に基づく CRU（構成繰返し単位）の名前を基につくりあげる高分子名である．しかしながら，無機化合物と同様に高分子も化学構造に関する情報が十分に得られないことが多い．そのような場合にも重合前のモノマーや重合操作に関する情報は得やすい．原料基礎名は，原料名を基に重合操作やポリマーの分析から得られた情報を加味してつくりあげられる．

本章では規則性単条ポリマーの構造基礎名と原料基礎名を説明し，その他は第９章で述べる．大量に生産されている身近な高分子を例に構造式と三つの名前を表８・１に示す．

8・4 規則性単条ポリマーの構造基礎命名法

規則性単条ポリマーには，ホモポリマーだけでなく，二つの２官能性モノマーから重縮合によってつくられるポリマーも含まれる．表８・１に例示した身近な生産量の多いポリマーの多くが該当する．

8・4・1 構造基礎名を考える手順

構造基礎名は，表８・１に例示するように **CRU**（**構成繰返し単位**）の名前に括弧を付け，その前に接頭語 poly を置いてつくられる．oligomer であることを強調したいときは poly の代わりに oligo を使う．構造基礎名をつくるためにはポリマーの構造から“優先される CRU”を識別する必要がある．この識別は次の手順で行うが，理解を深めるために次の構造のポリマーを具体例として説明する．

$$-O-CH(Br)-CH_2-O-CH(Br)-CH_2-O-CH(Br)-CH_2-O-CH(Br)-CH_2-\cdots$$

(1) ポリマーの構造から CRU を選ぶ．いくつかの候補が選ばれることがある．

具体例からは次の 6 個を CRU 候補として選ぶことができる．構造を読む方向には逆もある．

$-OCH(Br)CH_2-$　　$-CH_2OCH(Br)-$　　$-OCH_2CH(Br)-$

$-CH_2CH(Br)O-$　　$-CH(Br)OCH_2-$　　$-CH(Br)CH_2O-$

(2) CRU がいくつかの副単位からなるか否かを判別する．有機化合物命名法に基づいて単一の構造単位として命名が可能な CRU 中の主鎖の部分構造のうちで最大のものを**副単位**という．

具体例では副単位は$-O-$と$-CH_2CH_2-$(Br 置換)である．

(3) 副単位の優位性を判定する．判定基準は §8・4・2 で述べる．

具体例ではヘテロ原子鎖$-O-$が非環炭素鎖$-CH_2CH_2-$より優位である．

表 8・1　身近な高分子の構造式と名前

構造式	構造基礎名	原料基礎名†	保存名
$\text{+}CH_2\text{+}_n$	poly(methylene)	polyethene	polyethylene
$\text{+}CH(CH_3)-CH_2\text{+}_n$	poly(1-methylethane-1,2-diyl)	polypropene	polypropylene
$\text{+}CH(C_6H_5)-CH_2\text{+}_n$	poly(1-phenylethane-1,2-diyl)	poly(ethenylbenzene)	polystyrene
$\text{+}CH=CH-CH_2CH_2\text{+}_n$	poly(but-1-ene-1,4-diyl)	poly(buta-1,3-diene)	polybutadiene
$\text{+}O-CH_2CH_2\text{+}_n$	poly(oxyethane-1,2-diyl)	poly(oxirane)	poly(ethylene oxide)
$\text{+}NHCO(CH_2)_5\text{+}_n$	poly[azanediyl(1-oxohexane-1,6-diyl)]	poly(azepan-2-one)	poly(ε-caprolactam)
$\text{+}CHCl-CH_2\text{+}_n$	poly(1-chloroethane-1,2-diyl)	poly(1-chloroethene)	poly(vinyl chloride)
$\text{+}O-(CH_2)_2-O-CO-C_6H_4-CO\text{+}_n$	poly(oxyethane-1,2-diyloxybenzene-1,4-dicarbonyl)	poly[(ethane-1,2-diol)-*alt*-(benzene-1,4-dicarboxylic acid)]	poly(ethylene terephthalate)
$\text{+}C(CH_3)(COOCH_3)-CH_2\text{+}_n$	poly[1-(methoxycarbonyl)-1-methylethane-1,2-diyl]	poly(methyl 2-methylprop-2-enoate)	poly(methyl methacrylate)

†　§8・1・2 に示すように原料基礎名はほかにもありえる．

(4) 最も優位性の高い副単位（副単位に置換基があれば，それも含めて）を左に置き，CRU 中で副単位が出現する順番に副単位を並べることにより CRU 候補を絞り込む．

具体例では $-OCH(Br)CH_2-$ と $-OCH_2CH(Br)-$ に絞り込まれる．

(5) 次位の優位性の副単位の優位性を判定（§8・4・2）し，それでも決まらない場合には §8・4・3 の基準によって優先される CRU を判定する．

具体例では $-CH(Br)CH_2-$ が最小の位置番号の置換基をもつので $-CH_2CH(Br)-$ よりも優位であり，優先される CRU は，$-OCH(Br)CH_2-$ と決まる．

(6) 副単位の名前を左から右に並べることによって優先される CRU を命名する．

具体例では -O- は oxy，$-CH(Br)CH_2-$ は 1-bromoethane-1,2-diyl と読めるので優先される CRU の名前は oxy(1-bromoethane-1,2-diyl) である．

(7) 接頭語 poly と括弧を付けて，poly(優先される CRU 名)が構造基礎名になる．

具体例では poly[oxy(1-bromoethane-1,2-diyl)]となる．

8・4・2 副単位の優位性の判定基準

副単位の優位性は，複素環系＞ヘテロ原子鎖＞炭素環系＞非環炭素鎖の順である．環系

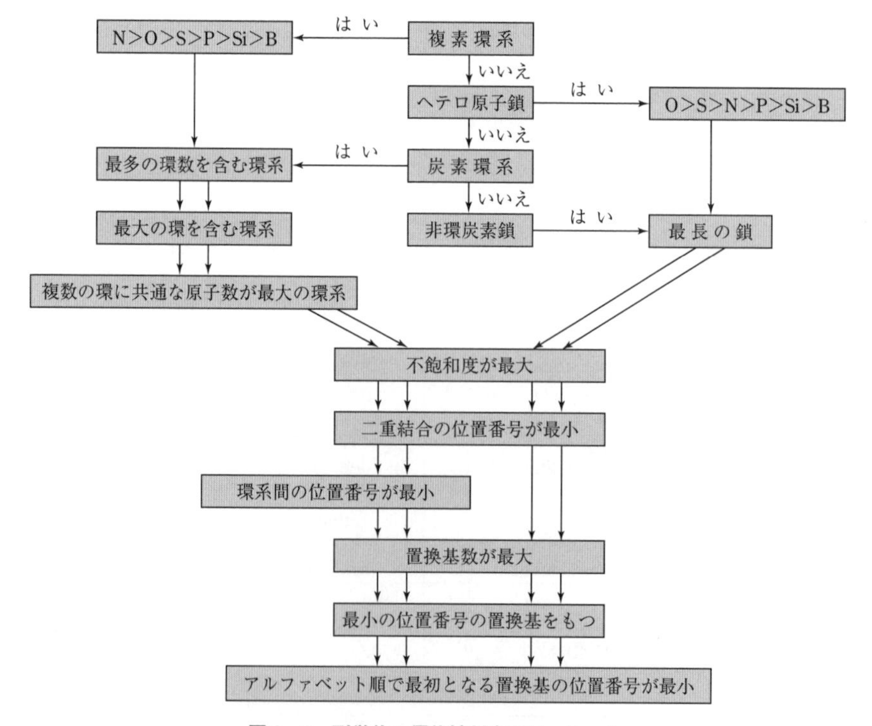

図8・2 副単位の優位性判定フローシート

には第5章で紹介した橋かけ環，スピロ環，環集合も含まれる．さらに，その先の優位性は副単位の種類，大きさで決められ，それでも決着が付かない場合には不飽和度とその位置，さらに置換基の数や位置番号に基づいて判定される．これを図8・2のフローシートで示す．より詳細な規則は文献4，6を参照．

例　題　CRUから次の副単位（順不同）を見出した．この副単位の優位性を判定するとともに命名せよ．

① $-CH{=}CClCH_2CH_2-$　②　③ $-(CH_2)_4-$　④ $-CH_2CCl{=}CHCH_2-$

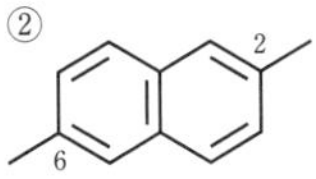

⑤ $-CH(CH_3)CHCH_3-$　⑥ $-N{=}$　⑦ $-N{=}N-$　⑧ $-NH-$　⑨

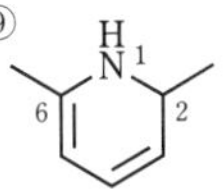

⑩ 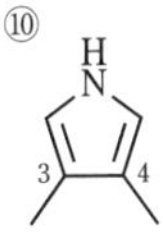　⑪ 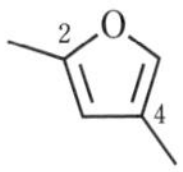　⑫ 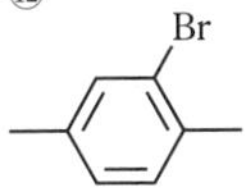　⑬ 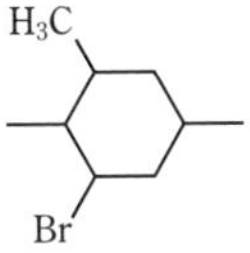　⑭

解　答　⑨>⑩>⑪>⑭>⑦>⑥>⑧>②>⑫>⑬>①>④>③>⑤

- 複素環を集め，N>O，最大の環の判定基準から⑨>⑩>⑪.
- ヘテロ原子鎖を集め，S>N，最長の鎖，不飽和度大の判定基準から⑭>⑦>⑥>⑧.
- 炭素環系を集め，最多の環，不飽和度大の判定基準から②>⑫>⑬.
- 非環炭素鎖系を集め，最長の鎖，不飽和度大，二重結合の位置番号の判定基準から①>④>③>⑤．以上の結果を複素環系>ヘテロ原子鎖>炭素環系>非環炭素鎖の順に並べる．

① 2-chlorobut-1-ene-1,4-diyl　② naphthalene-2,6-diyl　③ butanediyl
④ 2-chlorobut-2-ene-1,4-diyl　⑤ 1,2-dimethylethane-1,2-diy　⑥ azanylylidene
⑦ diazenediyl　⑧ azanediyl　⑨ 1,2-dihydropyridine-1,6-diyl
⑩ 1*H*-pyrrol-3,4-diyl　⑪ furan-2,4-diyl　⑫ 2-bromo-1,4-phenylene
⑬ 1-bromo-6-methylcyclohexane-1,4-diyl　⑭ sulfonyl

8・4・3　優先されるCRUの識別基準

副単位の優位性が決まっても最優位に二つ，あるいは次位に二つの副単位がある場合には，最優位同士の最短経路，次に次位との最短経路というように，副単位間の経路の短い方向を選択する．

例1:

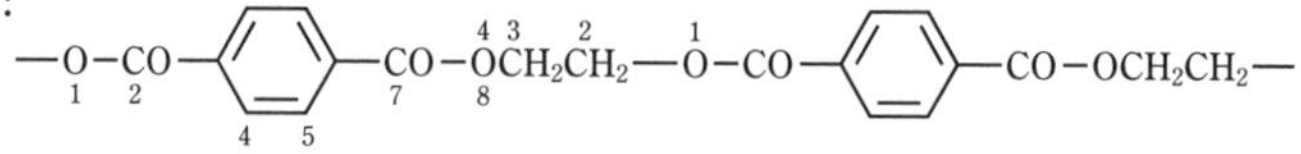

$$—\underset{1}{O}—\underset{2}{CO}—C_6H_4—\underset{7}{CO}—\overset{4\ 3}{\underset{8}{O}}CH_2\overset{2}{C}H_2—\overset{1}{O}—CO—C_6H_4—CO—OCH_2CH_2—$$

(ベンゼン環の位置番号 4, 5)

例2:

$$—O—CO—C_6H_4—\underset{9}{CO}—\underset{8}{O}—(CH_2)_6—\underset{1}{O}—CO—C_6H_4—CO—O—(CH_2)_6—$$

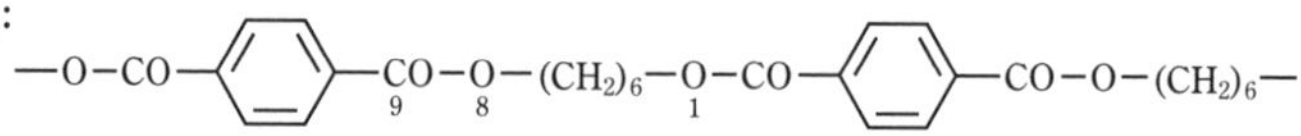

副単位の優先順位は，　-O->-COC_6H_4CO->-$(CH_2)_n$-　である．

最優位の副単位-O-が二つあるので，この副単位間の最短経路を考えると，例1は -CH_2CH_2- 間を通るルートがベンゼン環を通るルートより短い．例2は -$(CH_2)_6$- 間を通るルートも，ベンゼン環を通るルートも同じになるので，次位の副単位へのルートを考えるとベンゼン環を通るルートが短い．

したがって，例1の構造式は，

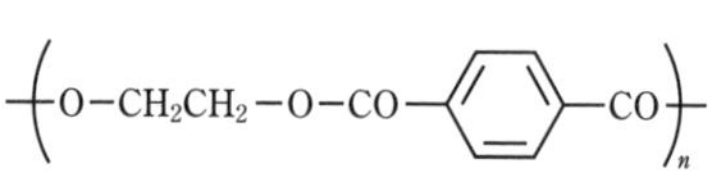

$$\left(O—CH_2CH_2—O—CO—C_6H_4—CO\right)_n$$

と書くことができ，poly(oxyethane-1,2-diyloxybenzene-1,4-dicarbonyl)と命名される．

例2の構造式は，

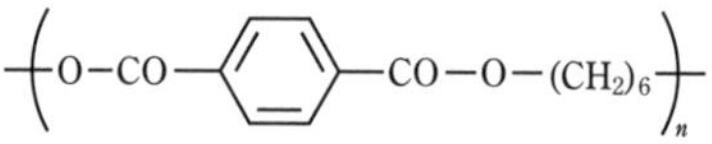

$$\left(O—CO—C_6H_4—CO—O—(CH_2)_6\right)_n$$

と書くことができ，poly(oxybenzene-1,4-dicarbonyloxyhexane-1,6-diyl)と命名される．

なお，ヘテロ原子鎖，非環炭素鎖，単環炭素環の副単位はCRUの主鎖に結合する左側にある原子の位置番号を1とする．一方，多環系炭化水素，複素環系は位置番号が有機化学命名法によって定められている．このような副単位ではCRU主鎖への環の左側の結合点の位置番号ができるだけ小さくなるように位置番号を与える．

例:

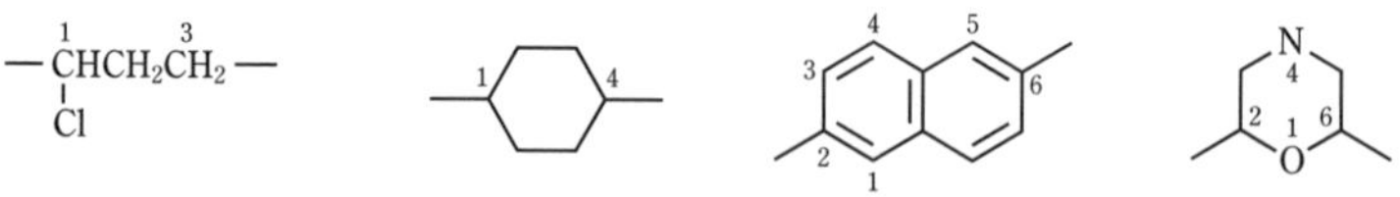

$$—\overset{1}{C}H(Cl)CH_2\overset{3}{C}H_2—$$

1-chloropropane-1,3-diyl　cyclohexane-1,4-diyl　naphthalene-2,6-diyl　morpholine-2,6-diyl

naphthalene の位置番号は §5・2・1，morpholine の位置番号は §4・4・3 参照．

8・4・4　ポリマー末端基の命名法

CRUの左側に結合するポリマー末端基にα，もう一方の末端基にωを末端基の接頭語として付け，ポリマー名の前に置く．

例:

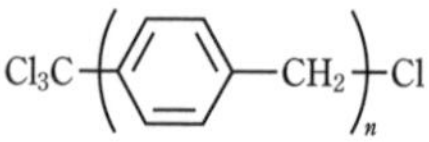

$$Cl_3C\left(C_6H_4—CH_2\right)_nCl$$

α-(trichloromethyl)-ω-chloropoly(1,4-phenylenemethylene)

$H_3C\text{-}[OCH_2CH_2]_n\text{-}OCH_3$　α-methyl-ω-methoxypoly[oxy(ethane-1,2-diyl)]

$[CH_2]_n$　$[CH_2]_n$　$[CH_2]_n$

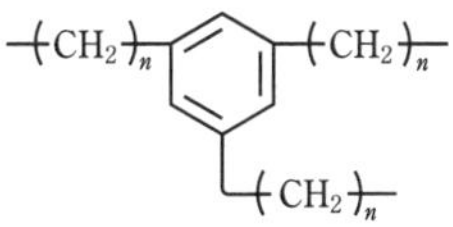

α,α′,α″-benzene-1,3,5-triyltris[poly(methylene)]

8・5　規則性単条ホモポリマーの原料基礎命名法（含む分類式）

8・5・1　原 料 基 礎 名

原料基礎名は原料名の前に括弧なしでpolyを置くだけであり，構造基礎名に比べて簡単である．オリゴマーであることを強調したい場合にはpolyの代わりにoligoを使う．原料名が2語以上になる場合，原料名の中に置換基名などの接頭語が付く場合，原料名の中に位置番号などが入っている場合には，原料名を括弧でくくり，その前にpolyを置く．原料基礎名は簡単な分だけ，構造基礎名に比べて情報量が少ない．

原料基礎名は原則として有機化学命名法，無機化学命名法によることになっている．しかしながら，有機化合物命名法のPINを使うよりも，高分子化学の発展過程で多くの研究者が慣れ親しんだ名前（GINや慣用名）がいまだに多く使われている．“広く用いられている慣用名の使用は認める”ことになっているが，その範囲はあいまいである．文献4や文献5はもちろん，有機化学命名法2013年勧告の後に発表された文献6〜9でもPINが使われていない例が多く見られる．本書では表や例においてはPINを使うように心がけたのでこれらの文献と名前が異なることがある．

原料名としては，実際に使われるモノマー名だけでなく，poly(vinyl alcohol)のようにポリマーの構造から想定（§8・1・1）されるモノマーの名前も許される．§8・1・2で述べた二つの相補的なモノマーの重縮合によってできる規則性単条ポリマーについても，図のような想定上の環状モノマーを考えることによってホモポリマーとして原料基礎名をつくることができる．

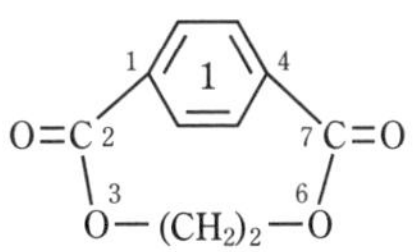

O=C 2　1　4　7 C=O
3 O—$(CH_2)_2$—O 6

ethane-1,2-diyl terephthalate(GIN)
3,6-dioxa-1(1,4)-benzenacycloheptaphane-2,7-dione(PIN)

O=C 2 — $(CH_2)_4$ — 7 C=O
HN 1 — $(CH_2)_6$ — 8 NH

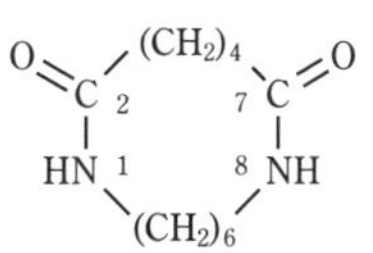

N,N′-(hexane-1,6-diyl)adipamide(GIN)
1,8-diazacyclotetradecane-2,7-dione(PIN)

またformaldehyde（PIN）HCHOを重合させてできる高分子poly(oxymethylene)は，モノマー 1,3,5-trioxaneの開環重合によっても合成できる．このような場合にもポリマーの構造から想定される モノマー formaldehydeを使った原料基礎名polyformaldehydeに統一する．

8・5・2　分類式原料基礎名

原料基礎名は構造基礎名に比べて非常に簡便である．しかし，情報量が少ないので次の例のように原料が同じでも異なるポリマーが生成する場合に区別できない．一方，構造基礎名は区別できる．

例：

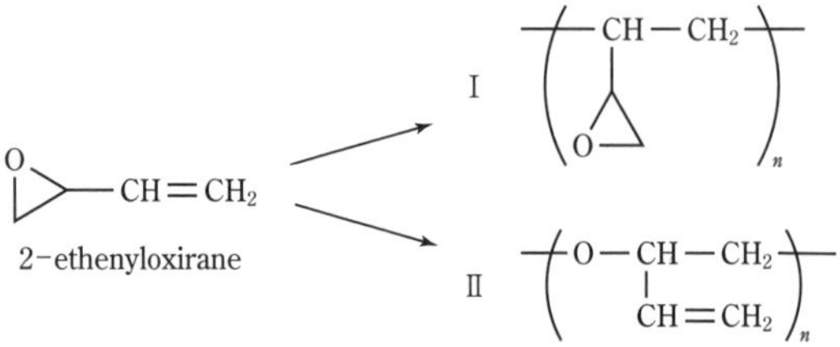

2-ethenyloxirane　→　I，II

原料基礎名では，Ⅰ，Ⅱとも poly(2-ethenyloxirane) となる．
構造基礎名では，Ⅰ poly(1-oxyranylethane-1,2-diyl)
　　　　　　　　Ⅱ poly[oxy(1-ethenylethane-1,2-diyl)] となる．

このような場合に原料基礎名を拡張した分類式原料基礎名が役に立つ．その基本概念はきわめて単純で，ポリマーの原料名A，B…の前に分類名Gを置き，コロンでつなぐ．ホモポリマーは polyG:A，コポリマーは polyG:(A，B…) となる．分類名は適切な官能基またはヘテロ環の型の名前である．主要な分類名を構造式とともに表8・2に示す．

表8・2　主要な分類名

構成単位の構造式	分類名	構成単位の構造式	分類名
$-(CH_2)_n-$	polyalkylene		polyimide
$-CH=CH-(CH_2)_n-$	polyalkenylene	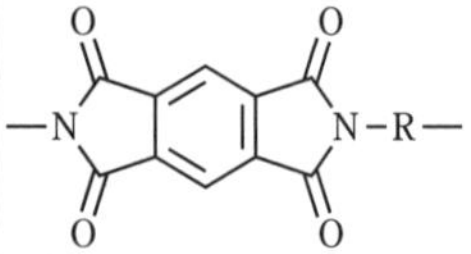	
-O-R-	polyether		
-CO-R-	polyketone		
-O-R-CO-R′-	polyetherketone		
-NHCO-R-	polyamide		polybenzimidazole ポリベンゾイミダゾール
-OCO-R-	polyester	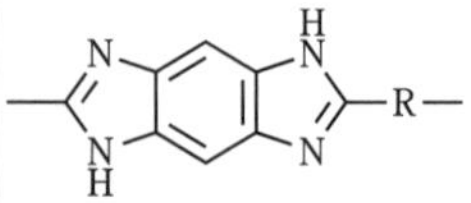	
-O-R-O-CO-	polycarbonate		
-O-R-OCONHR′NHCO-	polyurethane		
-NH-NH-CO-R-	polyhydrazide	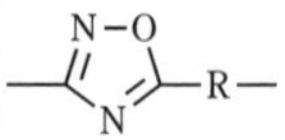	polyoxadiazole

上述の原料基礎名で区別できなかった例の分類式原料基礎名は次のとおりである．

Ⅰ　polyalkylene:(2-ethenyloxirane)

Ⅱ　polyether:(2-ethenyloxirane)

いくつかの例を示す．

例：

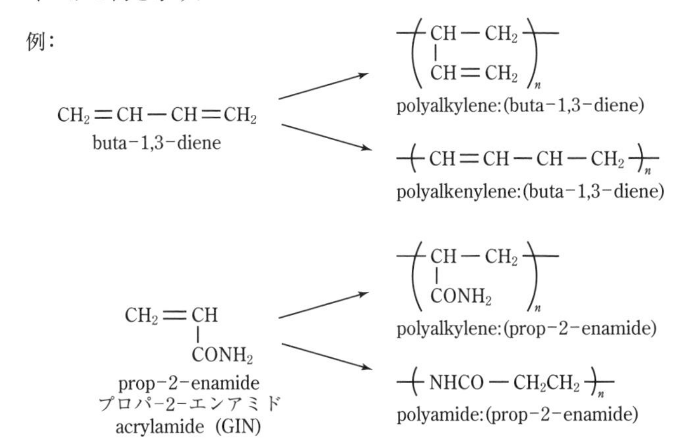

8・6　デンドリマーなどの構造基礎命名法

1980年代から活発に研究されてきたデンドリマー，ハイパーブランチポリマーは，規則的な多分岐構造からなる樹状高分子であることから見た目の複雑さにも関わらず構造基

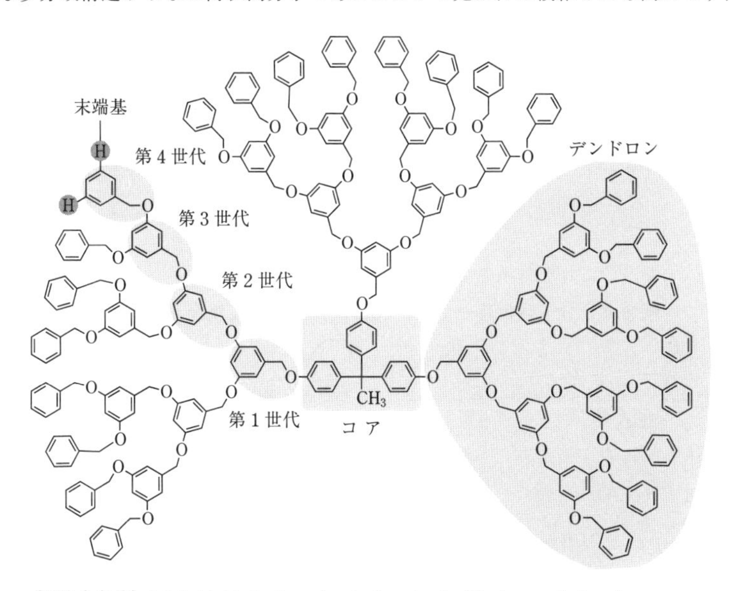

（置換命名法）1,1,1-tris{4-[ω-hexadecahydro-dendroG4-(oxymethylenebenzene-1,3,5-triyl)-α-yl]phenyl}ethane
（倍数命名法）α, α′, α′′-[ethane-1,1,1-triyltri(4,1-phenylene)]tris[ω-hexadecahydro-dendroG4-(oxymethylenebenzene-1,3,5-triyl)]

図8・3　対称コアをもつ規則性デンドリマーの例

礎命名法が適用される．置換命名法と倍数命名法がある．ここでは対称コアをもつ規則性デンドリマーの命名例を一つ示すに止める（図 8・3）．命名法の詳細や不規則性デンドリマー，ハイパーブランチポリマーなどの命名法については文献 13 を参照．

デンドリマーの世代数を n で示すと上記デンドリマーは一般に次のように命名する．

置換命名法は，

[ω-末端基数を示す倍数接頭語(末端基名)-dendro^{Gn}-(CRU 名)-α-yl]コア名

倍数命名法は，

α-倍数置換基名[ω-末端基数を示す倍数接頭語(末端基名)-dendro^{Gn}-(CRU 名)]

練習問題

8・1　次の構造式の高分子の構造基礎名，原料基礎名，慣用名（保存名か否かを問わない）を示せ．

(1) $\text{-(-C(CH_3)_2-CH_2-)}_n$　　(2) $\text{-(-C(CH_3)=CH-CH_2-CH_2-)}_n$

(3) $\text{-(-CH(CN)-CH_2-)}_n$　　(4) -(-CF_2-)_n

(5) 1,3-ジオキサン環（O, O, $CH_2CH_2CH_3$）と CH_2 からなる繰返し単位 $(\ )_n$

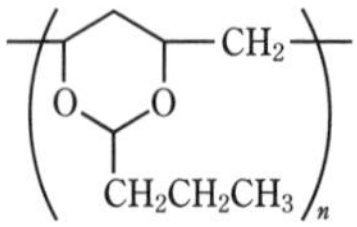

ヒント：概念上の原料は慣用名 butylaldehyde divinyl acetal,

その構造式は，

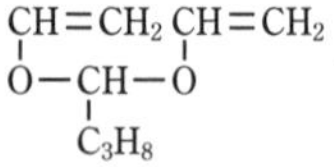

$CH=CH_2$ $CH=CH_2$ / O−CH−O / C_3H_8

なのでこれを体系名で表す．

概念上，分子内反応→分子間反応が繰返されて重合が進む．

(6) $\text{-(-O-C_6H_2(CH_3)_2-)}_n$（H₃C, H₃C 置換）　　(7) -(-S-C_6H_4-)_n

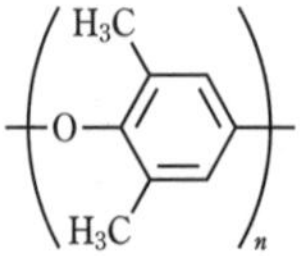

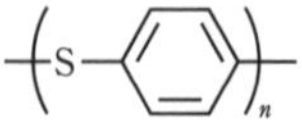

(8) -OCH(CH_3)CO-

(9) 二環構造 $-CH=CH-$ の繰返し単位 $(\ )_n$

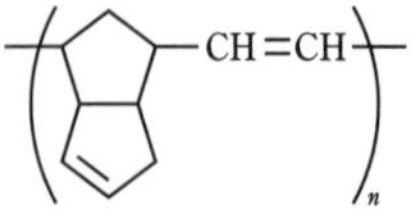

ヒント：① 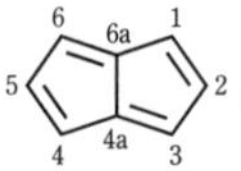 pentalene（位置番号 1, 2, 3, 3a, 4, 4a, 5, 6, 6a）, ②原材料（位置番号 1–10）

(10) $\text{-(-NH-C(=O)-CH_2CH_2CH_2-)}_n$　ヒント：①原材料（H, N, O の五員環ラクタム）

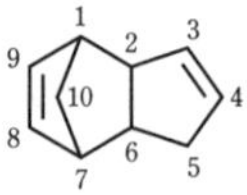

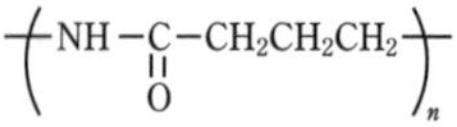

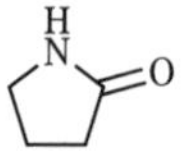

8・2 次の名称の高分子の構造式を書け.

(1) poly[azanediyl(ethane-1,2-diyl)]

(2) α-acetyl-ω-acetyloxypoly(oxymethylene)

(3) poly[(Z)-but-1-ene-1,4-diyl]

(4) poly[oxy(dimethylsilanediyl)]

(5) poly[*N,N′*-(hexane-1,6-diyl)hexanediamide]

(6) poly[azanediyl(1-methyl-2-oxoethane-1,2-diyl)]

(7) poly[(prop-1-en-2-yl)benzene]

(8) poly(oxolane)

(9) poly(2,4,8,10-tetraoxaspiro[5.5]undecane-3,9-diyloxyhexane-1,6-diyloxy)

(10) 原料基礎名 poly(bicyclo[2.2.1]hept-2-ene) または慣用名 poly(norbornene)

ヒント: 練習問題8・1(9)と同様に開環メタセシス重合 ROMP によってつくられるシクロオレフィンポリマー.

解 答

8・1 (1) poly(1,1-dimethylethane-1,2-diyl), poly(2-methylpropene), polyisobutylene

(2) poly(1-methylbut-1-ene-1,4-diyl), poly(2-methylbuta-1,3-diene), polyisoprene

(3) poly (1-cyanoethane-1,2-diyl), poly(prop-2-enenitrile), polyacrylonitrile

(4) poly (difluoromethylene), polytetrafluoroethen, polytetrafluoroethylene

(5) poly[(2-propyl-1,3-dioxane-4,6-diyl) methylene], poly[1,1-bis(ethenyloxy)butane], poly(vinyl butyral)

(6) poly [oxy(2,6-dimethyl-1,4-phenylene)] poly(2,6-dimethylphenol), poly(2,6-dimethyl-1,4-phenylene oxide)

(7) poly(sulfanediyl-1,4-phenylene), poly(1,4-phenylene sulfide), poly(phenylene sulfide)

(8) poly[oxy(1-methyl-2-oxoethane-1,2-diyl)], poly(2-hydroxypropanoic acid) または poly(3-methyloxiran-2-one), poly(lactic acid)

(9) poly[(1,2,3,3a,4,6a-hexahydropentalene-1,3-diyl)ethene-1,2-diyl], poly(tricyclo [$5.2.1.0^{2,6}$]deca-3,8-diene), polydicyclopentadiene (開環メタセシス重合 ROMP によってつくられるシクロオレフィンポリマー)

(10) poly[azanediyl(1-oxobutane-1,4-diyl)], poly(pyrrolidin-2-one), poly(γ-butyrolactam)

8・2 (1) $\text{-(}NHCH_2CH_2\text{)}_n$ 原料基礎名 polyaziridine, 慣用名 poly(ethyleneimine)

(2) $CH_3CO\text{-(}OCH_2\text{)}_nOCOCH_3$ 原料基礎名 polyformaldehyde, 慣用名 polyacetal は融点以上で解重合しやすいので, acetyl 基で末端処理している.

(3) 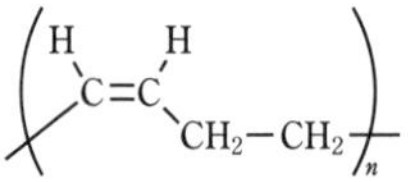 $\left[\!-\mathrm{CH{=}CH-CH_2-CH_2}-\right]_n$ （H, H cis）　チーグラー系触媒による高 *cis*−1,4−polybutadiene（慣）

(4) 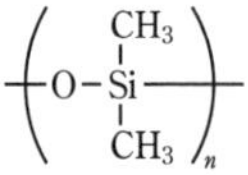 $\left[\!-\mathrm{O-Si(CH_3)_2}-\right]_n$　無機ポリマー，慣用名 poly(dimethylsiloxane)

(5) $\left[\mathrm{NHCO(CH_2)_4CONH(CH_2)_6}\right]_n$　この問題は原料基礎名である．その原料名は§8・5・1に図示した想定上の環状モノマーである．よく知られている慣用名はnylon66である．

構造基礎名 poly(azanediylhexanedioylazanediylhexane−1,4−diyl)

(6) $\left[\mathrm{NHCH(CH_3)-CO}\right]_n$　原料基礎名は第10章の保存名を使うと polyalanine となり，ポリペプチドであることがすぐにわかる．一方，有機化学の体系名を使うと，原料基礎名は poly(2−aminopropanoic acid)となる．

(7) 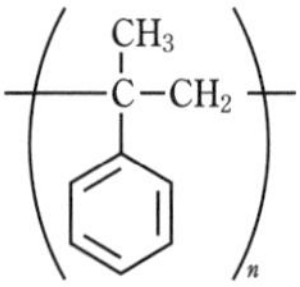 $\left[\!-\mathrm{C(CH_3)(C_6H_5)-CH_2}-\right]_n$　この問題は原料基礎名である．

構造基礎名 poly[(1−methyl−1−phenyl)ethane−1,2−diyl]，

慣用名 poly(α−methylstyrene)

(8) $\left[\mathrm{O-CH_2CH_2CH_2CH_2}\right]_n$　この問題も原料基礎名である．oxolane の GIN は tetrahydrofuran.

構造基礎名 poly(oxybutane−1,4−diyl)

慣用名 poly(tetramethylene ether glycol) または poly(tetramethylene oxide)

弾性ポリウレタン繊維の片方の原料

(9) 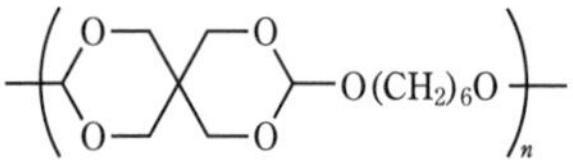 （スピロ環 O–O 構造）$-\mathrm{O(CH_2)_6O}-$ ${}_n$　スピロ高分子ではない点に注意．複条高分子でなく，単条高分子である（§8・1・5）

(10) 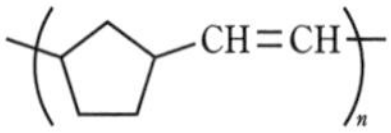 （cyclopentane）$-\mathrm{CH{=}CH}-$ ${}_n$

norbornene C_7H_{10}

構造基礎名 poly(cyclopentane−1,3−diylethene−1,2−diyl)

9

高分子命名法 中級編

9・1　不規則性単条有機ポリマーの構造基礎命名法

不規則性ポリマーは2種以上の構成単位を用いないと記述できない．不規則性ポリマーには，ブロックコポリマーの中の規則性をもったブロックを除いて，規則性ポリマーのような繰返し構成単位はない．ブロックコポリマーではブロックが構成単位で，ブロックは多数回繰返されるものではない．

9・1・1　構成単位の決定法

§8・4・1で複数の繰返し構成単位を選んだように不規則性ポリマーの構成単位を選ぶ．次に§8・4・2で示した副単位の優位性判定基準を準用して不規則性ポリマーの構成単位を絞り込み，必要最小限の構成単位を並べる．実際のポリマーにないセグメント鎖が発生しないようにする．具体例は次項で示す．

9・1・2　構成単位の配列様式がわからない不規則ポリマー

構成単位の構造基礎名をA，B，C…とすると，位置番号，倍数接頭語を含めた名前のアルファベット順に並べてpoly(A/B/C…)と命名する．

例1：塩素化ポリメチレン　　polyethylene（保存名）を塩素化したポリマー

$-CH_2-CHCl-CH_2-CCl_2-CHCl-CH_2-CH_2-CHCl-\cdots$

poly(chloromethylene/dichloromethylene/methylene)

構成単位は $-CH_2-$，$-CHCl-$，$-CCl_2-$ の3種類である．塩素化がランダムに行われるため配列様式がわからないので，その構造基礎名をアルファベット順に並べる．

例2：頭-頭結合と頭-尾結合をランダムに含むchloroetheneのポリマー〔poly(vinyl chloride)（保存名)〕

$-CHCl-CH_2-CHCl-CH_2-CH_2-CHCl-CHCl-CH_2-CH_2-CHCl-\cdots$

poly(1-chloroethane-1,2-diyl/2-chloroethane-1,2-diyl)

構成単位は $-CHCl-CH_2-$，$-CH_2-CHCl-$ の2種類である．構造基礎名の位置番号順に並べる．

例 3:　ethenylbenzene と chloroethene の統計コポリマー

$-CH_2-CHC_6H_5-CH_2-CHCl-CH_2-CHCl-CH_2-CHC_6H_5-CH_2-CHC_6H_5-\cdots$

poly(1-chloroethane-1,2-diyl/1-phenylethane-1,2-diyl)

複雑さにごまかされず，§8・4・2 の判定基準から，構成単位は $-CHC_6H_5-CH_2-$ と $-CHCl-CH_2-$ の 2 種類である．

例 4:　1,4-構造と 1,2-構造がランダムに混合した buta-1,3-diene のポリマー

$-CH{=}CH-CH_2-CH_2-CH(CH{=}CH_2)-CH_2-CH{=}CH-CH_2-CH_2-CH{=}CH-CH_2-CH_2-\cdots$

poly(but-1-ene-1,4-diyl/1-ethenylethane-1,2-diyl)

構成単位候補として $-CH{=}CH-CH_2-CH_2-$ と $-CH(CH{=}CH_2)-CH_2-$ の組，$-CH_2-CH{=}CH-CH_2-$ と $-CH_2-CH(CH{=}CH_2)-$ の組がある．§8・4・2 の判定基準から非環炭素鎖で，“最長の鎖”，“二重結合の位置番号が最小”が優位となることから $-CH{=}CH-CH_2-CH_2-$ と $-CH(CH{=}CH_2)-CH_2-$ の組が構成単位である．

9・1・3　ブロックの配列様式がわかっているブロックコポリマー

ブロックコポリマーは，モノマー投入順や反応器の順序によって，ブロックの配列様式がわかっている場合が多い．構成単位の構造基礎名を括弧で囲み，前に poly を付け，ブロック順にダッシュでつないで poly(A) — poly(B) — poly(C) —…のように命名する．

例:

$$-\!\left(\underset{\displaystyle CN}{\underset{|}{CH}}-CH_2\right)_{\!p}\!\left(CH_2-CH_2\right)_{\!q}\!\left(\underset{\displaystyle CN}{\underset{|}{CH}}-CH_2\right)_{\!r}\!-$$

poly(1-cyanoethane-1,2-diyl) — poly(methylene) — poly(1-cyanoethane-1,2-diyl)

9・1・4　主鎖から分岐が伸びている不規則ポリマー

主鎖をあらかじめ合成し，何らかの操作によって分岐鎖を後から伸ばすグラフトコポリマーは主鎖 poly(Z) と分岐鎖 poly(A) の構成単位がわかっている．このような場合には poly[Z/poly(A)Z] と命名する．

例:

$$-\!\left(CH_2\right)_{l}-\underset{\left(CH_2-\underset{\displaystyle C_6H_5}{\underset{|}{CH}}\right)_{p}}{\underset{|}{CH}}-\left(CH_2\right)_{m}-\underset{\left(CH_2-\underset{\displaystyle C_6H_5}{\underset{|}{CH}}\right)_{q}}{\underset{|}{CH}}-\left(CH_2\right)_{n}\!-$$

poly[methylene/poly(2-phenylethane-1,2-diyl)methylene]

9・1・5　星型高分子

星型高分子は，中心単位から何らかの操作によってポリマー鎖を伸ばして作成する．中心単位 X の位置番号 x，y，z で poly(A)，poly(B)，poly(C)が分岐する星型高分子は，x-

[poly(A)]-y-[poly(B)]-z-[poly(C)]X と命名する．

例：$\left(\!-CH_2-\underset{C_6H_5}{CH}-\right)_p$–(1,3,5-benzene)–$\left(-\underset{C_6H_5}{CH}-CH_2-\right)_r$, $\left(-\underset{C_6H_5}{CH}-CH_2-\right)_q$

1,3,5-tris[poly(1-phenylethane-1,2-diyl)]benzene
中心単位は benzene で，その 1，3，5 位から poly(1-phenylethane-1,2-diyl) 鎖が伸びている．

9・2　立体規則性高分子の命名法

規則性高分子の主鎖に立体異性の場所がある場合に，それがどのように繰返されるかについては次の図に示す isotactic（**イソタクチック**），syndiotactic（**シンジオタクチック**），atactic（**アタクチック**）の 3 種類がある．

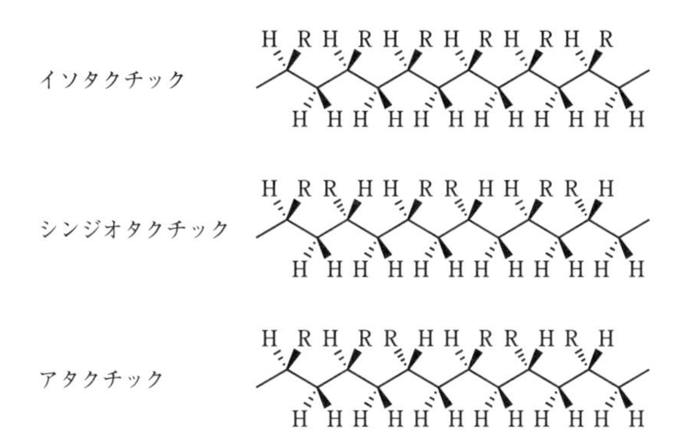

立体規則性高分子の立体配置を示す必要がある場合には高分子の構造基礎名の前に上記の三つのうち，該当する接頭語＋ブランクを付けて命名する．

例 1：$\left(-O-\underset{H}{\overset{CH_3}{C}}-CH_2-\right)_n$

isotactic poly[oxy(1-methylethane-1,2-diyl)

例 2：$\left(-\underset{H}{\overset{CH_3}{C}}-\underset{CH_3}{\overset{H}{C}}-\right)_n$

syndiotactic poly(methylmethylene)

iso と syndio は意外と間違えやすいので，分子模型による慎重な検討を行うとよい．

なお，立体規則性高分子の詳細については文献 4，5 参照．

9・3　コポリマーの原料基礎命名法

コポリマーの構造基礎名は，すべての構成単位の明確な構造と連鎖配列に関する情報がなければつくれない．しかし，コポリマーでそのような情報が得られることはまれである．このためコポリマーの名前にはもっぱら原料基礎命名法（分類式を含め）が使われる．

なお，本書では有機化合物名は原則として PIN を使ってきたが，以下の原料基礎命名法の説明の中では，わかりやすくするため，あるいはポリマーの略号の語源がわかるように，馴染みのある原料の慣用名や GIN を使うこともある．コポリマーの原料基礎名の詳細については，文献 4，8 参照．

9・3・1　コポリマーの種類別原料基礎名

§8・1・6 で紹介したコポリマー 6 種に加え，種類を指定しない場合も含む 7 種の連鎖配列に対応する接続記号（イタリック体）を原料基礎名に加えることによって，コポリマーに対する命名を行う．*co*，*stat*，*ran*，*alt* の場合，原料名はアルファベット順に並べる．表 9・1 に接続記号と命名例を示す．

表 9・1　コポリマーの種類別命名法

連鎖配列の型	接続記号	命 名 例
無指定	-*co*-	poly(A-*co*-B)
統　計	-*stat*-	poly(A-*stat*-B)
ランダム	-*ran*-	poly(A-*ran*-B)
交　互	-*alt*-	poly(A-*alt*-B)
周　期	-*per*-	poly(A-*per*-B-*per*-C)
ブロック	-*block*-	polyA-*block*-polyB
グラフト	-*graft*-	polyA-*graft*-polyB

末端基を明示したい場合には §8・4・4 と同様に接頭語 α，ω を使用する．

例：α-X-ω-Y-poly(A-*co*-B)

有名なコポリマーを含むいくつかの具体例を示す．ISO，ASTM は §9・6 参照．

例 1：poly[(buta-1,3-diene)-*co*-ethenylbenzene-*co*-(prop-2-enenitrile)]

acrylontrile（GIN）と buta-1,3-diene（PIN）と styrene（GIN）の連鎖配列無指定コポリマー．
［ISO，ASTM］略号 ABS：acrylontrile-butadiene-styrene copolymer.

例 2：poly[(buta-1,3-diene)-*stat*- ethenylbenzene]

styrene と buta-1,3-diene の統計コポリマー．
［ISO，ASTM］略号 SB：styrene-butadiene copolymer，慣用的な略号 SBR.

例 3: poly[ethene-*ran*-(ethenyl acetate)]

ethylene（慣用名）と vinyl acetate（GIN）のランダムコポリマー.
[ISO] 略号 EVAC, [ASTM] 略号 EVA: ethylene-vinyl acetate copolymer.

例 4: poly[ethenylbenzene-*alt*-(furan-2,5-dione)]

styrene と maleic anhydride（GIN）の交互コポリマー.
[ISO] 略号 SMAH, [ASTM] 略号 S/MA: styrene-maleic anhydride copolymer.

例 5: poly(formaldehyde-*per*-oxirane-*per*-oxirane)

formaldehyde（PIN）と ethylene oxide（慣用名）からできる周期コポリマー.
poly[formaldehyde-*alt*-bis(oxirane)] とすることも可能.

例 6: polyethenylbenzene-*block*-poly(buta-1,3-diene)-*block*-polyethenylbenzene

styrene ブロック, buta-1,3-diene ブロック, styrene ブロックの 3 ブロックからなる.
[ASTM] 略号 SBS で知られる熱可塑性エラストマー.

例 7: poly(buta-1,3-diene)-*block*-[polyethenylbenzene-*graft*-poly(prop-2-enenitrile)]

buta-1,3-diene ブロックと, polyacrylontrile の分岐鎖をもつ polystyrene の 2 ブロックからなる.

9・3・2 量の指定

原料基礎命名法は, モノマー単位の質量分率, 質量百分率, モル分率, モル百分率などを, コポリマー名の後に括弧付きで数字およびその内容を表す記号を並べることによって表すことができる. 数字が不明の部分は a, b などと表記する. なお, 質量分率などの記号はまえがきの文献 4 では数字の後に並べていたが, 文献 5 では数字の前に変っている. 本書は文献 5 に従っている.

さらにブロックコポリマーやグラフトコポリマーでは, 同様な方法で, それぞれの部分の相対分子質量や重合度を示すことができる.

(1) 質量分率 w, 質量百分率 mass%

コポリマーの名前の後に括弧付きで数字と質量分率は w, 質量百分率は mass% を付ける.

例: poly(buta-1,3-diene)-*graft*-poly[ethenylbenzene-*stat*-(prop-2-enenitrile)] (w 0.75:a:b)

poly(buta-1,3-diene)-*graft*-poly[ethenylbenzene-*stat*-(prop-2-enenitrile)] (mass% 75:a:b)

buta-1,3-diene ポリマー 75 mass% に, 組成が不明の styrene−acrylonitrile 統計コポリマー 25 mass% がグラフトしたコポリマー.

(2) モル分率 x, モル百分率 mol%

コポリマーの名前の後に括弧付きで数字とモル分率 x またはモル百分率 mol% を付ける.

例: poly(buta-1,3-diene)-*graft*-polyethenylbenzene (x 0.85:0.15) poly(buta-1,3-diene)-*graft*-polyethenylbenzene (mol% 85:15)

幹として buta-1,3-diene 単位 85 mol%，枝として styrene 単位 15 mol%を含むグラフトコポリマー．

(3) 相対分子質量 *Mr*，重合度 DP

コポリマーの名前の後に括弧付きで数字と相対分子質量は *Mr*，重合度は DP を付ける．なお，これらは(1)，(2)と併用できる．

例：poly(buta-1,3-diene)-*graft*-polyethenylbenzene (mass% 75:25;*Mr* 90000:30000)

幹として相対分子質量 90000 の buta-1,3-diene 単位 75 mass%，枝として相対分子質量 30000 の styrene 単位 25 mass%を含むグラフトコポリマー．

poly(buta-1,3-diene)-*graft*-polyethenylbenzene (DP 1700:290)

幹として重合度 1700 の poly(buta-1,3-diene)に，枝として重合度 290 の polystyrene を含むグラフトコポリマー．

9・3・3 コポリマーの分類式原料基礎名

§8・5・2 で説明した分類式命名法を §9・3・1 で説明したコポリマーの種類別命名法と組合わせて複雑なコポリマーも表すことができる．

例 1：F-C₆H₄-C(=O)-C₆H₄-F ＋ HO-C₆H₄-OH

$\longrightarrow$ $\left[O-C_6H_4-O-C_6H_4-C(=O)-C_6H_4 \right]_n$

polyetherketone:[bis(4-fluorophenyl)methanone-*alt*-(1,4-dihydroxybenzene)]

2 種以上の官能基またはヘテロ環がポリマー鎖にある場合，分類名はアルファベット順に並べる．例では 4,4′-difluorobenzophenone と hydroquinone の縮合重合によって ketone 基と ether 基をもつコポリマーが生成しているので，分類名は ether，ketone の順にする．

例 2：$\left[O-(CH_2)_4-O-CONH-(CH_2)_6-NHCO \right]_p \left[O-(CH_2)_2-O-CO-C_6H_4-CO \right]_r$

polyurethane:[(butane-1,4-diol)-*alt*-(1,6-diisocyanatohexane]-*block*-polyester:[(benzene-1,4-dicarboxylic acid)-*alt*-(ethane-1,2-diol)]
ポリエステルポリオール型のポリウレタンの例である．

9・4 規則性複条高分子の命名法

隣接する環と一つの原子を共有する環の連続した配列状態として記述できるポリマーを**スピロ高分子**，二つ以上の原子を共有する環の連続した配列状態として記述できるポリマーを**はしご型高分子**とよび，これらを総称して**複条高分子**とよぶ．

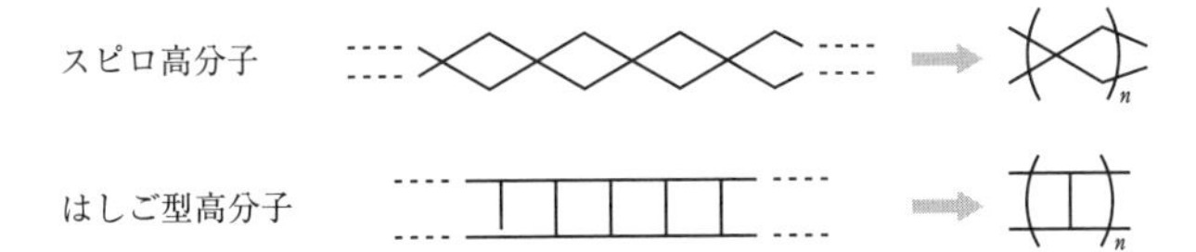

9・4・1　構造基礎名

規則性複条高分子の構造基礎名は，規則性単条高分子と同様に（1）優先される構成繰返し単位 CRU の識別，（2）CRU の方向づけ，（3）CRU の命名，（4）poly(CRU 名)による高分子の命名の順で行う．(1)，(2)については，やや複雑なので本書では説明を省略する（文献 4，9 参照）．

(3)の命名については，左下，左上：右上，右下の順に遊離原子価を含む分子鎖または環系を，位置番号も含めて読んで並べる．左側と右側の間はコロンで区切る．

例：

poly(ethane-1,2:2,1-tetrayl)

poly(butane-1,4:3,2-tetrayl)

poly(naphthalene-2,3:6,7-tetrayl-6,7-dimethylene)

poly(cyclohexane-1,1:4,4-tetrayl-4,4-dimethylene)

9・4・2　原料基礎名

規則性複条高分子の原料基礎名は，§8・5 または §9・3 で命名した名前の poly の前にイタリック体の接頭語 *ladder-* や *spiro-* をつけるだけである．

例：$CH_2=CH-COCH_3$ ⟶

ladder-poly(but-3-en-2-one)
構造基礎名：poly(2-methyl-1-oxabutane-1,4:3,2-tetrayl)
代置命名法を活用．

$C(CH_2OH)_4$ ＋ O=(cyclohexane)=O ⟶

spiro-poly{[2,2-bis(hydroxymethyl)propane-1,3-diol]-*alt*-(cyclohexane-1,4-dione)}
構造基礎名：poly[2,4,8,10-tetraoxaspiro[5.5]undecane-3,3:9,9-tetrayl-9,9-bis(ethane-1,2-diyl)]
分類式原料基礎名の応用で命名する方法もある．これにも代置命名法を活用（§5・2・3）．
polyspiroketal:{[2,2-bis(hydroxymethyl)propane-1,3-diol]-*alt*-(cyclohexane-1,4-dione)}

9・5　非線状高分子および高分子集合体に対する原料基礎命名法

非線状高分子は§8・1・4で説明したように，線状高分子以外のすべての高分子である．高分子集合体とは単一の高分子ではなく，非共有結合や非共有性の力による高分子の集合である．その分類を表9・2に示す．

表9・2　非線状高分子，高分子集合体のための限定辞

骨格構造	限定辞	骨格構造	限定辞
非線状高分子		高分子集合体	
環　状	*cyclo*	ポリマーブレンド	*blend*
分岐（無指定）	*branch*	相互侵入高分子網目	*ipn*
短鎖分岐	*sh-branch*	セミ相互侵入高分子網目	*sipn*
長鎖分岐	*l-branch*	高分子間錯体	*compl*
f-官能性分岐†	*f-branch*		
櫛　型	*comb*		
星　型	*star*		
f-官能性星型†	*f-star*		
網　目	*net*		
ミクロ網目	*μ-net*		

†　*f*は分岐や星型の腕の数を表す数字．

環状，分岐，櫛型，星型，網目の非線状高分子は，文字通りなのでイメージできよう．そのなかで***f*-官能性**とは分岐鎖や星型の腕の数が*f*個であることを示している．また**ミクロ網目ポリマー**とは，網目ポリマーのなかで，閉じた経路（ループ，網目）がコロイド的な大きさのものをいう．分子ふるい，高分子ゲル，低分子の吸収や徐放材料の開発を狙ったイメージであり，通常の3次元架橋させた硬い熱硬化性高分子の網目より大きな網目のイメージである．

ポリマーブレンドは2種以上のポリマーが巨視的に均一な混合物になっている物質をいう．可視光の波長の数倍より短いスケールで均一であればよく，微視的に相分離していても相の数を問わない．

相互侵入高分子網目とは2種以上の網目ポリマーからなっていて，それぞれの網目が少なくとも部分的に分子スケールで絡み合うポリマー混合物である．**セミ相互侵入高分子網目**は網目ポリマーと線状または分岐状ポリマーの混合物で，分子スケールで相互侵入している．

高分子間錯体（**ポリマー-ポリマーコンプレックス**）とは，2成分以上の異なるイオン性または非帯電性の高分子からなる錯体である．錯体を形成するための個々の相互作用の結合エネルギーは共有結合より弱いものの，高分子のために錯体を形成する数が多く，分子全体の全結合エネルギーは単一の共有結合より大きくなることも多い．

§9・3で原料基礎命名法に接続記号や量の指定を導入することによって，原料の情報だ

けでなく生成したポリマーのさまざまな構造情報も表せることを説明した．同様に，非線状高分子や高分子集合体に対しても，表9・2に示す**限定辞**（qualifier）を，接頭語や接続記号として使って原料基礎名に加えることにより構造情報も表すことができる．もちろん§9・3で述べた接続記号，量の指定を併用することも可能である．このように，原料基礎命名法は，当初は構造基礎命名法に比べて貧弱な情報しか表せなかったが，構造情報を表す簡便な記号の導入によって，現在では構造基礎命名法と同格の命名法に発展している．

非線状高分子および高分子集合体の命名の具体例をいくつか示す．

例1：*cyclo*-poly[ethenylbenzene-*stat*-(prop-1-ene-2-yl)benzene]

styrene と α-methylstyrene の環状統計コポリマー．

例2：*branch*-poly ethenylbenzene-ν-(1,4-diethenylbenzene)

styrene のポリマーが網目をつくるには不十分な量の divinylbenzene で少し架橋されたポリマーであり，イオン交換樹脂などのベースポリマーとして使われる．

ν（ギリシャ文字，ニュー）は少量のモノマー原料の添加を示す．多量のモノマーを添加する場合はコモノマーとして表現する．

例3：*sh*-*branch*-polyethene

poly(methylene) 短鎖のある polyethylene である．ethene と but-1-ene や hex-1-ene を共重合させてつくる直鎖状低密度ポリエチレン LLDPE のイメージ．

例4：*l*-*branch*-poly(ethyl prop-2-enoate)-ν-[ethane-1,2-diyl bis (2-methylprop-2-enoate)]

poly(ethyl acrylate) が少量の poly(ethylene dimethacrylate) で長い架橋をされたポリマーである．塗料のベースポリマーのイメージ．

$$\underset{\displaystyle CH_3}{CH_2{=}\underset{|}{C}}-COO-CH_2CH_2-OCO-\underset{\displaystyle CH_3}{\underset{|}{C}{=}CH_2}$$

ethylene dimethacrylate

例5：*comb*-poly[ethenylbenzen-*stat*-(prop-2-enenitrile)]

主鎖，側鎖とも styrene と acrylontrile の統計コポリマーからなる櫛（くし）型ポリマー．

polyethenylbenzene-*comb*-poly(prop-2-enenitrile)

主鎖 styrene のホモポリマー，側鎖 acrylontrile のホモポリマーからなる櫛（くし）型ポリマー．

例6：6-*star*-[poly(prop-2-enenitrile)(*f*3);polyethenylbenzene(*f*3)](*Mr*(arm) 50000:10000)

相対分子質量50000の acrylontrile ホモポリマーの腕3本ずつ，相対分子質量10000の styrene ホモポリマーの腕3本ずつからなる6官能性星型高分子．

例7：poly[(ethane-1,2-diol)-*alt*-(furan-2,5-dione)]-*net*-oligoethenylbenzene

ethylene glycol と maleic anhydride からなる不飽和ポリエステルを styrene のオリゴマーで架橋して網目を形成させた熱硬化性高分子．これに phthalic anhydride（GIN）も共重合させれば，浴槽，漁船，システムキッチンなどに使われる FRP（ガラス繊維強化プラスチック）の代表的なベースポリマーとなる．

polyester:[(ethane-1,2-diol)-*alt*-(furan-2,5-dione)]-*net*-polyalkylene:[ethenylbenzene-*co*-(furan-2,5-dione)]

上記の硬化不飽和ポリエステルを分類式原料名で表す．

net-polyethenylbenzene-ν-(1,4-diethenylbenzene) (mass% 98;2)

質量百分率2%のdivinylbenzeneで架橋したstyreneの網目ポリマー.

例8: (*net*-polyethenylbenzene)-*blend*-[*net*-poly(buta-1,3-diene)]

2種の網目ホモポリマーのポリマーブレンド.

例9: [*net*-poly(buta-1,3-diene)]-*ipn*-(*net*-polyethenylbenzene)

2種の網目ホモポリマーの相互侵入高分子網目.

(*net*-polyethenylbenzene)-*sipn*-polychloroethene

styreneの網目ポリマーにvinyl chlorideを原料とする線状ポリマーが入り込んだセミ相互侵入高分子網目.

例10: poly(prop-2-enoic acid)-*compl*-poly(4-ethenylpyridine)

acrylic acidの線状ポリマーと4-vinylpyridineの線状ポリマーがイオン結合した高分子間錯体.

9・6 高分子の略号

§9・3・1では括弧書きでポリマーの略号をいくつか紹介した. **ISO**（国際標準化機構）や**ASTM**（米国試験材料協会）で定めた既存のポリマーに関する略号が, 産業界では規格書, 取引書類, 法規制などに広く使われている. しかし, これら略号のつくり方は必ずしも体系的でない. また新しく合成されたばかりの高分子については該当する略号がない. IUPACでは今まで何度か体系的な略号の命名法をつくろうとしたり, 諦めたりしてきた.

2014年勧告（文献7）では, 新規ポリマーを科学専門誌に報告する際に最低限守るべき三つの規則とガイドラインを述べている. 三つの規則のポイントは, 次の3点である. ガイドラインその他詳細は文献7参照.

(1) 報告に最初に略語が出てくる際には略号を十分に定義すること.
(2) 報告の表題には略号を使わないこと.
(3) polyで始まる名前のポリマーの略号にはPを残すこと. Pに続いて名前の重要部分を示す大文字や小文字, また括弧, 位置番号, 記号などを付けること.

表9・3には生産量の大きなポリマーの略号を示す. cellulose acetateのようなpolyで始まらない名前の略号にはPを付ける必要がない.

なお, §9・3・1で紹介した略号のあるポリマーは, すべてIUPACの略号が決まっていない. IUPACの略号が決まっていないポリマーは, 表9・3中のSANを例にすれば, P(St-*stat*-AN), P(St-AN), PStANのようにつくる. 一つに決まるわけではない. 同様に§9・3・1の例1はPABS（慣用名を使った名前順）, 例4はPSt-*a*-MAH, 例6はPSt-*b*-PBD-*b*-PStのように略号をつくれば文献7の勧告に沿った名称になる. しかし, 元の名前との対応を期するあまりに§9・3・1の例7がPBT-*b*-(PSt-*g*-PAN）のように長い略号になる欠点もある（a は *alt*，b は *block*，g は *graft* の略）.

なお，第 8 章，第 9 章については，IUPAC 委員によって文献 6 にコンパクトにまとめられているので参考にするとよい.

表 9・3 代表的な高分子名の略号

IUPAC 推奨	ISO, ASTM	IUPAC 名称（保存名も含む）	略号の語源となった名称
PE	PE	polyethene, polyethylene	polyethylene
	PE-HD, HDPE		polyethylene,high density
	PE-LD, LDPE		polyethylene,low density
	PE-LLD, LLDPE		polyethylene,linear low density
PP	PP	polypropene, polypropylene	polypropylene
PS	PS, PSt	polystyrene	polystyrene
	SAN	poly(styrene-*stat*-acrylonitrile)	styrene acrylonitrile copolymer
PVC	PVC	poly(vinyl chloride)	poly(vinyl chloride)
PET	PET	poly(ethylene terephthalate)	poly(ethylene terephthalate)
PC	PC	bisphnol-A polycarbonate	polycarbonate
PA	PA	polyamide	polyamide
POM	POM	poly(oxymethylene), polyformaldehyde	polyoxymethylene, polyacetal
PAA	PAA	poly(acrylic acid)	poly(acrylic acid)
PAN	PAN	polyacrylonitrile	polyacrylonitrile
PUR	PUR	polyurethane	polyurethane
PVAL	PVAL, PVOH	poly(vinyl alcohol)	poly(vinyl alcohol)
	PF	*net*-poly(phenol-*co*-formaldehyde)	phenol-formaldehyde copolymer
	UF	*net*-poly(urea-*co*-formaldehyde)	urea-formaldehyde copolymer
PI	PI	polyimide	polyimide
	CA	cellulose acetate	cellulose acetate

練習問題

9・1 次の構造式の高分子について構造基礎名を示せ.

(1) $\left(O-C_6H_4 \right)_p \left(\underset{CN}{CH}-CH_2 \right)_q \left(O-CH_2-CH_2 \right)_r$

(2) $\left(\underset{OCOCH_3}{CH}-CH_2-/-\underset{OH}{CH}-CH_2 \right)_n$

(3) $\left(CH=CH-CH_2CH_2-/-\underset{CH=CH_2}{CH}-CH_2-/-CH_2-\underset{CH_2=CH}{CH} \right)_n$

(4) $\left[NH(CH_2)_4NHCO(CH_2)_4CO - / - NH(CH_2)_6NHCO(CH_2)_4CO \right]_n$

(5) 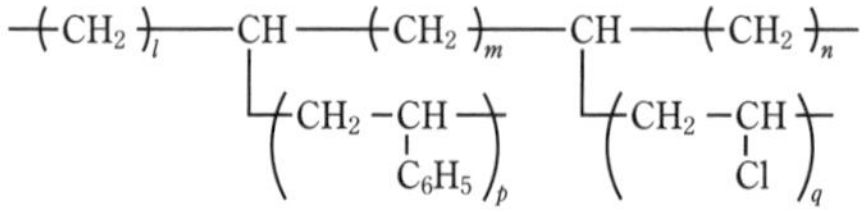 $\left(CH_2\right)_l - CH - \left(CH_2\right)_m - CH - \left(CH_2\right)_n$

$\left(CH_2-CH(C_6H_5)\right)_p$ (on the first CH)　$\left(CH_2-CH(Cl)\right)_q$ (on the second CH)

(6) 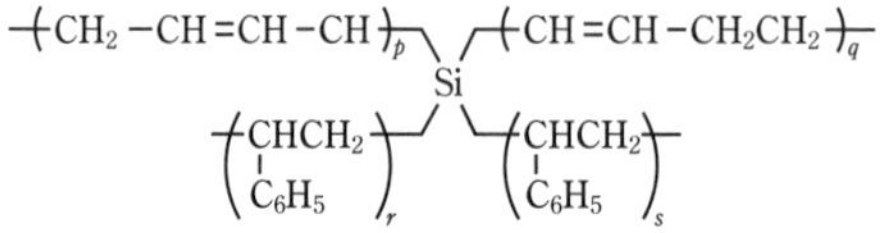 $\left(CH_2-CH{=}CH-CH\right)_p$ and $\left(CH{=}CH-CH_2CH_2\right)_q$ bonded to Si

$\left(CHCH_2(C_6H_5)\right)_r$ and $\left(CHCH_2(C_6H_5)\right)_s$ bonded to Si

(7) ヒント：① 位置番号，② 代置命名法

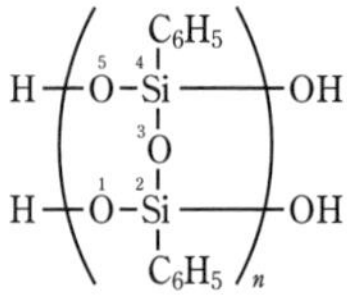

$H\left[O^{5}-Si^{4}(C_6H_5)-O^{3}-Si^{2}(C_6H_5)-O^{1}\right]_n OH$ (ladder structure: $H-(O-Si(C_6H_5))-OH$ over $H-(O-Si(C_6H_5))-OH$, the two Si joined by O)

(8) ヒント：① 位置番号，② 代置命名法

$\left[Si^{2}(O^{1}-CH_2^{6})(O^{3}-CH_2^{4})C^{5}(CH_2-O)(CH_2-O) \right]_n$

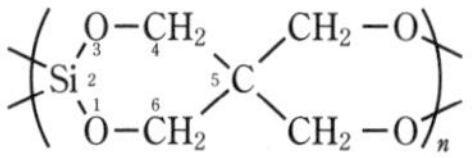

9・2 次の高分子について原料基礎名を示せ．問題文では原料名に慣用名などを使っているが，解答はすべてPINを使うこと．

(1) ethylene 50 mol %，propylene 40 mol %，5-ethylidene-2-norbornene（略号ENB，PINは5-ethylidenebicyclo[2.2.1]hept-2-ene）10 mol%からなる高分子．

(2) 練習問題9・1(6)において，styrene鎖はポリマーであるが，butadiene鎖がオリゴマーで，しかも高分子鎖の構成単位の違いがわからない高分子．

(3) 高圧法ラジカル重合によってつくる長鎖分岐したpolyethylene.

(4) ethylene 97 mol%にbut-1-ene 3 mol%を加え，イオン重合によってつくる短鎖分岐したpolyethylene.

(5) 熱硬化したメラミン樹脂（ヒント：表9・3のフェノール樹脂，ユリア樹脂）．

9・3 次の構造式の高分子について原料基礎名を示せ．

(1)

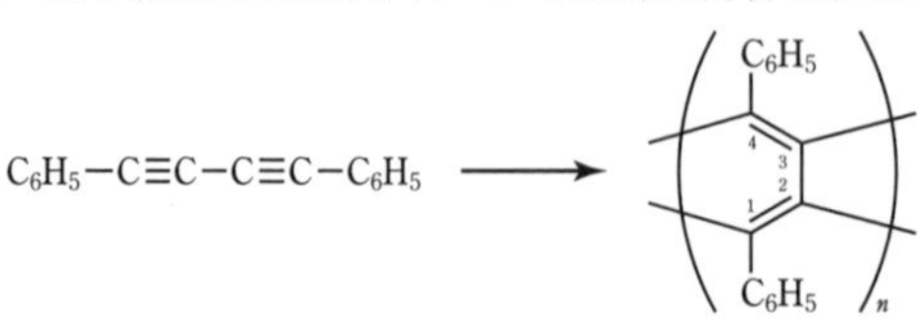

$C_6H_5-C{\equiv}C-C{\equiv}C-C_6H_5 \longrightarrow \left(\text{benzene ring (positions 1, 2, 3, 4) with two } C_6H_5 \right)_n$

(2)

$O{=}C_6H_4{=}O + (H_2C{=})_2C_6H_6({=}CH_2)_2 \longrightarrow \left(\text{fused rings, positions 1–10, with two } C{=}O \right)_n$

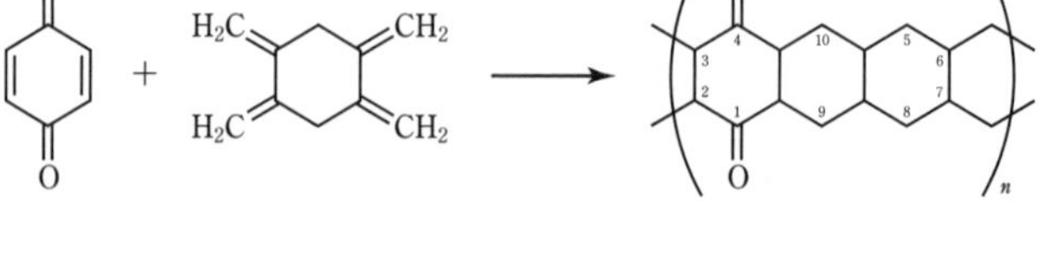

(3) H_2NNH_2 ＋ (COOH, COOH) ⟶ $\{$HNNH−C(=O)−(C₆H₄)−C(=O)$\}_n$ (I) ⟶ $\{$(N−N, O)−(C₆H₄)$\}_n$ (II)

解　答

9・1

(1) poly(oxy−1,4−phenylene)−poly(1−cyanoethane−1,2−diyl)−poly(oxyethane−1,2−diyl)

(2) poly(1−acetyloxyethane−1,2−diyl/1−hydroxyethane−1,2−diyl)

ポリ酢酸ビニルを部分的に加水分解したポリマー.

(3) poly(but−1−ene−1,4−diyl/1−ethenylethane−1,2−diyl/2−ethenylethane−1,2−diyl)

(4) poly(azanediylbutane−1,4−diylazanediylhexanedioyl/azanediylhexane−1,6−diylazanediylhexanedioyl)

adipoyl chloride（慣用名）と hexane−1,6−diamine ＋ hexane−1,4−diamine 混合物から合成されたポリアミド.

(5) poly(methylene/poly(2−chloroethane−1,2−diyl)methylene/poly(2−phenylethane−1,2−diyl)methylene)

2 種類の分岐鎖をランダムにもつグラフトコポリマー.

(6) [poly(but−1−ene−1,4−diyl)][poly(but−2−ene−1,4−diyl)][poly(1−phenylethane−1,2−diyl)][poly(2−phenylethane−1,2−diyl)]silane

(7) α,α′−dihydro−ω,ω′−dihydroxypoly(2,4−diphenyl−1,3,5−trioxa−2,4−disilapentane−1,5:4,2−tetrayl)

(8) poly[1,3−dioxa−2−silacyclohexane−2,2:5,5−tetrayl−5,5−bis(methyleneoxy)]

9・2　(1) poly[ethene−*co*−propene−*co*−(5−ethylidenebicyclo[2.2.1]hept−2−ene)] (mol% 50:40:10)

5−ethylidene−2−norbornene の展開式は練習問題 8・2(10) を参考にして考えてみよ. EPDM とよばれる, よく使われる合成ゴムの代表的銘柄である. DM は diene monomer の略号で上記 ENB のほか dicyclopentadiene, 1,4−hexadiene などが使われる. 高分子主鎖に不飽和結合がなく, 加硫は DM 由来の側鎖にある二重結合で行われるため, 耐候性, 耐熱性がよい.

(2) polyethenylbenzene−*block*−[silanetetrayl−bis(−*graft*−oligobuta−1,3−diene)]−*block*−polyethenylbenzene

polystyrene 鎖に 1 箇所 Si 原子が入り, Si 原子から oligobutadiene 鎖が 2 本枝分れ.

(3) *l*−*branch*−polyethene−ν−ethene

polyethylene 主鎖から長鎖の polyethylene 鎖が分岐, 表 9・3 の略号 PE−LD または LDPE.

(4) *sh-branch*-polyethene-ν-(but-1-ene)(*x* 0.97:0.03)

polyethylene 主鎖に but-1-ene が共重合したので$-CH_2CH_3$の短鎖が分岐，表9・3の略号 PE-LLD または LLDPE，but-1-ene の代わりに hex-1-ene，4-methylpent-1-ene なども使われる．

(5) *net*-poly(1,3,5-triazine-2,4,6-triamine)-*co*-formaldehyde)

表4・8で phenol，urea，formaldehyde は PIN として使える慣用名なので表9・3の IUPAC 名称に使っているが，melamine は単なる慣用名で PIN でない．

9・3 (1) *ladder*-poly[1,1′-(buta-1,3-diyne-1,4-diyl)dibenzene]

原料の名前として 1,4-diphenyldiacetylene も，1,4-diphenylbuta-1,3-diyne も間違い．1,1′は二つの benzane の1位，1′位に butadiynediyl 基が結合することを示す．

構造基礎名は poly(1,4-diphenylbuta-1,3-diene-1,4:3,2-tetrayl)．

(2) *ladder*-poly[(cyclohexa-2,5-diene-1,4-dione)-*alt*-(1,2,4,5-tetramethylidenecyclohexane)]

構造基礎名は poly(1,4-dioxotetradecahydroanthracene-2,3:6,7-tetrayl-6,7-dimethylene)

環の位置番号は anthracene の位置番号である．

(3) Ⅰ polyhydrazide:[hydrazine-*alt*-(benzene-1,4-dicarboxylic acid)]

Ⅱ polyoxadiazole:[hydrazine-*alt*-(benzene-1,4-dicarboxylic acid)]

分類式原料基礎名を使わないと，単なる原料基礎名ではⅠ，Ⅱの区別が付かない．hydrazine は無機化学命名法の母体水素化物では diazane であるが，無機化学命名法で保存名として認められているので使用している．

構造基礎名は，

Ⅰ poly(hydrazine-1,2-diylbenzene-1,4-dicarbonyl)

Ⅱ poly(1,3,4-oxadiazole-2,5-diyl-1,4-phenylene)

10

生化学命名法 初級編

生化学物質には複雑な構造のものが多く，有機化合物命名法による体系名が長くなる難点がある．このため生化学物質の種類別に基本となる特定の母体構造の慣用名を出発点として**半体系名**を組立てる方法がとられている．有機化合物であっても優先 IUPAC 名（PIN）は認定せず，体系名は今後の課題としている．

母体構造は表 10・1 に示すように母体水素化物と官能性母体化合物に大きく二分できる．本章ではこれら代表的な母体構造のいくつかについて，生化学命名法の初級編として説明する．詳しくは文献 1 の P-10 や文献 10，11，12 を参照．

表 10・1　生化学物質の代表的な母体構造

母体水素化物	官能性母体化合物
アルカロイド，ステロイド，テルペン，カロテン，レチナール，トコフェロール，テトラピロール類，コリノイド，リグナン，フラボノイドなど	アミノ酸とペプチド，ヌクレオシド・ヌクレオチド・核酸，炭水化物（単糖，多糖など），脂質，シクリトール（イノシトールなど）

10・1　母体水素化物に基づく命名法

母体水素化物（ごく一部に水素化物でないものもある）に基づく半体系的命名法が可能な生化学物質は，推奨される立体配置も含んだ基本立体母体構造の名前（保存名）と骨格原子の位置番号が決められている．そのような基本立体母体構造はアルカロイド類で 67，ステロイド類で 15，テルペノイド類で 70，その他で 12 もある（表 10・2）．紙数節約のため，§10・1・2～§10・1・4 にはごく一部の構造式を示すだけである．必要な場合には，他の母体水素化物の構造式は文献 1，文献 11 やインターネットで個別に調べて欲しい．

アルカロイド類はもともと植物中にある塩基性含窒素天然化合物のことであったが，現在では微生物，動物などからも見つかり，また塩基性でない物質も，合成物質もある．強い生物活性（多くは毒性）をもつ物質が多く，医薬品として用いられるもの，麻薬として法律で規制されているものも多い．有名な物質としては morphine モルヒネ

表10・2　基本立体母体構造名

alkaloid　アルカロイド				
aconitane	ajmalan	akuammilan	alstophyllan	aporphine
aspidofractinine	aspidospermidine	atidane	atisine	berbaman
berbine	cephalotaxine	cevane	chelidonine	cinchonan
conanine	corynan	corynoxan	crinan	curan
daphnane	dendrobane	eburnamenine	emetan	ergoline
ergotaman	erythrinan	evonimine	evonine	formosanan
galanthamine	galanthan	hasubanan	hetisan	ibogamine
kopsan	lunarine	lycopodane	lycorenan	lythran
lythranidine	matridine	morphinan	nupharidine	ormosanine
18-oxayohimban	oxyacanthan	pancracine	rheadan	rodiasine
samandarine	sarpagan	senecionan	solanidane	sparteine
spirosolane	strychnidine	tazettine	tropane	tubocuraran
tubulosan	veratraman	vincaleukoblastine	vincane	vobasan
vobtusine	yohimban			
steroid　ステロイド				
androstane	bufanolide	campestane	cardanolide	cholane
cholestane	ergostane	estrane	furostan	gonane
gorgostane	poriferastane	pregnane	spirostan	stigmastane
terpenoid　テルペノイド				
abietane	ambrosane	aristolane	atisane	beyerane
bisabolane	bornane	cadinane	carane	carotene[†1]
caryophyllane	cedrane	dammarane	drimane	eremophilane
eudesmane	fenchane	gammacerane	germacrane	gibbane
grayanotoxane	guaiane	himachalane	hopane	humulane
kaurane	labdane	lanostane	lupane	*p*-menthane
oleanane	ophiobolane	picrasane	pimarane	pinane
podocarpane	protostane	retinal	rosane	taxane
thujane	trichothecane	ursane		
others[†2]　その他				
21*H*-biline	cepham	corrin	flavan	isoflavan
lignane	neoflavan	neolignane	penam	porphyrin
prostane	thromboxane			

†1　carotene には 28 個の母体構造がある〔§10・1・2 (1)〕.

†2　21*H*-biline, porphyrin, corrin は §10・1・4 を 参 照. flavan, isoflavan, neoflavan は C6-C3-C6 骨格をもつフラボノイド類の母体で文献 12 を参照. lignane, neolignane は C6-C3 骨格をもつ化合物群の母体. cepham, penam は抗生物質によく見られる β-ラクタム構造をもつ化合物群の母体. prostane, thromboxan は炭素数 20 の炭素鎖の 8 位, 12 位が環化したプロスタノイド類の母体

(morphinan 誘導体)，quinine キニーネ（cinchonan 誘導体)，cocaine コカイン，atropine アトロピン（ともに tropane 誘導体)，tetrodotoxin テトロドトキシン，nicotine ニコチンなどがある．表 10・2 に示すアルカロイド類母体水素化物以外に第 4 章，第 5 章で説明した窒素原子を含む複素環化合物，複素橋かけ環化合物，複素スピロ化合物まで含めた含窒素母体化合物を基礎に命名される．多様で複雑なため本書では，これ以上は扱わない．

10・1・1　母体構造の骨格修飾法

アルカロイド類，ステロイド類，テルペノイド類などの半体系名をつくる場合には，出発点となる母体水素化物を探すことが重要になる．一方，出発点がわかれば，その骨格に対して，縮小，拡大などの修飾，骨格原子への代置命名法（"ア" 命名法）の適用，環の追加，水素化段階の変更（語尾を ene，yne へ変更や hydro，dehydro 接頭語の使用）などの共通の操作を行って骨格を定め，さらに置換基を使うなど有機化学命名法の一連の操作を行って命名できる．

母体水素化物に対する修飾として，次のような生化学命名法に共通する特有の操作法がある．

(1) 環の数に影響しない骨格原子の除去，付加

除去の場合には，除去した原子の位置番号に nor ノルを付け，ハイフンの後，母体構造名を続ける．骨格原子間に CH_2 メチレン基を追加する場合は homo ホモを使うが，位置番号の付け方が複雑である．飽和環や側鎖末端に挿入した場合には挿入位置の骨格原子の最大の位置番号に文字 a，b などを付ける．

例 1:

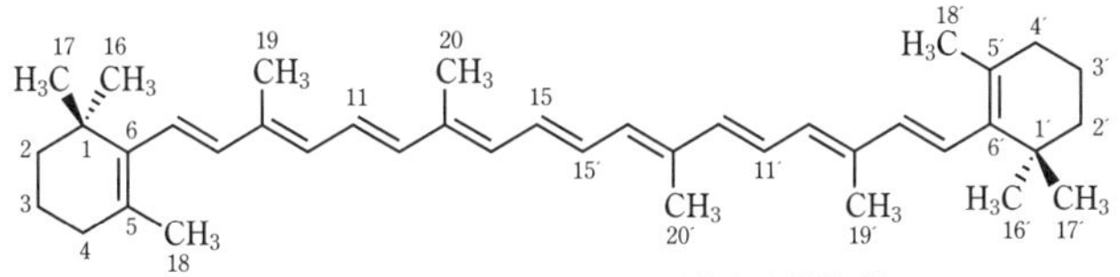

β,β− carotene　β,β−カロテン　（基本母体構造）

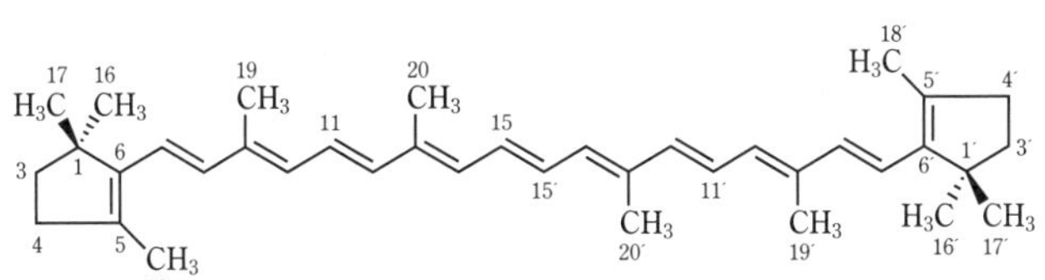

2,2′−dinor−β,β−carotene　2,2′−ジノル−β,β−カロテン

テルペノイドβ,β−carotene の左右の 6 員環の 2,2′位炭素二つが除去されて 5 員環になったことを示す．母体構造の位置番号は変わらないので欠番が生じる．

例 2:

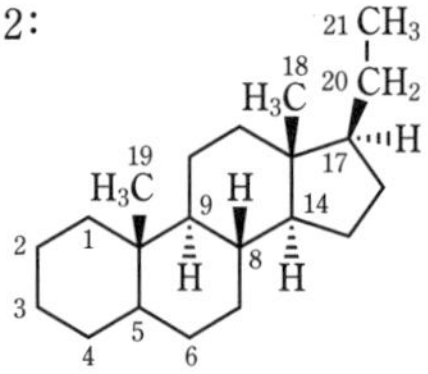

pregnane プレグナン
(基本母体構造)

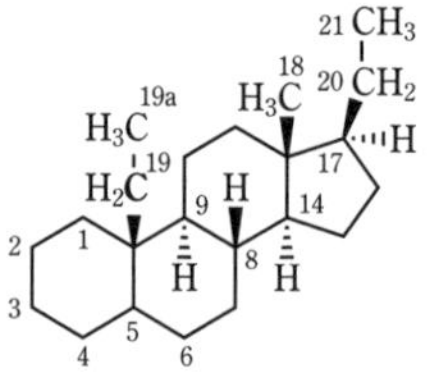

19a-homopregnane 19a-ホモプレグナン
ステロイド pregnane の 19 位にメチレン基が付加したことを示す．基本母体構造の側鎖の延長による命名は許容されないので 19-methylpregnane は間違い．

(2) 結合の生成

母体水素化物のいずれか 2 個の原子間で結合を生成して新しい環ができる場合は，連結した骨格原子の二つの位置番号を並べ，ハイフンの後に cyclo シクロを続け，これらを母体構造の名前に置く．

例:

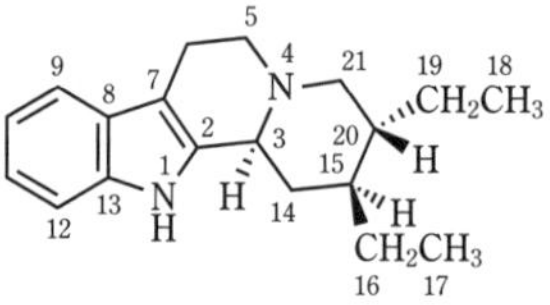

corynan コリナン
(基本母体構造)

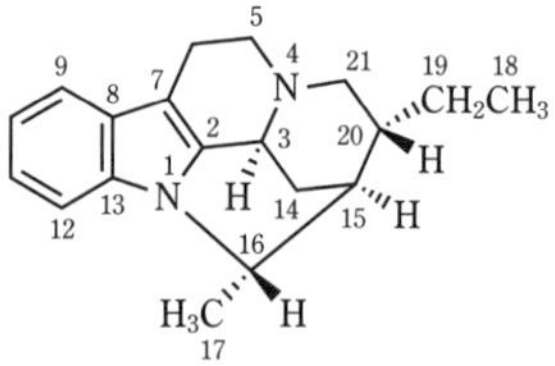

(16β*H*)-1,16-cyclocorynan (16β*H*)-1,16-シクロコリナン
アルカロイド corynan の 1 位の N と 16 位の C の間に結合が生成したので 1,16-cyclo を付ける．16 位の炭素が新しくキラル中心となり，しかも水素原子が紙面の上方に出ているので (16β*H*) を付ける．α, β の記号については §10・1・3 を参照．

(3) 結合の開裂

環結合を開裂する場合は，開裂した結合の二つの位置番号を並べ，ハイフンの後に seco セコを続け，これらを母体構造の名前の前に置く．

ある位置番号の骨格原子から先のすべての母体水素化物の側鎖を除去する開裂では，位置番号ハイフン apo アポを母体構造の名前の前に置く．

例 1:

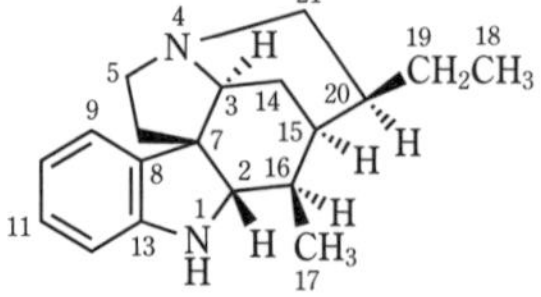

curan クラン
(基本母体構造)

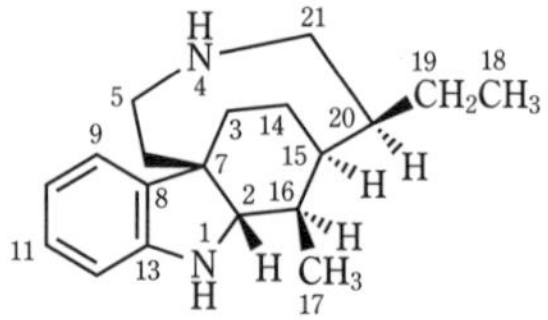

3,4-secocuran 3,4-セコクラン
アルカロイド curan の 3,4 位の結合が開裂したので 3,4-seco を付けた．

例 2:

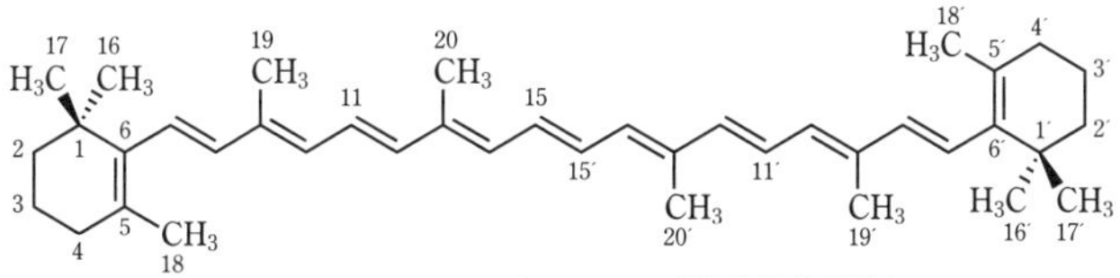

β,β−carotene　β,β−カロテン　（基本母体構造）

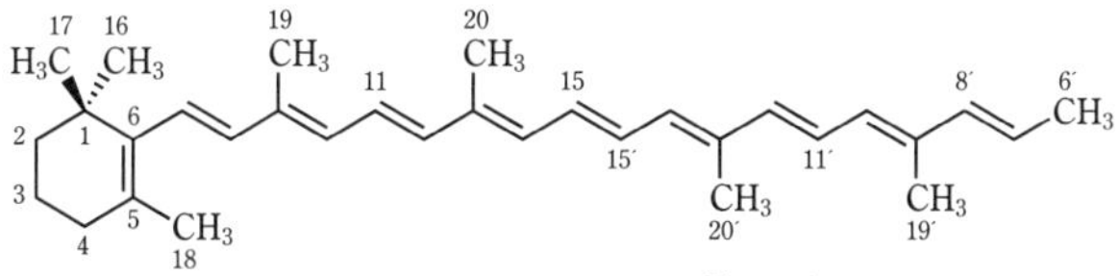

6′−apo−β−carotene　6′−アポ−β−カロテン

テルペノイドβ,β−carotene の 6′位より先からすべてを除去する開裂なので 6′−apo を付ける．carotene の命名法から 6′位より先がないとβなどが付けられないので左のβのみが名前に残る．

10・1・2　テルペノイド

terpenoid テルペノイドとは terpene **テルペン**を骨格とする化合物類の総称である．テルペンは isoprene イソプレン（GIN，$CH_2{=}C(CH_3){-}CH{=}CH_2$）を構成単位（**イソプレン単位**という）とする炭化水素なので，isoprenoid イソプレノイドともいう．テルペノイドは炭素数 10 のモノテルペンから始まって，炭素数が 5 ずつ増えていく一連の化合物である．ただし，§10・1・1 で説明したように一部の骨格原子の除去もあるので炭素数が少し異なるものもある．芳香や色素，毒素，味覚成分，薬効成分として知られる化合物が多い．モノテルペンの誘導体は鎖状または環状（1 環，2 環）で，揮発性の芳香物質が多い．このような低分子のテルペノイドには個々に慣用名がつけられ，有名な名前もある．しかし，炭素数 10 の**モノテルペン**のうち，生化学命名法で母体水素化物として推奨されているのは *p*−menthane メンタン（1 環），bornane ボルナン，carane カラン，pinane ピナン，thujane ツジャン（2 環のビシクロ炭化水素）の 5 個である．したがって，個々のモノテルペンやその誘導体は，これら 5 個の母体水素化物からの半体系名か，有機化学命名法による名前が，正式の IUPAC 名となる．炭素数 15，20，25，30 のものを加えると，推奨されているテルペノイドの母体水素化物の数は 40 個を超える．表 10・2 に示すとおり，これらの母体水素化物名の間には飽和炭化水素名のような体系的な関係が見られず，少々煩雑でうんざりする．これに対して炭素数 40 の carotenoid **カロテノイド**は母体水素化物 28 個の間に体系的な関係がみられ，しかもその半分の構造に相当する炭素数 20 の retinoid **レチノイド**ともども，**ビタミン A 類**として生化学的に重要な物質が含まれている．

(1)　カロテノイド

carotenoid カロテノイドとは 8 個のイソプレン単位が結合している炭化水素（carotene カロテン）とその酸化誘導体〔xanthophyll，置換基としてケトン基（=O），エポキシ基（>O），ヒドロキシ基（OH）など〕を合わせた総称である．図 10・1 の上方に示す 8 個のイソプレノイド単位が結合した構造（炭素数 40，ψ, ψ−carotene の例）を基本とする．

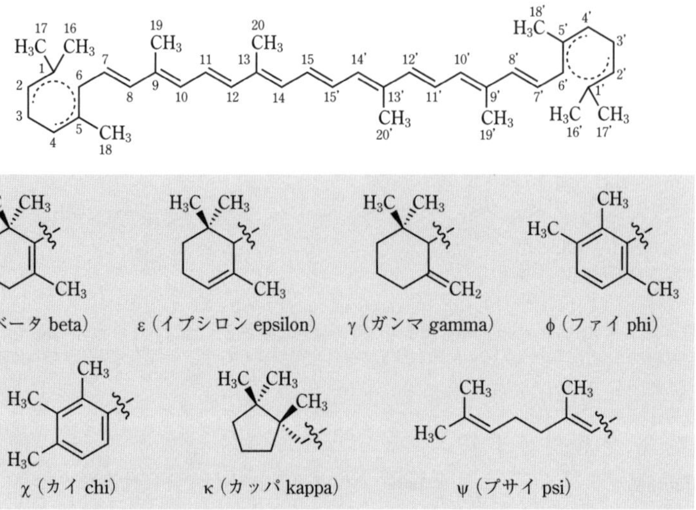

β（ベータ beta）　ε（イプシロン epsilon）　γ（ガンマ gamma）　ϕ（ファイ phi）

χ（カイ chi）　κ（カッパ kappa）　ψ（プサイ psi）

図 10・1　carotene の命名のためのパーツ

この構造は 4 個のイソプレン単位の配列が分子の中央（図 10・1 の 15 位, 15′ 位）で逆になっている．この半分の構造のうち，6 位と 6′ 位から先（1 位と 1′ 位に向かう方向）の部分が，図の下方に示す 7 個の部分構造のいずれか二つ（重複も可なので組合わせ数は $_{7+2-1}C_2$）に置き換わって 28 個の母体構造ができる．名前は骨格名 carotene の前に接頭語でギリシャ文字をアルファベット順（β＞γ＞ε＞κ＞ϕ＞χ＞ψ）にカンマを入れて並べ，ハイフンを付けるだけである．

例 1:

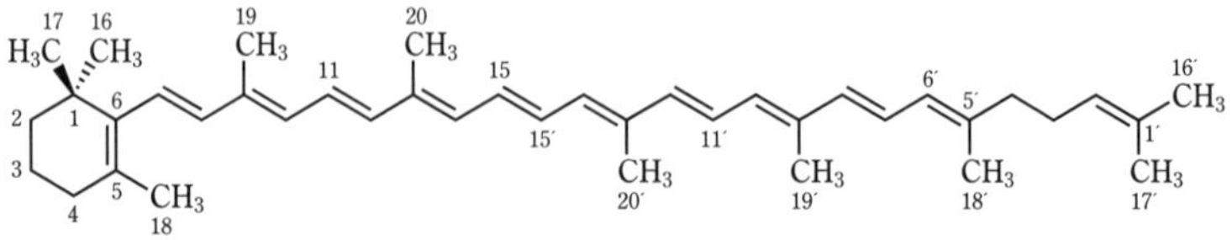

β,ψ−carotene　β,ψ−カロテン

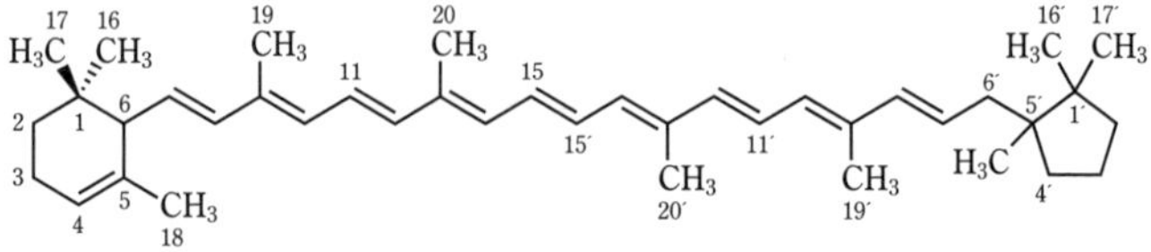

ε,κ−carotene　ε,κ−カロテン

一方，図 10・1 の上の図に相当する ψ,ψ−carotene を有機化学命名法で名前を付けると次のようになる．この場合，位置番号が保存名 carotene のそれとは異なること，2 位と

30 位の二重結合には両末端に methyl 基が二つずつあるのでジアステレオマーにならないことに注意する．

(6*Z*,8*E*,10*Z*,12*E*,14*Z*,16*E*,18*Z*,20*E*,22*Z*,24*E*,26*Z*)-2,6,10,14,19,23,27,31-octamethyldotriaconta-2,6,8,10,12,14,16,18,20,22,24,26,30-tridecaene

すなわち，直鎖骨格を形成する炭素原子数 32 個の炭化水素 dotriacontane（§3・3 の倍数接頭語参照）が母体飽和炭化水素の名前で，二重結合 ene が 13 個 trideca あるので dotriacontatridecaene となり，加えてそれにメチル基が 8 個 octa 付くので炭化水素の名前としては，octamethyldotriacontatridecaene になる．それに位置番号と二重結合によるジアステレオマーの *E*/*Z* 表示（§5・3・4）を加えて上記の長い IUPAC 名となっている．半体系名である生化学命名法の便利な点が理解されよう．

28 の母体構造以外の carotene については，すでに §10・1・1(1)の例や(3)の例で示した．カロテノイドでは共役ポリエン系の単結合，二重結合が 1 原子ずつ移動する母体構造の修飾がある．移動した最初から最後までの位置番号に *retro* レトロを付けて表す．このイタリック体の表示記号 *retro* はカロテノイドにだけ適用される．

例 2:

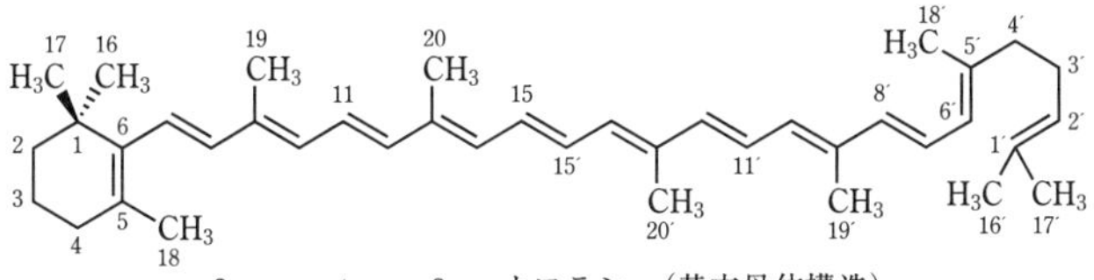

β,ψ-carotene　β,ψ-カロテン　（基本母体構造）

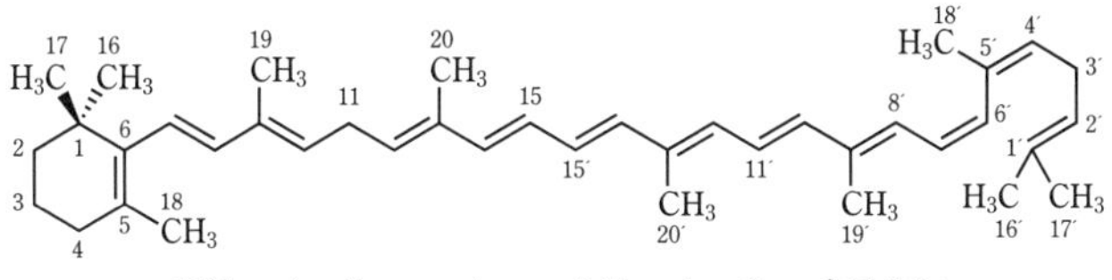

4′,11-*retro*-β,ψ-carotene　4′,11-*retro*-β,ψ-カロテン

二重結合の位置が 4′位から 11 位まで移動したことを示す．最初の位置番号は水素原子を喪失した骨格原子，2 番目の位置番号は水素原子を獲得した骨格原子を示す．

次に carotene の置換誘導体である xanthophyll の代表的な 2 例を示す．慣用名および carotene を母体水素化物として有機化合物命名法を使った半体系名を示す．

例 3:

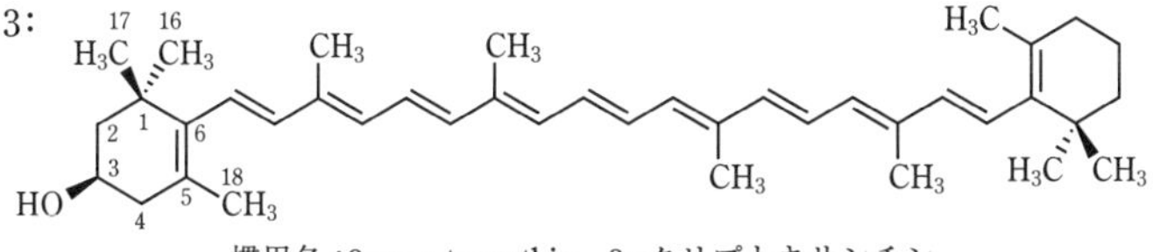

慣用名：β-cryptoxanthin　β-クリプトキサンチン
半体系名：(3*R*)-β,β-caroten-3-ol

果物，特にとうがらしや温州みかんによく含まれる色素．なお，(3*R*)の判定は難しい．5 位には 18 位の C と 6 位の複製原子(C)が，1 位には 16 位と 17 位の C が付く．16,17,18 位の C には H が 3 個付くが 6 位の複製原子(C)には何も付かない．したがって，CIP 順位としては 1 位>5 位なので 2 位>4 位となり，(3*R*)が導かれる．

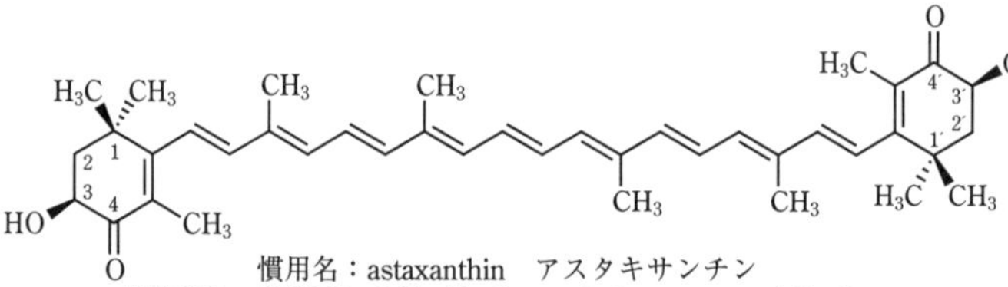

慣用名：astaxanthin　アスタキサンチン
半体系名：(3*S*,3*S*′)-3,3′-dihydroxy-β, β-carotene-4,4′-dione
サケ，エビ，カニなどに多く含まれる赤い色素

(2) レチノイド

retinoid レチノイドとは四つのイソプレン単位（炭素数 20）が頭-尾結合した化合物の総称である．母体水素化物のなかで基本母体構造が炭化水素でなく，アルデヒドである retinal レチナールだけがレチノイドの中で推奨する唯一の母体構造になっている（表 10・2）．

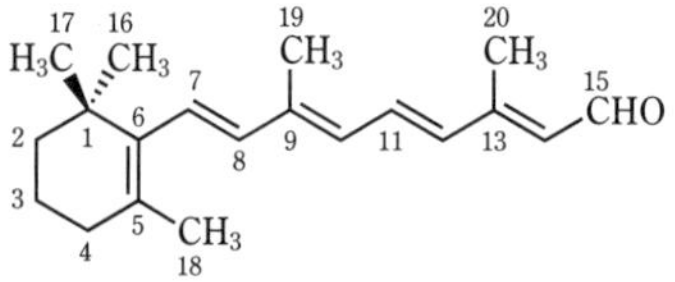

retinal
レチナール

retinal は網膜の光受容器細胞にあるロドプシンの補因子として有名な生化学物質である．retinal のアルデヒド基が CH_2OH 基になる retinol レチノール，COOH 基になる retinoic acid レチノイン酸とともにビタミン A_1 とよばれる物質である．レチノイドの構造は，β, β-carotene を半分に切り，15 位炭素原子を酸素誘導体に変えたものに相当する．レチノイドには retinal の CHO 基が変化したもののほか，6 員環に=O が付いたものなどがあり，retinal からの半体系名が付けられる．

10・1・3 ステロイド

ステロイドは図のような四つの環を基本骨格にもつ化合物の総称である．環を紙面に書くとき，紙面から向こう側に出る原子，原子団を破線のくさびで示して α とし，手前に出る原子，原子団を実線のくさびで示して β とする．水素原子を明記する場合にはイタリック体 *H* を使って α*H* のように記す．四つの環は A,B,C,D と命名され，またすべての炭素原子に位置番号が付けられている．

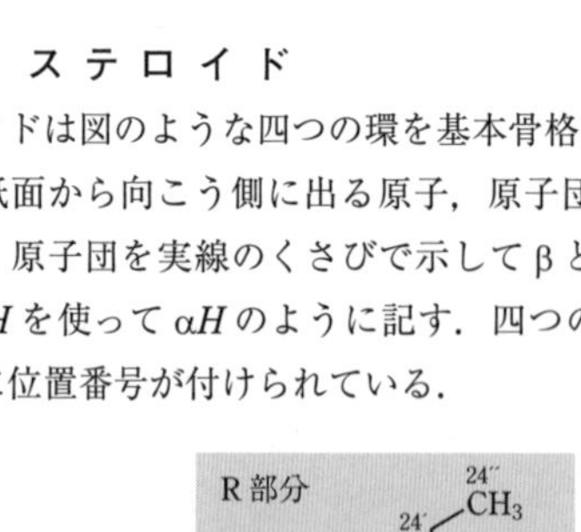

R 部分

CAS（§11・3）では 24′,24′′位を 28,29 位としている

ステロイドの環は，8β，9α，10β，13β，14α に書くことを基本構造とし，5 位については基本構造では不定なので実際の化合物では 5α または 5β を明記する必要がある．ステロイドの母体水素化物は 15 個が推奨されており，17 位はいずれも H が α で，図の 17 位に付く R 部分の 20 位炭素が β である．ステロイドの 15 個の母体水素化物は主に R 部分が変化しているが，10 位がメチル基から水素原子になっているのが estrane エストランと gonane ゴナン，13 位がメチル基から水素原子になっているのが gonane である．代表的なステロイド母体水素化物の構造を表 10・3 に示す．表 10・3 で紹介していないステロイドには R 部分に環構造が含まれるもの，酸素誘導体（hydrofuran 環，hydropyran 環，ケトン基）になっているものもある．

表 10・3　代表的なステロイド母体水素化物

10 位	13 位	17 位の R 部分	許容慣用名
CH_3	CH_3	H	androstane
CH_3	CH_3	CH_2CH_3	pregnane
H	CH_3	H	estrane
H	H	H	gonane
CH_3	CH_3	21 CH_3, H, 20, 22, 23, 24 CH_3	cholane
CH_3	CH_3	21 CH_3, H, 20, 22, 23, H, 24′ CH_3, 24, 25, 27 CH_3, 26 CH_3	ergostane
CH_3	CH_3	21 CH_3, H, 20, 22, 23, 24, 25, 27 CH_3, 26 CH_3	cholestane
CH_3	CH_3	21 CH_3, H, 20, 22, 23, H, 24′, 24″ CH_3, 24, 25, 27 CH_3, 26 CH_3	stigmastane

ちなみにステロイド母体水素化物の中で最も簡単な構造の gonane ゴナンを有機化学命名法で名前を付けると次のようになる．環のとらえ方としては §5・4・4 (8) から縮合環系がポリシクロ環系に優先するので cyclopenta[*a*]phenanthrene の飽和環として，hydro 接頭語を使って命名する．なお，環の縮合における[*a*]および位置番号の付け方は本書の範囲を超えるので説明を省略する．

(8*S*,9*R*,10*S*,13*S*,14*R*)−2,3,4,5,6,7,8,9,10,11,12,13,14,15,16,17−hexadecahydro−
1*H*−cyclopenta[*a*]phenanthrene

ステロイドは，細胞膜を構成する脂質の成分であるcholesterolおよびホルモンとして有名な物質が多数あり，医薬品として合成ステロイドもつくられている．カロテノイドと同様に，ステロイドの母体水素化物に有機化合物命名法を適用する半体系名によって命名する．

(1) 代表的なステロイド

① 非許容慣用名：cholesterol
　半体系名：　3β-cholest-5-en-3-ol

cholestane　コレスタン
（基本母体構造）

cholesterol　コレステロール

母体水素化物はcholestaneで，5,6位間が二重結合なのでcholest-5-eneとなる．さらに3位の水素原子の1個がOH基に置換されてcholest-5-ene-3-olとなり，そのヒドロキシ基が紙面から上方に出ているので3βを付けて表示する．*R*/*S*表示に比べて簡単である．5位の水素はないので明記する必要がない．

② 非許容慣用名：estradiol
　半体系名：　estra-1,3,5(10)-triene-3,17β-diol

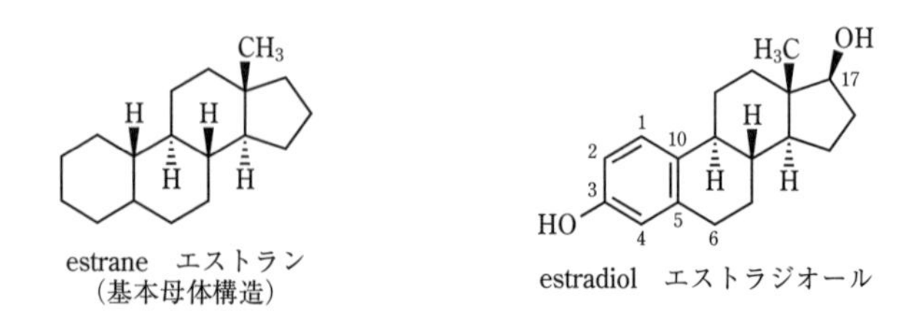

estrane　エストラン
（基本母体構造）

estradiol　エストラジオール

女性ホルモンの一つ．母体水素化物はestraneである．A環が脱水素されてベンゼン環になっているが，5位が5,6間でなく5,10間が二重結合になるので5(10)とeneの位置を明確にした．5位の水素はないので明記する必要がない．

③ 非許容慣用名：vitamin D_2 または ergocalciferol
　半体系名：　3β,5*Z*,7*E*,22*E*-9,10-secoergosta-5,7,10(19),22-tetraen-3-ol

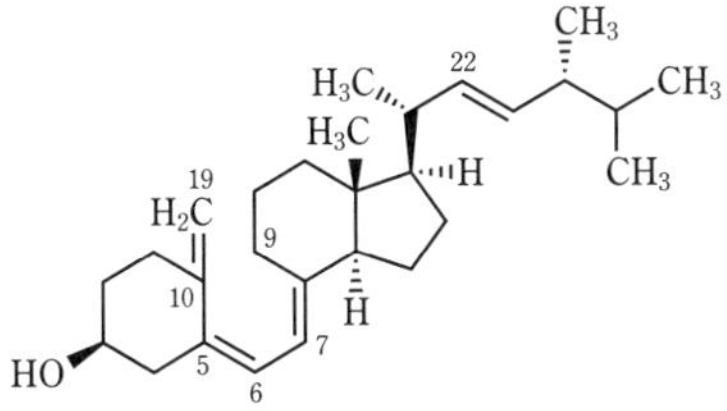

vitamin D_2　ビタミン D_2

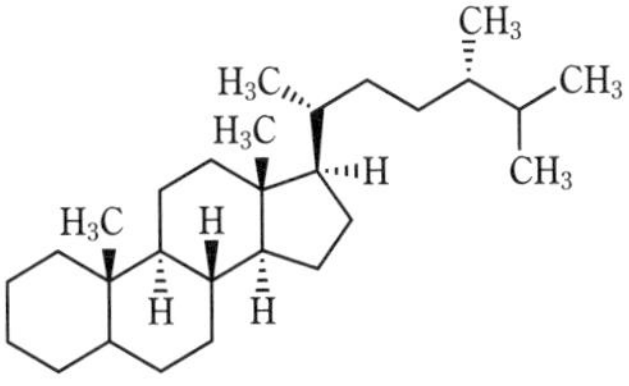

ergostane　エルゴスタン
（基本母体構造）

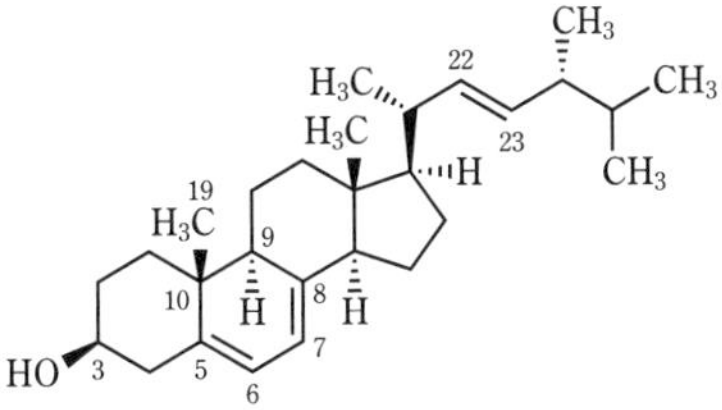

ergosterol　エルゴステロール

ビタミン D は生体でカルシウムの吸収に関与する重要な働きをもつ．シイタケなどキノコ類に含まれるビタミン D_2 と太陽光を浴びて皮膚で生成するビタミン D_3 がある．ビタミン D_2 の母体水素化物は ergostane である．三つの二重結合の導入と OH 基置換によって，ergosterol（3β,22*E*-ergosta-5,7,22-trien-3-ol）の構造となる．さらに 9,10 位間で結合が開裂（9,10-seco）し，二重結合が四つとなってビタミン D_2 の構造ができあがる．三つの二重結合でジアステレオマーが存在する．10 位の二重結合は 19 位との間なので 10(19) と明記する．図に示したビタミン D_2 の 6 位，7 位の単結合を回転させて，5 位，6 位間の二重結合を縦にした展開図もよく見かける．その場合にはステロイド環の 9,10 位間で開裂したことに気づきにくい．5*Z*，7*E* の判定は CIP 順位の練習として行ってみるとよい．

10・1・4　テトラピロール類およびコリノイド

4 個の 1*H*-pyrrole（図 4・3）がその 2 位，5 位で 1 炭素原子（多くはメチレン基）を介してつながっている化合物を**テトラピロール**類という．線状になっているものを bilane **ビラン**，環状になっているものを porphyrin **ポルフィリン**とよぶ．4 個の 1*H*-pyrrole をメチレン基でつないでいる bilane の有機化学命名法による名前の付け方は，置換命名法，倍数命名法，ファン命名法などがありうる．本書の範囲を超えるので詳細な説明は省略するが，4 個以上の環からなり，そのうち 2 個が末端で，鎖が少なくとも 7 個の骨格要素からなる条件を満たすので PIN はファン命名法が選択される．

$1^1H,3^1H,5^1H,7^1H$-1,7(2),3,5(2,5)-tetrapyrrolaheptaphane

1,7(2),3,5(2,5)-tetrapyrrolaheptaphane は §5・2・5 から理解できよう．1^1H などの上

付きの 1（再現環上の位置を示す複式位置番号）の詳細は文献 1 を参照.

ただし，基本母体構造（表 10・2）となっているのは，bilane ではなく，非集積二重結合になっている 21*H*-biline ビリンである．21*H*-biline には異性体として 22*H*-biline がある．porphyrin の pyrolle 環が部分還元され，四つの環のうち，1 組だけが直接結合している化合物を corrin コリンという．corrin も基本母体構造である．これらの構造式を示す.

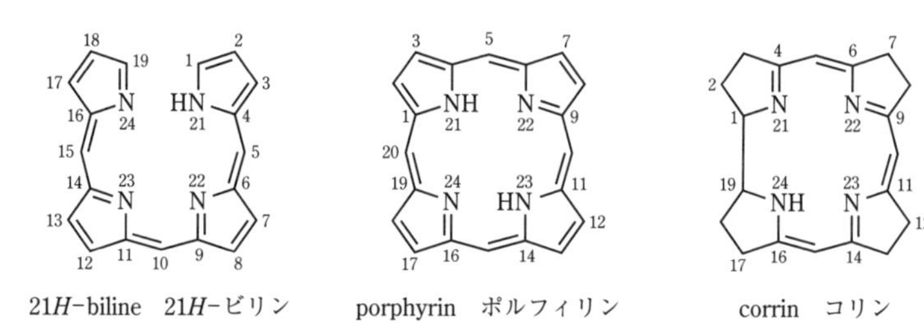

21*H*-biline　21*H*-ビリン　　porphyrin　ポルフィリン　　corrin　コリン

porphyrin は，マグネシウム錯体として chlorophyll 葉緑素の，また鉄錯体として赤血球の hemoglobin ヘモグロビンの中核部分を形成している．また porphyrin は顔料，機能性色素，配位子触媒としても広く利用されている．corrin のコバルト錯体は vitamin B_{12} の中核部分を形成している.

練習問題 9・2（1）にある 2-norbornene（体系名は bicyclo[2.2.1]hept-2-ene）は，§10・1・2 で説明した bornane〔体系名：(1*S*,4*S*)-1,7,7-trimethylbicyclo[2.2.1]heptane〕から三つの methyl 基を除去 nor〔§10・1・1(1)〕したことを表して命名された慣用名であると理解できる．母体水素化物 bornane は borneol（竜脳，bornan-2-ol）に由来する．borneol はボルネオ島，スマトラ島，マレー半島に産する高木の竜脳樹から得られる香料であり，ボルネオ島に因んで borneol とよばれた．一方，中国，台湾，日本に産するクスノキからは得られる香料は camphor（樟脳，bornan-2-one）である．表 10・2 から表 10・5 の基本母体構造名は，体系的な名称でなく，煩雑で退屈であるが，その語源をたどって行くと奥が深そうである.

〔尾藤忠旦，“化学語源辞典”，三共出版（1972）を参考に作成〕

10・2　官能性母体化合物に基づく命名法

官能性母体化合物とは PIN や GIN として使うことができる慣用名（保存名）をもつ特殊な種類の母体構造である．有機化合物命名法では酢酸（体系名なら ethanoic acid），フェノール（体系名なら benzenol），アニリン（体系名なら benzenamine）などの官能性母体化合物が PIN となっている．官能性母体化合物は長い IUPAC 命名法の歴史の中で徐々に少数に絞られてきたが，生化学命名法では現在でも非常に多数の官能性母体化合物が広範に使われている．

10・2・1 アミノ酸，ペプチド

(1) アミノ酸（amino acid）

生化学命名法では，一般的な20種の**α-アミノ酸**に，あまり一般的でないアミノ酸を加えて37種（立体異性体を考慮しない数）の保存名が定められている．α-アミノ酸とは，カルボニル基の隣の炭素原子（α位）にアミノ基があり，$RCH(NH_2)COOH$と表せるamino acidアミノ酸である．通常のタンパク質の構成成分となっている．これらを官能性母体としてアミノ酸誘導体とペプチドの半体系名がつくられる．表10・4には上記20種のL-アミノ酸の保存名，体系名，3文字記号，1文字記号の一覧を示す．

L-アミノ酸の体系名に示すように，キラル中心がないglycineを別として，α-炭素の絶対配置はcysteineだけが2*R*で，他はすべて2*S*である．保存名では図10・2に示すようにL-glyceraldehyde〔体系名：(2*S*)-2,3-dihydroxypropanal〕と同じ絶対配置をもつα-アミノ酸に立体表示記号Lを付ける．なお，タンパク質由来のためにL-アミノ酸であることが明白である場合，または合成アミノ酸のためにラセミ体である場合にはD，L記号を省略してもよい．

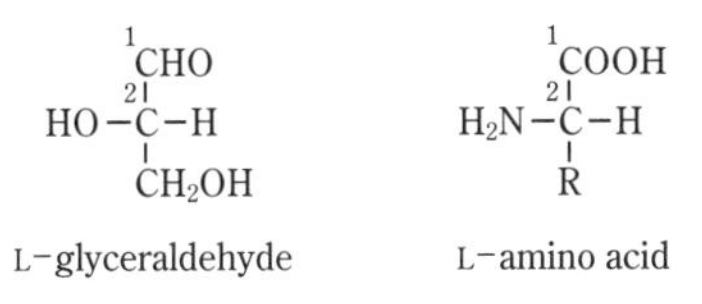

図10・2 アミノ酸のD，L表示の原理

(2) アミノ酸のアシル基

ペプチドの名前をつくるためにアミノ酸のアシル基名は重要である．アシル基名は原則としてアミノ酸の語尾ineをylに変えるが，例外も多いので表10・4に20種すべてのアシル基名を示す．例外には†を付してある．

なお，ジカルボン酸であるaspartic acidアスパラギン酸とglutamic acidグルタミン酸は，どのカルボキシル基に由来するかを明記する場合には位置番号を明記して

aspart-1-yl アスパルト-1-イル $HOOC-CH_2CH(NH_2)-CO-$
aspart-4-yl アスパルト-4-イル $-CO-CH_2-CH(NH_2)-COOH$
glutam-5-yl グルタム-5-イル $-CO-CH_2-CH_2-CH(NH_2)-COOH$

などと明記する．二つのカルボキシル基がアシル基になる場合には，

aspartoyl アスパルトイル $-CO-CH_2CH(NH_2)-CO-$
glutamoyl グルタモイル $-CO-CH_2-CH_2-CH(NH_2)-CO-$ とする．

表10・4　一般的なL-アミノ酸

保存名	記号		体系名	アシル基名
	3文字	1文字		
alanine	Ala	A	(2*S*)-2-aminopropanoic acid	alanyl
arginine	Arg	R	(2*S*)-2-amino-5-(carbamimidoylamino)pentanoic acid†1	arginyl
asparagine	Asn	N	(2*S*)-2,4-diamino-4-oxobutanoic acid	asparaginyl†2
aspartic acid†1	Asp	D	(2*S*)-2-aminobutanedioic acid	aspartyl†2
cysteine	Cys	C	(2*R*)-2-amino-3-sulfanylpropanoic acid	cysteinyl†2
glutamic acid	Glu	E	(2*S*)-2-aminopentanedioic acid	glutamyl†2
glutamine	Gln	Q	(2*S*)-2,5-diamino-5-oxopentanoic acid	glutaminyl†2
glycine	Gly	G	aminoacetic acid	glycyl
histidine	His	H	(2*S*)-2-amino-3-(1*H*-imidazol-4-yl)propanoic acid	histidyl
isoleucine	Ile	I	(2*S*,3*S*)-2-amino-3-methylpentanoic acid	isoleucyl
leucine	Leu	L	(2*S*)-2-amino-4-methylpentanoic acid	leucyl
lysine	Lys	K	(2*S*)-2,6-diaminohexanoic acid	lysyl
methionine	Met	M	(2*S*)-2-amino-4-(methylsulfanyl)butanoic acid	methionyl
phenylalanine	Phe	F	(2*S*)-2-amino-3-phenylpropanoic acid	phenylalanyl
proline	Pro	P	(2*S*)-pyrrolidine-2-carboxylic acid	prolyl
serine	Ser	S	(2*S*)-2-amino-3-hydroxypropanoic acid	seryl
threonine	Thr	T	(2*S*,3*R*)-2-amino-3-hydroxybutanoic acid	threonyl
tryptophan	Trp	W	(2*S*)-2-amino-3-(1*H*-indol-3-yl)propanoic acid	tryptophyl†2
tyrosine	Tyr	Y	(2*S*)-2-amino-3-(4-hydroxyphenyl)propanoic acid	tyrosyl
valine	Val	V	(2*S*)-2-amino-3-methylbutanoic acid	valyl

†1　carbamimidoylの日本語表記は §4・6・3 (4) 参照．aspartic acidの日本語表記はアスパラギン酸．
†2　アシル基命名の例外．

(3) アミノ酸誘導体

エステルは保存名の語尾 ic acid または e を ate に置き換え（tryptophan は語尾 ate を追加），あとは有機化学命名法におけるエステルの命名法（§4・7・2）による．

例：methyl L-alaninate　　1-methyl L-aspartate　　methyl L-triptophanate

アミドは保存名の末尾 e を amide に変える．

例：glycinamide

L-asparaginamide	すでに 4 位に amide 基をもつ asparagine の 1-amide
L-aspartic 1-amide	aspartic acid の 4-amide は asparagine であるが，1-amide は別の物質になる．同様なことは glutamic acid，glutamine でも起こる．

アミノ酸の 1 位のカルボキシル基 COOH をアルコール（$-CH_2OH$），アルデヒド（-CHO），ニトリル（-CN）に変えた誘導体は，アミノ酸保存名の末尾の e を置換命名法によって置き換え，有機化合物命名法に従って体系的に命名する．

例：L-valinol　　L-leucinal　　glycinonitrile

carbonic acid 由来のニトリルが carbonitrile〔§4・6・3(1)〕と同様に，カルボン酸由来の保存名は onitrile となるので，glycinonitrile となる．

例：acetonitrile　　benzonitrile　　acrylonitrile

(4) ペプチド（peptide）

ペプチドはアミノアシルアミノ酸として命名する．アミノ酸 Xine（$H_2N-X-COOH$）とアミノ酸 Yine（$H_2N-Y-COOH$）がこの順に縮合して $H_2N-X-CONH-Y-COOH$ になる場合に，このジペプチドは XylYine と名前をつける．アミノ酸の数が多くなっても同様である．すなわち NH_2 末端のアミノ酸のアシル基名から始めて，順次配列順にアシル基名を並べ，最後に COOH 末端のアミノ酸名で終わる．

例：L-alanyl-L-leucyl-L-phenylalanyl-glycine

ペプチドが長くなると面倒になるので 3 文字記号を使って表記できる．

例：Ala-Leu-Phe-Gly

非常に長いポリペプチドであるタンパク質では 3 文字でも煩雑なので 1 文字表記が使われ，タンパク質（protein）の 1 次構造を表わす．この表記法は電算機処理に便利である．

例：A-L-P-G

合成ペプチドは高分子命名法により，次のように表す．

例：単純ホモポリマー　　poly(Ala)，polylysine，$(Glu)_n$

配列，組成比とも未詳の線状高分子　　poly(Ala,Gly,Lys)，$(Ala,Gly,Lys)_n$

交互に規則的配列の線状高分子　　poly(Ala-Gly-Lys)，$(Ala\text{-}Gly\text{-}Lys)_n$

配列未詳，組成がわかっている線状高分子

poly($Ala^{75}Gly^{20}Lys^{5}$)，$(Ala^{75}Gly^{20}Lys^{5})_n$

poly(Ala) の末端 COOH に poly(Gly) の末端 NH_2 が組成 70，30 で結合した線状ブロックポリマー　　poly(Ala^{70})－poly(Gly^{30})

10・2・2　ヌクレオシド，ヌクレオチド，核酸

ヌクレオシド，ヌクレオチドは，遺伝情報の関与するDNA，RNAなどの核酸の原料物質としてだけでなく，ATP，ADP，NAD，NADPなど生体内でのエネルギー伝達，酸化還元反応に関与する物質として，またイノシン酸，グアニル酸に代表されるうまみ成分としても重要な生化学物質である．

(1) ヌクレオシド (nucleoside)

ヌクレオシドは塩基と糖が結合した化合物である．タンパク質やポリペプチド命名のためのアミノ酸と同様に，**核酸** (nucleic acid) やポリヌクレオチドの命名のために，官能性母体化合物として表10・5に示すリボヌクレオシドの名前が保存名とされている．またアミノ酸と同様に3文字記号，1文字記号が定められている．

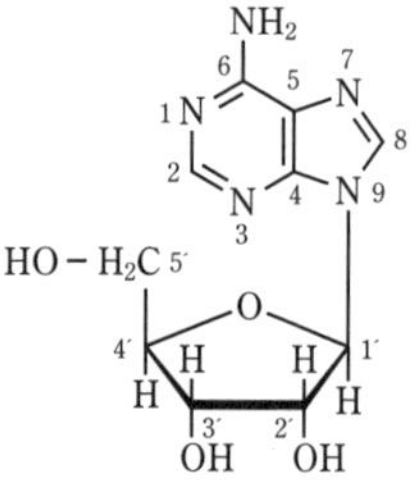

adenosine
アデノシン

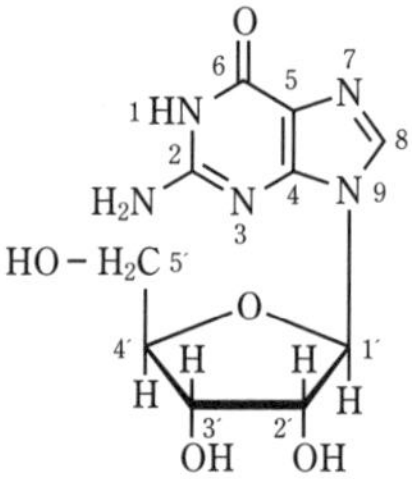

guanosine
グアノシン

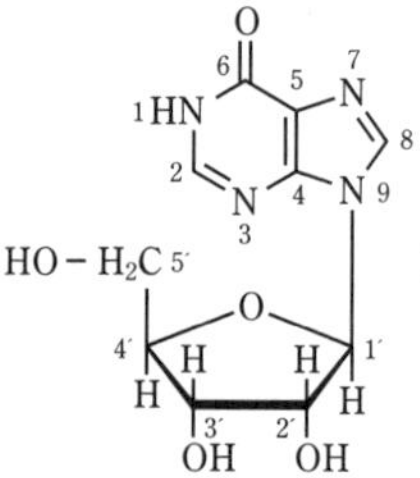

inosine
イノシン

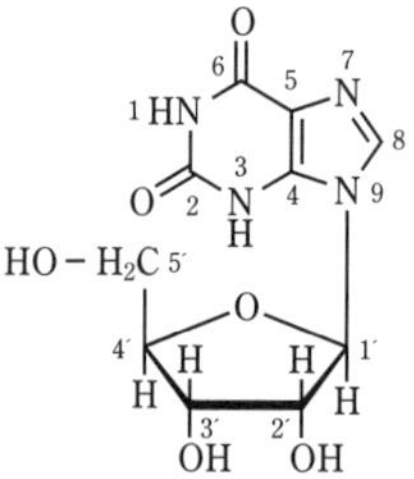

xanthosine
キサントシン

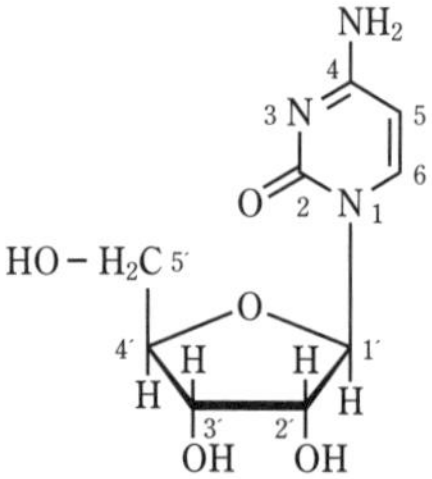

cytidine
シチジン

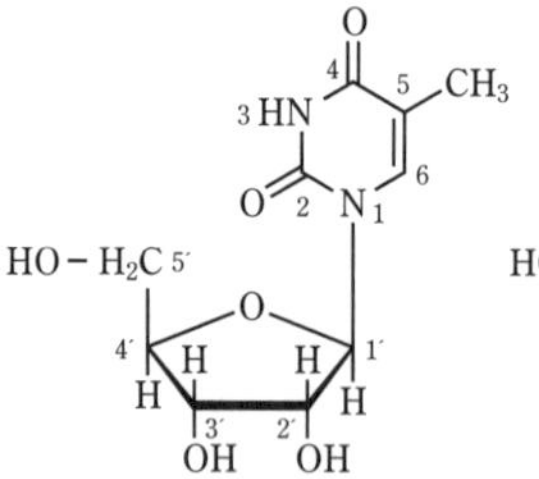

thymidine
チミジン

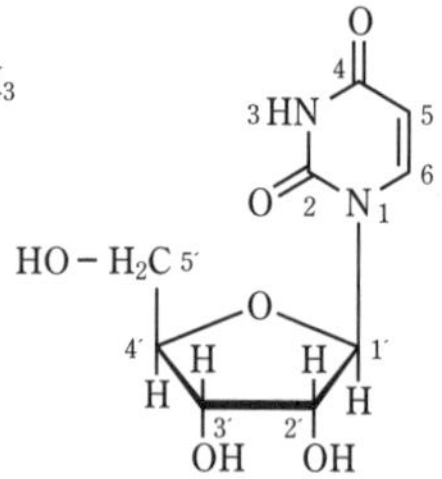

uridine
ウリジン

表10・5　官能性母体化合物となるヌクレオシド

プリン塩基類のヌクレオシド			ピリミジン塩基類のヌクレオシド		
保存名	記　号		保存名	記　号	
	3文字	1文字		3文字	1文字
adenosine	Ado	A	cytidine	Cyd	C
guanosine	Guo	G	thymidine	Thd	T
inosine	Ino	I	uridine	Uyd	U
xanthosine	Xao	X			

これらヌクレオシドは，縮合複素多環化合物 purine（§5・2・1）または複素単環化合物 pyrimidine（§4・4・3）のアミンやケトン誘導体が，単糖の ribose リボース（§10・2・3）の 1′ 位に結合した化合物である．複素環，単糖の位置番号は各化合物にあらかじめ定められている番号を使うが，単糖の位置番号にプライムを付けて両者を区別する．

これらのヌクレオシドは purine 環，pyrimidine 環上で制約なく置換して命名することができ，また単糖 ribose の OH 基を H に置換する際に接頭語 deoxy デオキシの使用が許容される．この接頭語が許容されるのはデオキシ糖の場合だけであり，一般の有機化合物の命名には使えないことに注意する．略号では dAdo や dG のように書く．

例：

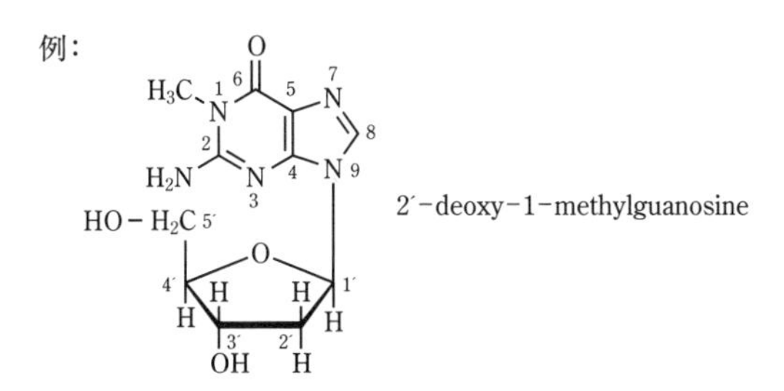

2′-deoxy-1-methylguanosine

(2) ヌクレオチド（nucleotide）

ヌクレオシドの酸エステルを**ヌクレオチド**と言い，特に酸を明記しなければリン酸エステルである．表 10・6 のヌクレオチドが保存名となっている．リボシル成分のプライム付き位置番号（下記例では 5′）は酸基の位置を示す．

表 10・6　官能性母体化合物となるヌクレオチド

プリン塩基類のヌクレオチド	置換接頭語名	ピリミジン塩基のヌクレオチシド	置換接頭語名
adenylic acid	adenylyl	cytidylic acid	cytidylyl
guanylic acid	guanylyl	thymidylic acid	thymidylyl
inosinic acid	inosinylyl†	uridylic acid	uridylyl
xanthylic acid	xanthylyl		

† 置換接頭語名は ic acid を yl に換えてつくるが，inosinic acid だけは例外である．

例：

5′-adenylic acid（AMP）

二リン酸エステル，三リン酸エステルの場合は，ヌクレオシド名の後に diphosphate, triphosphate を付ける．有機化学命名法のエステルの官能種類命名法に似るものの，少し異なる（yl にしない）ことに注意する．無機化合物命名法では diphosphoric acid, triphosphoric acid は許容慣用名になっているので，エステル名の場合も diphosphate, triphosphate がしばしば使われている．しかし，有機化学命名法ではリン酸エステルの分子成分上の水素原子の存在を明記するために水素数を明記するようにしている．adenosine 系列のエステル 5′-アデニル酸，二リン酸エステル，三リン酸エステルは略号 AMP，ADP，ATP がよく使われる．

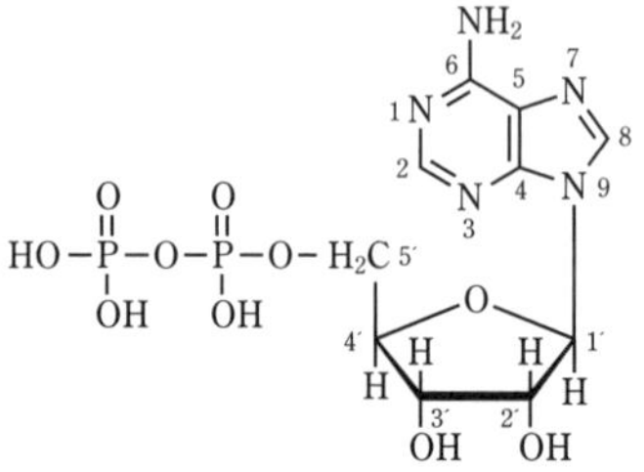

adenosine 5′-(trihydrogene diphosphate) (ADP)
アデノシン 5′-(二リン酸三水素エステル)

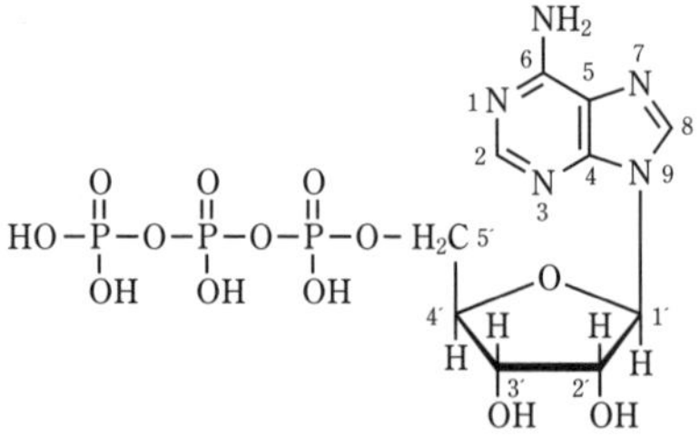

adenosine 5′-(tetrahydrogene triphosphate) (ATP)
アデノシン 5′-(三リン酸四水素エステル)

(3) オリゴヌクレオチド

ヌクレオチドのリボシル成分の OH 基と他のヌクレオチドの phosphate（ホスファート）残基 P-OH がエステル反応して，リン酸ジエステル化によってヌクレオチドが結合し oligomer になったのがオリゴヌクレオチドである．下記の例の場合，一方のリボシル成分の 3′ 炭素原子の酸素に phosphate 残基が結合するヌクレオチド（例では guanylic acid）を左側に，もう一方のリボシル成分の 5′ 炭素原子の酸素に phosphate 残基が結合するヌクレオチド（例では uridylic acid）を右側に書き，前後にハイフンを付けて(3′→5′)を加えるとともに，左側に並ぶヌクレオチド成分を置換接頭語（表 10・6）にして順番に並べ，最後はヌクレオシド名にする．

例：

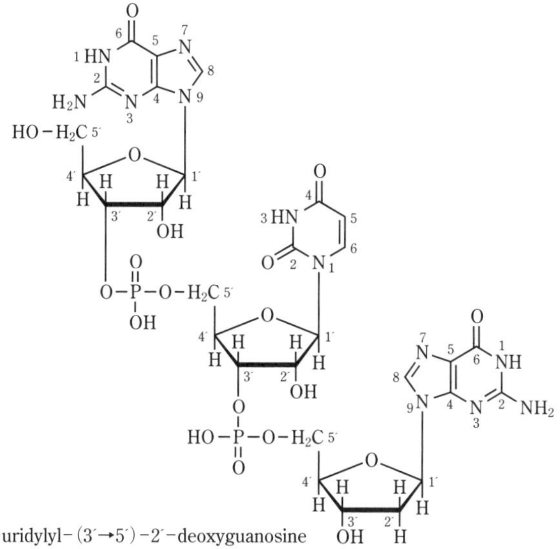

guanylyl-(3′→5′)-uridylyl-(3′→5′)-2′-deoxyguanosine

上記を略して G3′*P*5′U3′*P*5′dG，さらに略して（3′-5′)GUdG と書くことができる．

(4) 合成ポリヌクレオチド

合成ポリペプチドと同様に polyadenylate または poly(A)（ホモポリマーの場合），poly(adenylate-cytidylate) または poly(A-C)（交互コポリマーの場合），poly(adenylate, cytidylate) または poly(A,C)（ランダムコポリマーの場合）と表す．

ヌクレオシド塩基の水素結合に起因するポリヌクレオチド鎖の会合は poly(A)・poly(U) と書く．poly(A)・2poly(U) は，個々のポリマー鎖の長さとは無関係に 3 本鎖の会合を示している．会合がない場合は poly(dC)＋poly(dT) のようにプラス記号で示す．

10・2・3　糖（炭水化物）

糖（carbohydrate，炭水化物）は，保存名をもつ単糖類を官能性母体化合物として命名する．単糖，オリゴ糖，多糖だけでなく，単糖のヒドロキシ基置換体などにも適用できる．

(1) 単　糖（glycose または monosaccharide）

官能性母体化合物となる**単糖** glycose は炭素原子 3 個以上の

polyhydroxy aldehyde（aldose）　H-[CH(OH)]$_n$-CHO　または

polyhydroxy ketone（ketose）　H-[CH(OH)]$_m$-CO-［CH(OH)]$_n$-H

である．

D 体の aldose だけで炭素数 3 には 1 個，炭素数 4 には 2 個，炭素数 5 には 4 個，炭素数 6 には 8 個の構造異性体が存在し，さらにそれぞれの鏡像の L 体も存在する．また ketose では炭素 3 は CH_2OH-CO-CH_2OH なので構造異性体も立体異性体もなくこの 1

個だけであるが，炭素数4のD異性体には1個，炭素数5のD体には2個，炭素数6のD異性体には4個の構造異性体が存在し，それぞれの鏡像のL体も存在する．合計すると炭素数3から6の単糖で構造異性体，立体異性体を含めると合計45個の構造が存在することになる．そのなかで代表的な単糖の構造式，位置番号を示す．

```
    1 CHO
 H -2C- OH
    3 CH2OH
```
D-glyceraldehyde
D-グリセルアルデヒド

```
    1 CHO
 H -2C- OH
 H -3C- OH
    4 CH2OH
```
D-erythrose
D-エリトロース

```
     1 CHO
 HO -2C- H
  H -3C- OH
     4 CH2OH
```
D-threose
D-トレオース

```
    1 CHO
 H -2C- OH
 H -3C- OH
 H -4C- OH
    5 CH2OH
```
D-ribose
D-リボース

```
     1 CHO
  H -2C- OH
 HO -3C- H
  H -4C- OH
     5 CH2OH
```
D-xylose
D-キシロース

```
     1 CHO
  H -2C- OH
 HO -3C- H
  H -4C- OH
  H -5C- OH
     6 CH2OH
```
D-glucose
D-グルコース

```
     1 CHO
 HO -2C- H
 HO -3C- H
  H -4C- OH
  H -5C- OH
     6 CH2OH
```
D-mannose
D-マンノース

```
     1 CHO
  H -2C- OH
 HO -3C- H
 HO -4C- H
  H -5C- OH
     6 CH2OH
```
D-galactose
D-ガラクトース

```
     1 CH2OH
     2 C=O
 HO -3C- H
  H -4C- OH
  H -5C- OH
     6 CH2OH
```
D-fructose
D-フルクトース

```
     1 CH2OH
     2 C=O
  H -3C- OH
 HO -4C- H
  H -5C- OH
     6 CH2OH
```
D-sorbose
D-ソルボース

最大の位置番号を付けたキラリティー中心（基準炭素原子）の立体配置（六炭糖なら5位）が，D-glyceraldehyde〔(2*R*)-2,3-dihydroxypropanal，§10・2・1で示した図10・2を参照）と同じであればD系に割り当て，逆ならL系に割り当てて，名前の前にD-またはL-を付ける．

図のように最小の位置番号を上にして縦方向に炭素鎖を描く方法を**Fischer投影図**（Fischer projection）という．ある炭素原子に対して上下に隣接する炭素原子は紙面の裏側に，左右にあるH，OHは紙面の表側にある前提で描いている．

ほとんどの単糖は分子内で環化して環状ヘミアセタールか環状ヘミケタールとして存在する．5員環（oxolanまたはtetrahydrofuan）をfuranose**フラノース**，6員環（oxaneまたはtetrahydropyran）をpyranose**ピラノース**とよび，官能性母体化合物名を使って環状化合物をD-glucofuranoseやD-glucopyranoseのように命名する．環状の単糖の投影図を**Haworth投影図**（Haworth projection）という．Haworth投影図はすでに§10・2・2(1)ヌクレオシドにおいてD-ribofuranoseが描かれていた．C1を右端，環内酸素を奥に置き，斜め上から環を見た形である．Fischer投影図からHaworth投影図への移行をD-glucoseからD-glucopyranoseへの移行を例にして丁寧に描くと次の図のようになる．実際に分子模型をつくってみるとわかりやすいが，Fischer投影図では炭素骨格が紙面の向こう側に折れ曲がっていくので6員環に近い形になり，C1とC6が触れるくらい近くに来ている．その形をそのまま横にする操作がXである．次にC5を回転させてC6を炭素骨格平面に垂直の方向にする．この操作がYである．これによってC5に結合しているOHがC1の近くに来る．ここでアセタール化を起こさせる操作がZである．C5に結合しているOHのHがC1のOに移動してOH基ができるとともにC5に結合していたOHのOがC1に結合して6員環が完成する．図のY段階の5位炭素の周りの回転によって6位の炭素の向きを変える段階を十分に理解することがHaworth投影図を把握するうえで重要である．

環化の結果，アルデヒド基またはケトン基であった炭素（1位か2位）に新たなキラリティー中心（アノマー中心）が生まれ，α，β二つの異性体が生じる．この異性体をanomer **アノマー**とよぶ．分子模型をつくってみないとわかりにくいが，環化した単糖をFischer投影図で描いたときに，基準炭素原子（次の例1,2ならC5）に結合する酸素原子に対してアノマー中心（下記の例1ならC1，例2ならC2）において，形式的にシスの関係にある環外酸素原子をもつ場合をα-anomer，トランスの関係になる場合をβ-anomerとする．

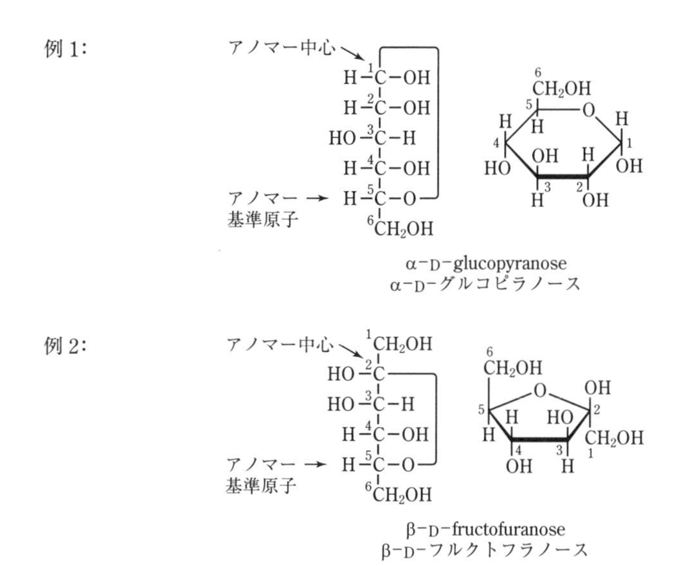

α-D-glucopyranose
α-D-グルコピラノース

β-D-fructofuranose
β-D-フルクトフラノース

α-D-glucoseの結晶を水に溶かし，旋光度（偏光面を回転させる度合い）を測定すると変化し（**変旋光**），最終的にある値に収束して，アノマーαとβが37対63で平衡した混合水溶液になる．水溶液中で環の組換えが起こっているためである．このように，単糖の異性体であってもD，Lとα，βのアノマーとは性格が異なることに注意が必要である．

アノマー中心に結合しているOH基をアノマー性OH基とよぶ．アノマー性OH基は，Fischer投影図でもともとあったアルコール性OH基に比べて反応性が高い．単糖のヘミアセタール，ヘミケタールのアノマー性OH基が他の化合物のOH基と脱水縮合してOR基のようになった化合物をglycoside **グリコシド**（**配糖体**）といい，このような結合を**グリコシド結合**とよぶ．アノマー性OH基が反応してなくなれば，環の組換えは起こらなくなり，片方のアノマーで安定して存在するようになる．

環状単糖からアノマー位のOH基を除去して生成する基（glycosyl グリコシル基）は，単糖名の末尾のeをylに置き換えて命名する．位置番号を示す必要はないが，α，βは必ず示さなければならない．glycosyl基は二糖類やオリゴ糖の命名に使われる．

例3：　例4：

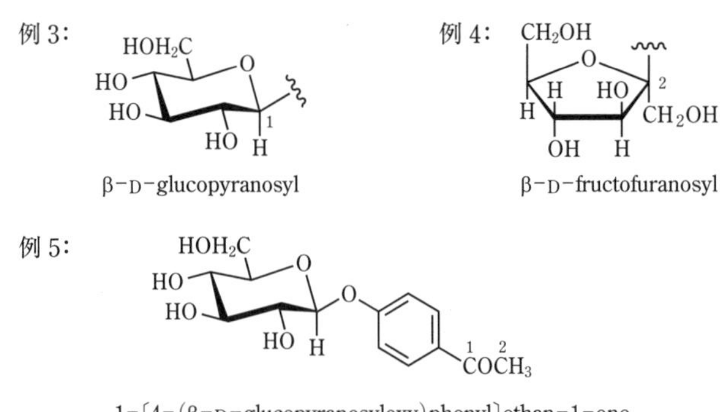

β-D-glucopyranosyl　　β-D-fructofuranosyl

例5：

1-〔4-(β-D-glucopyranosyloxy)phenyl〕ethan-1-one
ケトンはヒドロキシ基，エーテル基に優先するので母体はエタン．
単環の環構造はβ体で安定して存在する．

(2) デオキシ糖，アミノ糖

§10・2・2(1)ですでに述べたが，単糖のOH基をHに置き換えた**デオキシ糖**は母体単糖名の前に接頭語deoxyを付けて表すことが許容されている．

例1：

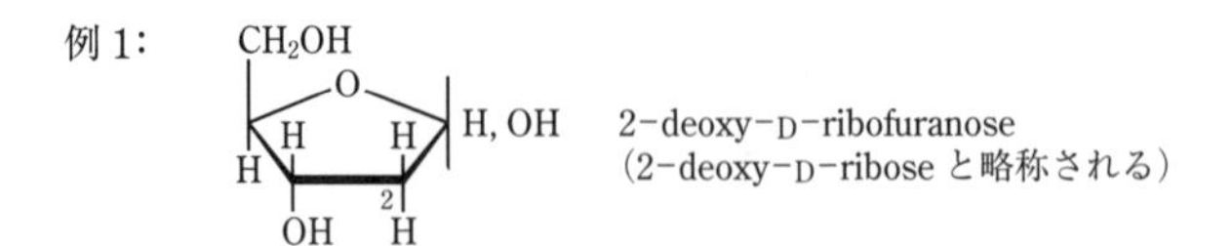

2-deoxy-D-ribofuranose
(2-deoxy-D-riboseと略称される)

単糖のアノマー性OH基以外のOH基をアミノ基NH_2に置換した化合物を**アミノ糖**とよぶ．OH基を除去したデオキシ糖の水素原子に対するアミノ基置換体とみなして命名する．glucosamine グルコサミンだけは保存名になっている．

例 2:

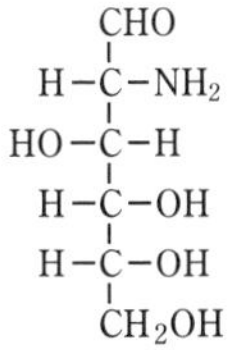

2-amino-2-deoxy-D-glucose
D-glucosamine

例 3:

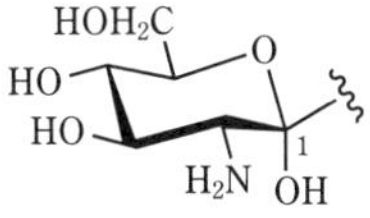

α-D-glucosamine

(3)　二糖類，オリゴ糖

2 個の単糖のアノマー性 OH 基から 1 分子の水を除去して生成したとみなせる二糖類（非還元性の糖）は glycosylglycoside と命名する．このグリコシド結合によってアノマー性 OH 基が二つともなくなったので，非還元性となる．

例 1:

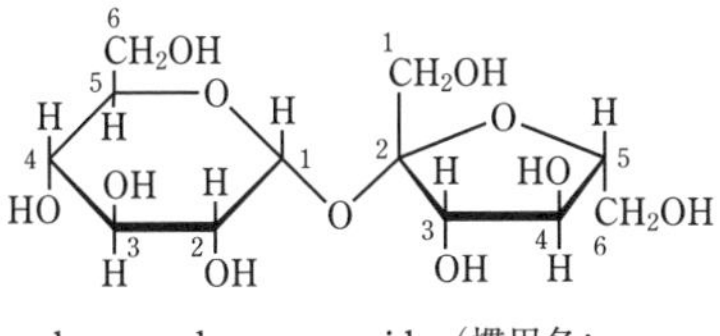

β-D-fructofuranosyl α-D-glucopyranoside（慣用名：sucrose　スクロース，ショ糖）

どちらを glycosyl とし，glycoside とするかの基準は第一に §4・1・2 で述べた有機化合物の優先順位（この結果 aldose>ketose），第二に母体鎖中の炭素原子数が大きいなどであるが，詳細は文献 1 を参照．

一方，単糖のアノマー性 OH 基と別の単糖のアノマー性でない(アルコール性の)OH 基から 1 分子の水を除去して生成したとみなせる二糖類（還元性の糖）は glycosylglycose と命名する．グリコシド結合によってアノマー性 OH 基一つがなくなったものの，もう一つのアノマー性 OH 基が残っているので還元性が残る．この場合にはグリコシル成分の位置番号からグリコース成分の位置番号に向けた矢印を丸括弧に入れて両成分名の間に置く．

例 2:

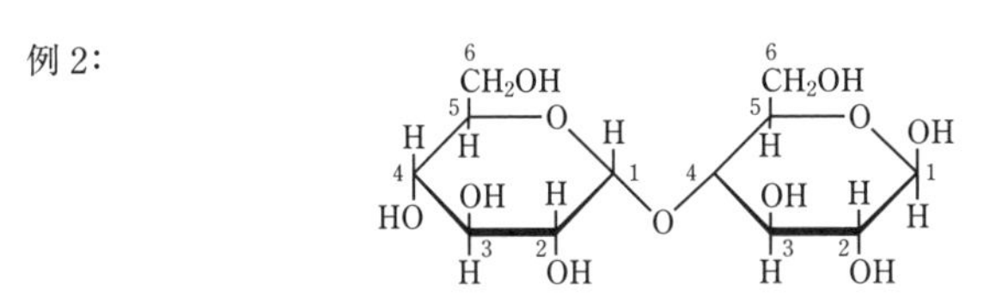

α-D-glucopyranosyl-(1→4)-β-D-glucopyranose
（慣用名：β-maltose　β-マルトース，麦芽糖）

オリゴ糖も同様にアノマー性 OH 基が残っているか否かによって命名法が異なる．

glycosyl(1 →位置番号)[glycosyl(1 →位置番号)glycosyl]$_n$glycoside（非還元性）

または，

glycosyl(1 →位置番号)[glycosyl(1 →位置番号)]$_n$glycose（還元性）

(4) 多糖類 (glycan)

多数の単糖がグリコシド結合でつながった高分子を glycan **多糖**とよぶ．ただ1種類の単糖が一つのグリコシド結合だけでできている多糖は，単糖名の ose を an に変えて命名する．セルロースは単糖の glucose だけからなるので，β-D-(1→4) 結合による glucan グルカンである．一方，同じく単糖の glucose だけからなるデンプンのうち直鎖のアミロースは α-D-(1→4) 結合による glucan である．

> 単糖が分子内で環化してできた構造を，環状ヘミアセタール，環状ヘミケタールとよんでいる．この hemi ヘミは，本来は倍数接頭語（表3・2）で 1/2 の意味である．hemi がギリシャ語に対して，semiconductor（半導体）の semi は同じ意味のラテン語である．§10・1・2 で terpene は炭素数 10 の monoterpene から始まると述べたが，実は炭素数 5 の isoprene 単位の hemiterpene が存在する．炭素数 15 の sesquiterpene には多くの誘導体がある．炭素数 25 の sesterterpene も知られている．sesqui は 3/2，sester は 5/2 の意味の倍数接頭語である．

10・2・4 脂　質

脂質は無極性溶媒に溶ける生物起源の物質に対して大まかに定義された用語である．脂質には単純脂質（グリセリド，ろう）と複合脂質（リン脂質，糖脂質など）がある．

(1) グリセリド (glyceride)

グリセリドは glycerol グリセリン (propane-1,2,3-triol) と脂肪酸のエステルである．triglyceride，1,2-または 1,3-diglyceride，1-または 2-monoglyceride がある．glycerol は有機化学命名法では非置換体だけが GIN として認められているが，脂質の命名法では保存名（官能性母体化合物）として扱われる．個々の glyceride は mono-，di-，tri-*O*-acylglycerol と命名する．脂肪酸は有機化学命名法の体系名が使われる．ただし，oleic acid〔(9*Z*)-octadec-9-enoic acid〕，palmitic acid (hexadecanoic acid)，stearic acid (octadecanoic acid) の三つの脂肪酸は GIN として認められており，エステル生成などにおいて名前を使ってもよい．

例1:

$$
\begin{array}{l}
CH_2-O-CO-C_{17}H_{35}\\
|\\
CH-O-CO-C_{17}H_{35}\\
|\\
CH_2-O-CO-C_{17}H_{35}
\end{array}
$$

tri-*O*-octadecanoylglycerol
トリ-*O*-オクタデカノイルグリセリン
(体系名: propane-1,2,3-triyl trioctadecanoate)

例2:

$$
\begin{array}{r}
CH_2-O-CO-C_{15}H_{33}\\
|\\
C_{17}H_{35}-CO-O-C-H\\
|\\
CH_2-OH
\end{array}
$$

1-*O*-palmitoyl-2-*O*-stearoyl-*sn*-glycerol
(体系名: (2*S*)-1-hexadecanoyloxy-3-hydroxypropan-2-yl octadecanoate)

立体表示記号 ***sn***: グリセリン誘導体の立体配置を指定するために，グリセリン炭素鎖を垂直に置いた Fischer 投影図で 2 位炭素のヒドロキシ基を左になるように配置したとき炭素原子 1 が上端にくるように置く．ラセミ体であれば ***rac*** を使う．

(2) ホスファチジン酸

次の構造をもつグリセリン誘導体を phosphatidic acid ホスファチジン酸とよぶ．グリセリンの一つの OH 基がリン酸でエステル化され，他の二つの OH 基が脂肪酸でエステル化されている．このような脂質を**リン脂質**とよぶ．

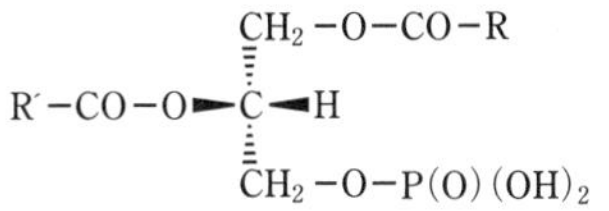

$$
\begin{array}{l}
\qquad\qquad\qquad CH_2-O-CO-R \\
R'-CO-O-C-H \\
\qquad\qquad\qquad CH_2-O-P(O)(OH)_2
\end{array}
$$

phosphatidic acid　ホスファチジン酸

ホスファチジン酸は，serine セリン〔$HOCH_2CH(NH_2)COOH$〕，choline コリン〔$(CH_3)_3N^+(CH_2)_2OH$〕（§10・1・4 corrin コリンとの混同に注意），2-aminoethan-1-ol（慣用名エタノールアミン $HOCH_2CH_2NH_2$）のような OH 基とアミノ基の両方をもつ化合物とのホスファチジルエステル（phosphatidylserine，phosphatidylcholine，phosphatidylethanolamine）を生成する．これらアミノ基を含んだリン酸エステルはリン酸基に残る OH 基の水素によって四級塩になり，親水性を示す．一方，同じ分子内に脂肪酸に由来する長い炭素鎖（R，R′ 部分）があり，ここは疎水性を示す．したがって，ホスファチジルエステルのようなリン脂質は両親媒性分子であり，生体膜を構成する重要な物質となる．工業的には，これらのリン脂質は植物油の精製工程（ガム分除去）で得られ，食品添加物（乳化剤）として使われている．

(3) 糖脂質（glycolipid）

糖脂質は，糖と，ジグリセリド，スフィンゴイド（長鎖の脂肪族アミノアルコールである sphinganine スフィンガニンとその誘導体），セラミド（*N*-アシルスフィンゴイド）のような OH 基をもつ化合物がグリコシド結合〔§10・2・3 (1)参照〕し，一つまたは複数の単糖残基をもつ化合物である．糖脂質も両親媒性で，生体膜に存在し受容体（認識サイト）として働いている．

このうち，グリセロ糖脂質はジグリセリドの OH 残基と糖のアノマー性 OH 基が脱水縮合したグリコシドである．

11 今後の自習のために

11・1 英語版 Wikipedia で遊ぶ

IUPAC による命名法の上達には語学の習得と同様に数多く経験を積むしかない．その一つの方法として自分の知っている化学物質名や化学物質名の載っている辞典，教科書から拾った多くの慣用名を英語で入力し，空白を一つ入れて“wiki”と入力して検索することを勧める．その物質の英語版 Wikipedia がヒットしたら，右側の Names 欄にある体系名，Preferred IUPAC name，Systematic IUPAC name，Other names などを見る．これらが非表示になっていたら，［show］をクリックすればよい．

ただし，必ずしも正しいものが掲示されているとは限らないので，これらの名称を見ながら自分で考えることが重要である．英語版ウィキペディアは，米国人が CAS の影響下で書いたものが多いので注意する．日本語版ウィキペディアは，IUPAC の古いバージョンによる名前が多いので特に注意する．たとえば，acrylonitrile アクリロニトリルを検索すると，本書執筆時点では次のように多くの名前が出てくる．

英語版 Wikipedia	Preferred IUPAC name	prop-2-enenitrile
	Other names	acrylonitrile
		2-propenenitrile
		cyanoethene
		vinyl cyanide（VCN）
		cyanoethylene
		propenenitrile
日本語版 Wikipedia	IUPAC 名	エテニルニトリル
	系統名	2-プロペンニトリル
	別　称	シアノエテン
		ビニルシアニド
		アクリロニトリル

正しい PIN は prop-2-enenitrile である．GIN であることが明記されることは少ない．日本語版の IUPAC 名エテニルニトリルは，まったくの間違いである．

11・2 構造式エディタで遊ぶ

分子構造を描くソフトウェアとしてはChemDrawが有名であるが，非常に高価なので会社などで使える環境になければ活用できない．一方，無料のソフトウェアも多くあるので，個人が自宅で自習するのに適している．筆者は長年ACD/ChemSketchを使ってきた．講談社ブルーバックス（2004年11月）に日本語の解説本が出版されており，またインターネットにさまざまな裏技も披露されている．多くのソフトウェアは，炭素骨格を描き，それにベンゼン環や特性基を部品欄からクリックして該当位置に付け加え，さらにヘテロ原子は備え付けの周期表などをクリックして代置したい原子の上に置けば済むというように，簡単に分子構造，イオン構造，高分子構造を描くことができる．

描いた分子構造に対して，命名のボタンをクリックすれば命名もしてくれる便利なものが多い．しかし，この命名を鵜呑みするのでなく，これをヒントにして自分で考えることが重要である．倍数命名法が優先することを見落としていたり，母体構造の選択が自分の考えと違っていたりと気付かされることは意外に多い．一方でどうしても納得できないこともある．その場合には分子構造を少し変えて再度命名してみるとよい．

また，無料のソフトウェアでは，使える原子数，環数，原子の種類が限られているために少し複雑な化合物は命名できないことも多い．そのような場合には自明な置換基を外し，ヘテロ原子は炭素原子に代置して，母体構造のみ命名してみる．

なお，2019年度から化学物質審査規制法の少量新規化学物質の申出には電子データによる構造情報の提出が必要になった．その際に利用可能な描画ソフトとして，ChemDraw（PerkinElmer社），MarvinJS（Chemaxon社），BIOVIA Draw（Dassault Systems Biovia社）の三つが指定され，また，製品評価技術基盤機構（NITE）ではMarvinJSを用いたNITE MOLファイル作成システムの提供を開始した．

11・3 Chemical Abstracts

§11・1に述べたWikipediaには**CAS Number**以下多くの物質識別欄がある．このうちCAS Numberがよく使われるので説明する．CASはChemical Abstracts Serviceの略号である．CASはアメリカ化学会（American Chemical Society, ACS）の情報部門であり，化学およびその関連分野の論文などの抄録誌であるChemical Abstractsを作成している．これは1907年に創刊され，現在では化学関連で世界最大の2次情報誌であり巨大なデータベースとなっている．週刊発行のほか，年2回巻末索引が発行される．CAS Numberは，その際に新しい化学物質に付けられる登録番号である．

Chemical Abstractsは情報検索を目的としているので，1物質1名称を厳格にしている．半年ごとの巻末索引にはChemical Substance Indexがあり，系統的なCA索引名を使っている．一方，毎週発行される抄録と号末索引は文献著者が使っている慣用名，半系統名なのでCA索引名と異なることがある．

CA索引名はIndex GuideのAppendix Ⅳに説明があり，これが5年ごとに改訂される．

CA 索引名を自分で作成することは難しい．CA 索引名は IUPAC 命名法を基本にしているが，1972 年から 1 物質 1 名称を厳格化したために IUPAC 命名法と一部異なる．一番大きく異なる点は IUPAC 名が倒置されることである．すなわち，索引の都合上，母体名を主体にし，接頭語が後に付けられる．したがって，母体部分を間違うと Chemical Substance Index で見つけられなくなる．そのほか，ylidene と diyl の区別不明確，ステロイドの位置番号の微妙な違い，porphyrin（CAS では porphine），icosane（eicosane）など基本的な物質名の微妙な違いもある．

CAS Number 自体は系統的でないが，1 物質 1 名称を反映して 1 物質 1 番号なので，検索に便利なだけでなく，企業活動のさまざまな書類にも物質を特定するためにしばしば使われる．

11・4 化学構造表記法

§11・1 に述べた Wikipedia の物質識別欄には CAS Number のようなさまざまな組織が付ける番号以外に，化学構造表記法である **InChI** と **SMILES** が記載されている．IUPAC 命名法や CAS 索引名は化学構造を文字で表記する方法であるが，化学構造をコンピューター上で扱いやすくするさまざまなコード化手法が研究されてきた．おもな手法としては行列で表記する方法と文字・記号・数値列で表記する方法がある．前者は，コンピューター上では扱いやすいが，コードと構造の対比が人間にはわかりにくい．これに対して後者はコンピューターだけでなく人間にも理解できる．SMILS も InChI も後者に属する．InChI は IUPAC が開発している．これらコードを手作業で求めることは実際上無理であり，§11・2 で述べた有料・無料の描画ソフトで化学構造を描いたうえでコードに変換する方法が実用的である．

本書では SMILS の概要を理解するために，以下に初歩的な概要を紹介する．詳細は，Daylight Theory Manual（http://www.daylight.com/dayhtml/doc/theory/）などを参照．

(1) SMILS の有機化合物表記法のポイント

① 文字は元素記号だけを使い，そのほかには括弧，スラッシュ，@，¥，=，# などの記号と数字を使う．文字，記号，数字の間にスペースを含まない．

② 有機化合物を表す際に，結合する水素の数が最も低い通常の原子価に相当する場合には水素 H を表記しない．具体的には “有機サブセット” とよばれる C，N，O，P，S，B，F，Cl，Br，I については，C4，N3，O2，P3，S2，B3，F1，Cl1，Br1，I1 の原子価の場合には水素を表記しない．

例：C は CH_4，　CO は CH_3OH，　O は H_2O，　S は H_2S，　N は NH_3，　Cl は HCl

③ 隣接原子を横に書き，単結合は－を使ってもよいが，通常は何も書かずに元素記号を並べる．二重結合は＝，三重結合は # で記述する．

例：CC は CH_3CH_3，　CCO は CH_3CH_2OH，　COC は CH_3OCH_3，
C＝CC は CH_2＝$CHCH_3$，　O＝C＝O は CO_2，　C#N は HCN，

C#C は $CH{\equiv}CH$, C=CCC=CCO は $CH_2{=}CHCH_2CH{=}CHCH_2OH$

④ 結合の分枝は丸括弧で表す.

例: C(F)(F)F または FC(F)F は CHF_3

CC(=O)O は CH_3COOH,

CCN(CC)CC は $N(CH_2CH_3)_3$

CCCC(C=C)C(C(C)C)CCC は $CH_3(CH_2)_2CH(CH{=}CH_2)CH[CH(CH_3)_2](CH_2)_2CH_3$

4-ethenyl-5-(prop-2-yl)octane

⑤ 環は結合を切って，結合していた原子に同じ整数番号を付ける．芳香環はケクレ表示のまま書くか，または小文字を用いて書く.

例: C1CCCC1 は cyclopentane

C1CC2CCCCC2CC1 は decahydronaphthalene

C1CCCCC1C1CCCCC1 は 1,1′-bi(cyclohexane)

環を閉める番号は再利用できる.

c1ccccc1 または C1=CC=CC=C1 は benzene

o1cccc1 または O1C=CC=C1 は furan

n1ccccc1 または N1=CC=CC=C1 は pyridine

N1C=CC=C1 は 1*H*-pyrrole

指示水素を明記したい場合には角括弧を使って書くことができる. [nH]1cccc1 は窒素 1 に指示水素があることを示す.

⑥ 二重結合によるジアステレオマー *E* と *Z* は，/ と \ の組合わせで表す.

例 1: F/C=C/F は *E*-1,2-difluoroethene

F/C=C\F は *Z*-1,2-difluoroethene

ジアステレオマーを明記しない場合は斜線なしで書く.

例 2: FC=CF は 1,2-difluoroethene

⑦ エナンチオマーは，@（反時計回り）と @@（時計回り）で示す．ただし，IUPAC 命名法の CIP 規則とは異なる．キラル炭素原子の前に書かれた原子からキラル炭素原子を見て，その他の 3 原子が SMILS で記載された順で反時計回りか，時計回りかを示している.

例: N[C@@H](C)C(=O)O は (2*S*)-2-aminopropanoic acid または L-alanine

H

H_2N CH_3

COOH

⑧ SMILS は IUPAC 命名法のような主鎖とか，化合物の優先順位を考慮する必要はなく，また，環を読むための切る位置の選択などを考慮する必要もない． SMILS として OCC, C(O)C, [CH3][CH2][OH], C-C-O と入力しても，すべて CCO と同じもの

と判定される．§11・4の冒頭で説明したようにSMILSのように人が可読可能な化学言語で入力すると，コンピューター上では数値コードに変換され，さらに正規化されて処理される．このためCCOもOCCもC(O)Cも同じものと判定される．化学物質審査規制法，労働安全衛生法において新規化学物質申請のために既存化学物質か否かを調べる際に，SMILSのようなコード化手法は化学物質の検索に便利である．

例：CC(C(=O))CC は $CH_3CH(CHO)CH_2CH_3$

PIN では 2-methylpentanal
PIN の読み方で SMILS 表記すれば CCC(C)C=O

(2) SMILSの有機化合物以外の表記のポイント

① “有機サブセット” 以外の原子については，個々の原子を区切るために角括弧を使う．角括弧を使う場合には，“有機サブセット” の原子も含めて，すべての水素を指定しなければならない．

例：[H]　水素原子は “有機サブセット” に含まれないので必ず角括弧が必要．

[C]　水素を指定しない炭素はグラファイトなど炭素単体を表す．

[CH3][CH2][OH]　水素を明示したCCOの書き方である．

② 電荷数はプラス，マイナス記号と整数値を元素記号に続けて書く．同位体の質量数を明示する場合は元素記号の前に整数を書く．通常の質量数は明示しない．

例：[Co+2] または [Co++] は Co^{2+}　cobalt(2+)

[NH4+] は azanium（置），ammonium（許容慣用名）

[OH−] は hydroxide 水酸化物イオン

[Cl−] は chloride 塩化物イオン

[13C] は炭素13の同位体

[2H]O[2H] は重水

③ 共有結合でないもの，混合物はドットで示す．

例：[Na+].[Cl−]　sodium chloride

CCO.O　ethanol と水の混合物

おわりに

本書を執筆するに至ったきっかけは，化学商社の団体が主催した化学産業入門セミナーにおいて，ある医薬品を例にしてIUPAC名を説明したことにある．セミナー終了後，化学商社に勤めている女性から，有機化学命名法が2013年に大きく改訂された後，すでに数年も経つのに命名法に関する新しい入門書がなくて困っているとの声を聞かせていただいた．化学商社なので海外から新製品（新規化学物質）を輸入する仕事は多い．その際に輸入元で命名した英語名を翻訳して日本の役所に届け出ている．ところが文系出身者ばかりの商社なので，役所から命名内容に関していろいろ質問されてもまともに答えることができず，自分たちで化合物命名法を勉強するための自習書が欲しいとのことであった．

調べてみると確かに2013年以降，命名法に関する入門書の刊行が非常に少ないことがわかった．なぜなのだろうと思いつつ，少し古い本も含めて入門書・解説書を読み漁っていたら，B. P. Block, W. H. Powell, W. C. Fernelius著，中原勝儼 訳，“ACS無機・有機金属命名法”，丸善（1993）の訳者まえがきに中原立教大学名誉教授が“命名法に興味をもつようになるのは老化の証拠，という人もいるようである”，“研究者のなかでも，化合物名はわかればよい，などという人もかなり多いようである”と述べておられることに衝撃を受けた．早速，知り合いの大学教授や研究者に聞いてみると，中原名誉教授の指摘どおりであった．日本化学会でも投稿論文に対して，以前は命名法委員会の委員が化合物名をチェックしていたが，現在では止めている．さらに驚いたことに，高分子学会では命名法委員会が解散したため，IUPACには学会代表としてではなく，関心ある方が単なる個人として参画しているに過ぎなくなった．高分子に関してはIUPACの検討内容を持ち帰って日本の関係者間で議論し日本の学会としての意見をつくりあげる場がなくなっていた．

もはや日本の化学研究者からは，命名法は創造性も生産性もないことと低くみられているようである．しかし，ラボアジェ以来，連綿と改善が続いてきた化合物命名法が学界としての共通基盤でなくなったとは思えない．むしろ共通基盤の改訂をすぐにマスターできなくなった日本の化学研究者の足腰の弱まりを懸念せざるをえない．また，冒頭に述べた化学商社の例に示すように，命名法は学界を越えた社会的な基盤としても重要になっていることを忘れてはならない．本書がそのような共通基盤の再構築に少しでも貢献できれば幸いである．

最後に製作にはできるだけの努力をしたつもりではあるが，なお不備なところもあるだろう．誤植その他お気づきの点は，東京化学同人（info@tkd-pbl.com）までお知らせいただきたい．

欧文索引

A

B

C

D

E

F, G

H

I〜L

M

N

O

P

Q, R

S

T

U～Z

和文索引

あ 行

か 行

さ 行

た 行

な 行

は 行

ま　行

や　行

ら　行

田島慶三（たじま けいぞう）
1948年 東京都に生まれる
1972年 東京大学工学部 卒
1974年 東京大学大学院工学系研究科修士課程 修了
元 通商産業省
元 三井化学株式会社
日本化学会フェロー
専門 化学産業研究
工学修士

第1版 第1刷 2020年5月8日 発行

コンパクト 化合物命名法入門

著　者　田　島　慶　三
発行者　住　田　六　連
発　行　株式会社 東京化学同人
東京都文京区千石3丁目36-7（〒112-0011）
電 話 03-3946-5311・FAX 03-3946-5317
URL: http://www.tkd-pbl.com/

印刷・製本　日本ハイコム株式会社

ISBN978-4-8079-0980-3
Printed in Japan